KB169844

원자력 트릴레마

원자력 트릴레마

여론, 커뮤니케이션, 해법의 모색

김명자, 최경희

한국여성과학기술단체총연합회 창립 10주년 기념 총서 시리즈 1

까치

원자력 트릴레마 : 여론, 커뮤니케이션, 해법의 모색

저자 / 김명자, 최경희

발행처 / 까치글방

발행인 / 박종만

주소 / 서울시 종로구 행촌동 27-5

전화 / 02 · 735 · 8998, 736 · 7768

팩시밀리 / 02 · 723 · 4591

홈페이지 / www.kachibooks.co.kr

전자우편 / kachisa@unitel.co.kr

등록번호 / 1-528

등록일 / 1977. 8. 5

초판 1쇄 발행일 / 2013. 5. 24

값 / 뒤표지에 쓰여 있음

ISBN 978-89-7291-542-3   93400

이 도서의 국립중앙도서관 출판시도서목록(CIP)은 서지정보유통지원시스템 홈페
이지(http://seoji.nl.go.kr)와 국가자료공동목록시스템(http://www.nl.go.kr/
kolisnet)에서 이용하실 수 있습니다. (CIP 제어번호: CIP2013006034)

차례

제3장 후쿠시마 사고 전후 국가별, 시기별 원자력 여론 동향 분석

책을 펴내며

　세월은 참 잘도 간다. 4년간의 장관직과 4년간의 국회의원직을 마치고 교수로 돌아와, 고령화 사회의 이모작(二毛作) 인생으로 한국여성과학기술단체총연합회(이하 여성과총) 회장직을 맡았다. 평생의 '일 벌레' 기질을 버리지 못해, 이것저것 할 일만 잔뜩 보였다. 그래서 여성과총으로 7개의 프로젝트를 끌고 와 2012년에는 31회의 포럼과 3회의 국제회의 등을 개최했다. 네 명의 정규직과 몇몇 인턴들을 데리고 아웃소싱으로 소규모 기획사를 차린 격이었다.

　사업의 성격은 여성과학자의 전문성과 모성(母性)의 눈으로 과학기술에 관련된 사회적 쟁점에 대한 해법을 찾는 것이었다. 그러다 보니 연구주제는 원자력 에너지, 고령사회와 복지, 청소년 인터넷 문화 등의 '뜨거운 감자'가 주를 이뤘고, 복지의 기초가 되는 생활밀착형 환경 이슈 도출, 생물다양성 등도 포함되었다. 그리고 이러한 '과학과 사회' 프로젝트의 실전적(實戰的) 프로젝트를 통해서, 뭉치고 이끄는 일에 아직은 서툰 여성 과학기술계의 리더십을 키우고자 욕심을 부렸다.

　2012년 활동만으로도 연구실적이 산더미처럼 쌓였다. 공들여 쓴 그 저작물을 용역 발주처 몇 군데로 보내고 끝내기에는 아무래도 아쉬웠다. 모름지기 과학기술 연구활동은 성과가 확산되어야 의미가 있다는 것이 평소의 소신이기 때문이다. 그래서 여성과총 총서를 발간하기로 작정했다. 마침 올해가 여성과총 10주년이라 시기가 안성맞춤이었다. 우선 첫 번째 총서로 '원자력 트릴레마'를 펴낸다. 두 번째는 '인터넷 바다에서 우리 아이 구하기'다. 요즈음 엄마와 아이들 사이의 '싸움'은 대부분 게임과 인터넷 때문이라고 한다. 세 번째로는 'SF 사용후핵연료, 폐기물인가 자원인가'가 여름쯤 나오게 될 것이다.

이 책에서는 말도 많고 탈도 많은 원자력을 둘러싼 각국의 시기별 여론조사 결과를 검색하여 분석했다. 여성과총 자체의 여론조사도 곁들였다. 그리고 원자력 위험 커뮤니케이션에 대해 국가별로 비교했다. 어찌하여 국가별, 시기별로 원자력 여론이 출렁거리고 있는지, 그런 여론이 정책에는 어떤 영향을 미치고 있는지, 여론과 커뮤니케이션 기법 사이에는 어떤 관련이 있는지 등을 분석했다. 또한 한국PR학회(Korea Public Relations Association)가 하루 종일 개최한 심포지엄에서 발표된 PR 전문가들의 발제 내용을 간략하게 소개하고, 그 뒤에 과학기술적인 시각에서 내용을 덧붙였다. 좋은 기획에 감사드린다. 그리고 원자력 여론에 대한 원탁회의의 속기록을 보완하여 대화록으로 실었다. 환경운동연합과 언론계의 참여가 특히 의미가 컸다.

올해 여성과총은 창립 열 돌을 맞는다. 굳이 여성 과학기술계의 단체가 따로 존재할 필요가 있느냐는 시각도 있다. 실은 필자 자신도 두 해 전까지만 해도 별로 참여한 적이 없던 터였다. 과학기술계 여성단체의 필요성에 대한 이런 반응은 아마도 페미니즘(feminism) 쪽이나 가부장적(家父長的) 사고 쪽에서 둘 다 나올 수 있는 이야기인 것 같다. 여자대학이 따로 있어야 하는가, 또는 정부 부처에 여성부가 따로 있어야 하는가의 논리와도 일맥상통(一脈相通)하고 있는지도 모르겠다.

여성과총이 과학자로서, 여성으로서 따뜻한 눈과 마음으로, 그리고 전문성으로 사회적 쟁점에 대해서 무엇인가 기여할 수 있기를 소망한다. 원자력을 논하다 보면 반드시 따라 나오는 이야기가 온 국민의 에너지 절약이다. 맞다. 절약운동에 에너지 소비자 모두가 동참하여 효과를 내야 한다. 그런 의미에서 모든 국민이 에너지 기술자임에 틀림없다. 그러나 다른 한편으로 전자제품을 안 쓸 때에는 반드시 코드를 뽑으라고 하는 수준에서는 절약효과에 한계가 있다. 그 숱한 전자제품의 코드를 시시때때로 뽑고 꽂는 번거로움에 질려버리기 때문이다. 일상생활 속에 뿌리내리기 위해서는 보다 효율적이고 근본적인 기술혁신의 해결책이 나와주어야 한다. 이런 것이 살림을 하는 여성 과학자의 시각이라 할 수 있다.

이 책은 상업성이 있는 책이 아니다. 그러나 출간은 의미 있는 일이라고 믿는다. 원자력 여론을 좌우하는 요소는 무엇인지, 전문가들과 일반인의 원자력 인식이 왜 그렇게 다른지, 여성과 남성의 원자력에 대한 반응은 왜 그렇게 차이가 나는지 등등을 파헤치다 보면, 우리 사회의 쟁점으로 대두된 원자력 찬반의 본질을 이해하는 단서를 잡을 수 있기 때문이다. 그 과정을 통해 원자력 딜레마를 풀어가는 데 도움이 될 수 있을 것이다.

여성은 남성에 비해 원자력에 대해서 부정적이다. 서양이나 동양이나 역사적으로도 그러했고, 지금도 그러하다. 그런 점에서 여성 과학자가 원자력을 다루는 것은 의미가 있다고 본다. 그러나 여성 과학자가 원자력 논쟁의 해결 비법을 찾기에는 너무 복합적이고 어려운 주제라는 것도 잘 알고 있다. 다만 찬반의 두 진영 사이에서 다리가 되고, 중간지대의 전문가들이 이해의 격차를 좁히는 데에 기여할 수 있으리라 믿는다. 이 책의 제목이 '원자력 트릴레마'가 된 것은 원자력을 보는 제3의 중도적 시각을 설정하고 찬성과 반대 사이의 중간지대에서 만나 해법을 찾고자 한 것이다. 이런 노력이 우리 사회의 갈등 해소와 통합의 길에 작은 이정표가 될 수 있으리라는 기대가 있기 때문이다.

필자는 2011년에 출간한 『원자력 딜레마』를 썼고, 그것이 필자가 쓰는 마지막 책이라고 단언했었다. 그러나 또 이렇게 쓰고 있다. 딜레마에서 트릴레마로 진화하면서……. 시도 때도 없이 인공눈물을 넣어가며, 컴퓨터 앞에는 타이머를 가져다 놓았다. 너무 오래 앉아 있는 것을 막는 장치가 필요했기 때문이다. 그러나 성미가 급해서 짧은 시간에 서둘러 탈고를 하느라 허술한 부분도 있을 것이다. 한국PR학회의 발제 내용을 실은 것은 전문분야의 관점을 반영하기 위한 것이었다. 여성과총의 이름을 걸고 원자력 원탁회의를 한 자리에서 모셨던 패널들의 의견도 실었다. 필자가 속기록을 보완한 뒤 원탁회의 참석자들에게 보내서 재수정을 받는 과정을 거쳤다. 그러나 글에 대한 책임은 오롯이 필자의 것임을 밝힌다.

이 책이 나오기까지 함께한 여성 과학자들이 여럿이다. 총괄 실무를 맡은 '문화와 창조산업' 전공(영국 킹스 칼리지 런던)의 최경희 여성과총 사무총장이 애를 많이 썼다. 그리고 카이스트 출신의 김효민 울산과학기술대학교 교수와 역시 카이스트 출신의 이영일 박사(한국원자력안전기술원)가 전문가로서 기여를 했다. 박혜린 카이스트 대학원생, 카이스트 학부 과정의 장원근, 박성윤 등 인턴들도 참여했다. 사무국의 한정희 연구원, 그리고 강희선 선생이 교정을 도왔다. 여러 차례의 전문가 회의에 여성과총의 몇몇 회원과 외부의 과학기술, 인문사회 분야의 석학들이 참여했다. 이 책의 내용에는 한국연구재단과 한국원자력문화재단의 연구

과제로 진행된 방대한 분량의 보고서 중 일부가 포함되어 있다. 이에 미래창조과학부, 산업통상자원부에 감사를 드린다.

끝으로 또 감사를 드려야 할 분이 있다. 이렇게 잘 팔리지도 않을 책을 기꺼이 내주시고, 그것도 초고속으로 출간해주시니 고맙지 않을 수가 없다. 그분은 까치글방의 박종만 대표이다. 어언 30여 년의 롱 셀러, 스테디 셀러가 된 토머스 쿤의 『과학혁명의 구조(The Structure of Scientific Revolutions)』 역서가 까치글방에서 출간된 인연에서 비롯되어, 신뢰가 쌓였다. 박 대표는 수많은 저자들을 접했지만 나 같은 사람은 처음이라고 치켜세워주시고, 필자는 고달픈 출판계에서 교정까지 손수 보실 만큼 열정과 치밀함에서 소문이 나 있는 출판인을 존경하기 때문이다. 돌이켜보면 1980년대부터 열 권 이상의 책을 냈지만 한 번도 출판기념회를 연 적이 없었다. 이번에는 그것도 해볼 작정이다. 여성과총의 10주년을 기념하기 위하여……. 그동안 재미없는 원고와 씨름하느라 고생하신 편집부의 모든 분께 심심한 감사를 드린다.

2013년 4월
김명자

서문

1.

2011년 후쿠시마 원전 사고가 난 뒤 필자는 『원자력 딜레마』(사이언스 북스)를 썼다. 사고가 난 지 두 달여 만에 속성으로 집필했다. 빛도 냄새도 없이 후쿠시마를 정벌하고 바다 건너로 번져가는 방사능에 대한 불안과 공포를 보면서, 과학적인 설득 논리의 한계가 뚜렷함을 절감했다. 무엇보다도 사고의 충격으로 촉발되는 사회적 논쟁에서 원자력 쟁점의 본질을 보아야 한다고 생각했다. 마침 컨소시엄의 일원으로 사용후핵연료 중간관리 방안 프로젝트를 수행하고 있었던 터라 관심도 각별했다. 그보다 더 거슬러 올라가서 30여 년 전부터 대학에서 과학사(科學史)를 가르치면서 원자폭탄 개발에서 비롯되어 원자력이 계속 관심사였기 때문이다.

원자력계가 그 책을 많이 본 것 같지는 않다. 그러나 언론, 국회, 정책을 다루는 분들에게는 꽤 읽힌 것 같다. 독자의 반응 가운데는 원래 반핵의 믿음을 가지고 있었는데 책을 읽고 생각이 조금 바뀌었다는 이야기도 들렸다. 어쨌거나 책을 낸 것이 인연이 되었을까, 원자력 시리즈로 계속 정책연구를 하게 되었다. 한바탕 회오리가 몰아친 상황에서, 원자력 논쟁의 본질에 대해서 객관적이고 중립적으로 살펴야 할 수요(需要)가 있었기 때문이다. 무엇보다도 인문사회 분야와 과학기술 분야가 만나 융합적으로 문제를 다루면서, 우리에게 닥친 험난한 에너지 현실을 보다 통합적 시각에서 풀어가야 할 상황이었기 때문이라 생각한다.

원자력은 알아듣기 어려운 기술공학적 용어로 가득 찬 분야이다. 그래서일까, 원자력계는 전통적으로 다른 분야와의 소통을 중시하지 않는 조직문화가 있는 듯하다. 그러나 사고가 터지고 나면, 결코 원자력계 자체적으로 여론을 추스를 수 없음이 분명해진다. 역사적으로 원자력을 둘러싼 찬반 논쟁을 들여다보면 사회사적, 문화사적, 정책사적으로 긴밀하게 얽혀 있음이 확인된다. 따라서 인문사회적 융합적 시각이 필요하다. 그런 이해에 기초할 때 비로소 전체 그림을 볼 수 있기 때문이다.

1998년 미국 물리학회 물리학사 연구소 소장을 지낸 스펜서 R. 위어트는 『원자력의 공포 : 그 이미지의 역사(Nuclear Fear : A History of Image)』라는 흥미로운 책을 썼다. 서구문화 속의 소설, 영화, 기사 등의 매체를 통해서 원자력의 독특한 이미지가 어떻게 전파되어갔는가를 문화사적, 사회사적으로 서술한 내용이다. 지금도 인터넷에 들어가면 찾아볼 수 있다. 필자는 그 책을 접하고 신선한 충격을 느꼈다. 대학생일 때에는 1959년에 제작된 영화 「그날이 오면(On the Beach)」을 보았다. 그레고리 펙과 에바 가드너의 멋진 콤비와 함께 스탠리 크레이머 감독이 그려낸 핵전쟁 후의 암울한 세계는 가히 충격적이었다.

2.

국내 사태로 이야기를 돌리면, 1995년 1월 '굴업도 방폐장 선정 계획' 때문에 인천시청에서 열린 공청회에 토론자로 갔었다. 그러나 공청회가 시작되기도 전에 밀가루와 계란 세례를 받았다. 토론에서 찬핵 발언을 할 것도 아니었는데, 상황은 그리 되었다. 1999년 6월, 환경부 장관으로 들어가서 약 4년 동안 이웃 부처가 방사성 폐기물 처분장 부지 선정을 놓고 고전하는 것을 보았다. 2004년부터 4년간은 국회의원으로서 국방위원회에서 북핵 문제와 한반도 비핵화를 중심으로 또 다른 측면의 원자력의 핫 이슈를 다루게 되었다.

필자는 예나 지금이나 우리가 핵무기를 가지지 말아야 한다고 생각하는 사람이다. 이른바 '공포의 균형(The Balance of Terror)'은 20세기가 빚어낸 시행착오로 끝나야 한다고 믿기 때문이다. 그동안 카이스트 과학기술정책대학원에서 주로 학부생들에게 "원자력 정책 특강"을 하면서, 이 점을 강조하며 강의를 하고 설문조사를 했다. 그런데, 상당수 젊은이들이 "우리도 핵을 가져야 한다"고 응답했다. 선생 말이 설득력이 없는 것이 원자력이로구나 싶었다.

원자력과의 인연은 또 있다. 2009년 7월, 당시의 지식경제부가 '사용후핵연료 공론화위원회'를 출범시키기로 하면서 위원장직을 맡아달라고 했다. 그래서 상황을 들여다보니, 원자력계의 의견도 모아지지 않은 상태였다. 사용후핵연료 중간관리에 대한 입장은 부처별, 사업 주체별, 기관별로 '부분'의 관점이 있을 뿐 국가 차원의 관점으로 통합되지 못하고 있었다. 그런 형편에서 일반인을 대상으로 공론화한다는 것은 무리가 있어 보였다. 우여곡절 끝에 정부의 결정으로 계획은 연기되고 기술적 공론화 단계로 넘어갔다. 지금도 상황은 별로 다르지 않은 듯하다. 원자력 정책의 고차원 방정식을 놓고, 전문가 그룹과 정책 당사자조차도 일정 수준의 합의를 이루지 못한 채 조정 기능이 제대로 작동되지 않는다면 갈 길은 여전히 험난할 것이다.

3.
역사적으로 원자력의 실용화는 그 태동부터 핵무기 개발에 연관된 데다가 기술적 전문성 등의 이유로 다른 분야에 비해서 폐쇄적이었다. 그래서 원자력은 밀실 행정, 엘리트주의, 원자력 패밀리 등의 용어와 맞물려 있다. 나라 안팎으로 원자력 정책은 오랫동안 결정-발표-옹호-폐기(Decide-Announce-Defend-Abandon, DADA) 방식의 길을 걷고 있었다. 그러다가 시행착오를 거듭하게 되자, 결국 정부와 시민사회가 함께 협의하고 결정하는 거버넌스(governance, 協治) 체제로 이행하게 된다. 그러나 그 원칙의 실행은 나라마다 다른 양상으로 전개되고 있고, 그 결실 또한 상당한 차이를 보이고 있다. 원자력의 필요성에서는 비슷한 사정이라 하더라도 그 접근에서는 문화적, 사회적 차이가 작용하기 때문이다.

우리나라는 원자력과 인연이 깊다. 1945년 8월 초, 히로시마와 나가사키에 떨어진 원폭의 투하는 과학자들에게 "죄악이 무엇인가"를 알게 했다. 이 말은 원폭 제조의 맨해튼 프로젝트(Manhattan Project)를 성공으로 이끈 수석 과학행정관 로버트 오펜하이머의 술회이다. 그러나 우리나라로 보면, 원폭 투하는 일본의 항복을 앞당김으로써 해방의 기쁨에 온 국민이 눈물을 흘리게 된 역사적 사건이었다. 나중에 밝혀진 일이지만, 1950년 한국전쟁에서 미국의 해리 트루먼 대통령은 원폭의 투하를 심각하게 검토했었다. 국제사회에서 1950년대 후반 '원자력의 평화적 이용'의 슬로건 아래 원자력의 상업발전이 시작되던 무렵, 이승만 대통령은 원자력이 에너지 안보를 해결해주리라는 믿음으로 미국과의 원자력 외교에 적극 나선다. 박정희 대통령은 드디어 1970년대 후반 원전의 가동을 실현시킨다.

원자력 발전의 역사에서 우리나라는 원전 선진국과는 사뭇 다른 경로를 밟아왔다. 1978년 고리 1호 원전을 출발로 에너지 다변화의 필요성에 의해서 추진된 원전 확대 정책은 체르노빌 사고에도 불구하고 1980년대 말까지 거침없이 진행되었다. 그 결과 원전의 비중은 1986년을 기점으로 석탄을 앞질렀다. 1987년에는 50퍼센트 이상으로 올라섰다. 단적으로 1979년 미국의 스리마일 섬(TMI) 사고와 1986년 체르노빌 사고의 충격으로 인해 세계적으로 원전 산업이 침체기에 빠진 것과는 전혀 다른 궤적을 밟았던 것이다. 이는 권위주의 정권 아래서 반핵 운동이 활성화되지 않았던 상황과도 연관된다.

1990년대 들어 원전 비중은 총 전력생산의 40퍼센트 내외를 유지하다가 현재는 3분의 1 수준이 되었다. 그동안 원자력 기술의 자립도는 크게 올라섰다. 에너지 부존자원이 거의 없는 우리나라가 경쟁력 있는 원자력 에너지 기술을 갖추게 된 것이다. 세계적으로는 총 전력생산에서 원자력 전기 비중은 13퍼센트 남짓이다. 2011년 기준, 원자력 발전의 비중이 우리나라보다 높은 국가는 원전 가동국 31개국 가운데 프랑스, 벨기에, 슬로바키아, 우크라이나, 슬로베니아, 스위스, 헝가리, 스웨덴이다. 총 전력생산량 중 원자력의 비중이 어느 정도인가는 그 나라의 에너지 자원 보유의 특성과 경제적 발전단계, 기술 수준, 정책의지, 국민의식 등 여러 가지 요인에 의해 결정된다. 또한 정치적 성향에 의해서 결정되는 경우가 많다는 것이 원자력의 또 다른 특징이다.

우리나라가 원전 기술 자립도를 높이며 원전을 확대하는 동안 반핵 운동은 영향력이 크지 않았다. 때문에 정책 결정은 원자력계의 엘리트주의 위주로 진행된 측면이 있다. 워낙 전문성이 강한 분야이다 보니 속성상 아는 사람들끼리 문제풀이를 해야 한다는 생각이 굳어지는 것도 무리는 아니었을 것이다. 그러나 이웃 나라에서 대형 원전 사고가 터짐으로써 상황은 딴판으로 달라졌다.

게다가 국내 원전의 잇단 사고와 비리 사건이 줄줄이 언론보도를 탔다. 그렇지 않아도 불안한데 더욱 불안하게 된 것이다. 원자력계는 안전하다는 말을 믿기 어렵게 되어버린 것이다. 사회적 수용성 확보의 가장 큰 장애는 불신이다. 따라서 원자력 발전사업의 추진을 위해서는 불신의 벽을 허물고 지역주민을 안심하게 만들 수 있어야 한다.

그런가 하면, 외부 변수도 중차대하다. 한반도는 북핵 문제로 인해서 핵비확산이라는 국제적 쟁점에 휘말린 지 오래이다. 또한 동북 아시아의 사정을 보면, 중국은 급격한 경제성장에 따르는 에너지 수요를 충족하기 위해, 종전 계획내로라면 전 세계 원전 건설의 40퍼센트를 차지할 정도의 확대 정책을 펼 것으로 예상되고 있었다. 물론 재생 에너지 정책도 크게 강화하고 있으나, 워낙 에너지 수요가 크기 때문에 원자력 대안도 버릴 것 같지가 않다. 사정이 이렇고 보니, 우리 땅의 원전 안전성을 걱정한다고 될 일이 아니라 동북 아시아의 원자력 안전을 보장할 수 있는 다자적 협력이 절실한 상황이다.

4.

후쿠시마 사태는 원전의 '안전신화'에 치명타를 입혔다. 원전 사고는 다른 산업사고에 비해서 공포와 불안의 트라우마가 크다. 방사능의 비가시적 실체에 대한 두려움은 눈에 보이는 것에 대한 두려움과는 성격을 달리한다. 석탄이나 석유는 활활 타오르는 불의 이미지이다. 그러나 원자력의 실체는 형체가 없는 비가시적인 이미지의 거대한 공포, 그 무엇이다. 방사능 오염에는 국경이 없다. 공기와 물을 통해서 멀리멀리 퍼져 나간다. 그리고 단기간에 증세를 보이지 않더라도 두고두고 장기간에 걸쳐 영향이 나타날 수 있다. 그것도 유전자 돌연변이의 형태로 나에게, 우리 아이들에게 언제, 어떻게 닥칠지 모른다는 심리적 불안과 위협이 원자력 특유의 공포의 원천이다. 그래서 특히 여성이 민감하다.

후쿠시마 비상사태는 설계수명을 다한 원전의 계속운전 여부에 대한 논란도 촉발시켰다. 그리고 사용후핵연료 관리의 위험성을 부각시켰다. 후쿠시마 제1원전 1호기, 미국의 서리(Surry) 원전 1, 2호기, 그리고 한국의 고리 1호기가 최근 잇달아 말썽을 일으켰는데, 모두 설계수명을 연장한 원전이었기 때문이다. 또한 후쿠시마 사고에서 사용후핵연료 저장수조에서도 폭발이 일어났기 때문이다. 더욱이 고리 1호기의 정지 사고는 계속운전을 위해서 교체한 설비가 원인이었다는 점에서 설비 점검에 대한 의구심이 제기된 측면도 있다.

결국 후쿠시마 원전 사고는 글로벌 '원자력 르네상스(Nuclear Renaissance)'를 전망하던 분위기에 찬물을 끼얹었다. 사고의 여파로 세계 31개국은 안전성 점검에서부터 신규 원전 건설계획에 이르기까지 전반적인 재검토에 들어갔다. 그 가운데, 체르노빌 이후 그랬던 것처럼, 독일은 탈원전 정책을 재천명하고 나섰다. 벨기에, 스위스, 이탈리아도 다시 탈원전에 합류했다. 체르노빌 사고 이후의 상황으로 미루어 후쿠시마 이후를 추론한다면, 일단 원전 산업의 침체가 예상된다. 그러나 신흥경제국의 전력 수요 증가 등 새로운 변수도 간단치가 않아 단언하기도 어렵다. 분명한 것은 나라마다 원전 정책이 사회적 여론과 경제성 등의 변수에 상당한 영향을 받을 것으로 예상된다는 것이다.

최근의 국제 에너지 환경은 불확실성이 크다. 경제침체로 인해서 에너지 수요 증가세가 둔화되고, 몇 년 전에 비해 기후체제(climate regime) 논의가 동력을 잃으면서 온실가스 감축의 실행계획도 수면 아래로 가라앉는 분위기이다. 그러나 글로벌 에너지 환경은 화석연료 가격 상승 압력과 자원 국수주의(國粹主義) 경향이 심화되는 가운데, 재생 에너지 시장도 요동을 치고 있어서 에너지 수요를 충족시킬 수 있는 대안이 마땅치 않다.

태양광, 풍력 등 재생 가능 에너지원의 개발과 보급이 기대치를 높였던 것은 사실이다. 그러나 독일 등 일부 국가에서의 약진에도 불구하고, 대체로 어느 나라에서나 보조금에 의존하여 부양되는 등 거품이 많았다는 평가이다. 재생 에너지원은 그 간헐성과 분산성 때문에 전력 저장장치가 뒷받침되어야 한다. 한마디로 경제성과 기술력에서 아직 갈 길이 멀다. 무엇보다도 재생 가능 에너지원의 분포가 결정적 요인이다. 햇빛과 바람이라는 자원이 부족하다면 기술이 있더라도 효율에 한계가 있다. 게다가 화석연료에 부과되는 고비율의 세금 내신 오히려 공적 보조를 필요로 한다는 점에서 조세정책의 큰 틀과 맞물려 있다.

그렇다면 우리나라가 독일처럼 탈원전을 한다는 것이 현실적으로 얼마나 가능할까. 한국의 에너지 해외 의존도는 원전을 가동하는 31개국 가운데 타이완 다음으로 높다. 우리의 화석연료 의존도는 84퍼센트이고, 에너지 효율은 OECD 국가 평균치의 절반 수준이다. 산업구조는 1970년대 이후로 줄곧 에너지 다소비 산업의 비중이 높고, 자원을 수입하여 수출해서 '먹고 사는' 경제구조이다.

재생 에너지를 대안으로 키워야 한다는 주장은 시대에 맞는 바람직한 정책으로 보인다. 그러나 현재로서 우리나라 재생 에너지의 비중은 풍력 발전이 0.1퍼센트, 태양광이 0.06퍼센트이다. 독일의 재생 에너지 발전 비중은 20퍼센트에 달한다. 이처럼 차이가 큰 원인이 무엇인지, 제대로 분석해야 한다. 그리고 재생 에너지 자원의 분포도를 정확히 파악하여 객관적이고 신뢰할 수 있는 자료가 제시되어야 한다. 현재의 우리 상황에서 탈원전의 대안을 찾는 일은 적어도 단기적으로는 실현 가능성이 별로 없어 보인다. 따라서 장기적으로 검토하면서 대안을 확실히 만드는 길로 갈 수밖에 없다.

5.

원자력에 관한 책을 내다 보니 필자의 입장이 무엇이냐는 질문을 여러 번 받는다. 4년간 환경부 장관을 지냈으니, 환경단체와 비슷한 목소리를 내는 것이 제격일 수도 있다. 그러나 과학자 출신으로 행정과 입법 부문에서 일했고, 수십 년 동안 정책을 연구하는 처지에서는 그렇게 단순할 수가 없다는 것이 개인적 딜레마이다. 그리고 그것이 필자가 이 주제를 놓지 못하는 이유이기도 하다.

"원자력을 하자"라고 말하려면 원자력의 부정적 측면이 딱 걸리고, "원자력을 하지 말아야 한다"라고 말하려면 우리나라의 에너지 안보가 딱 걸린다. 사실 필요성이 절실하지 않다면 굳이 말썽 많은 원자력을 택할 이유가 없지 않은가. 이 패러독스를 극복하기 위해서는 중간적 입장에서 부정적 측면과 필요성에 대해서 두루 살필 필요가 있다고 본다. 원자력 딜레마는 지적 퍼즐 풀이의 대표적 주제라는 생각도 든다.

원자력은 미완의 기술이다. 숯을 태우면 재가 남듯이, 원자로를 가동하면 반드시 나오게 되어 있는 고준위(高準位) 방사성 폐기물이 남는데, 그 폐기물에서 나오는 방사능을 낮출 수 있는 기술이 아직 없다. 현재로서는 수십 년 동안 임시저장과 중간저장을 했다가 최종처리로는 암반 속 깊숙이 500-1,000미터 깊이에 가두는 방법이 있을 뿐이다.

이제 우리나라의 원전 산업의 역사가 35년이 되고 보니, 핵연료의 후행주기(後行週期)로 들어서고 있다. 그래서 사용후핵연료 중간관리가 시급한 정책과제로 부상해 있다. 이는 신규 원전 부지를 선정하는 것과는 또 다른 난제이다. 경제 활성화에 기여한다고 설득하기도 어렵기 때문이다. 좁은 국토에서 이래저래 이 사업에 대한 사회적 수용성을 확보하는 일은 참으로 난제가 될 것이다. 그러다 보니 방사성 폐기물 대책은 부안 사태 이후 손을 대지 못하다가 경주에 중저준위(中低準位) 방폐물만 처리하는 것으로 가닥을 잡음으로써 정작 가장 어려운 고준위 대책은 '뜨거운 감자'가 되어 뒤로 밀리게 되었다.

원전 확대 정책을 밀고 나가는 경우 걸림돌은 여기저기에 있다. 특성상 원전 산업은 초기 자본집약성이 크고 장기간에 걸쳐 진행되는 사업이다. 때문에 사업 도중에 어떻게 될지 경제적, 정치적, 사회적으로 불확실성이 깔려 있다. 정부의 보장과 지원 없이 시장원리에 의해서 대규모 민간자본이 투입되는 경우에는 특히 투자 전망이 불확실하다. 이것이 미국의 금융가에서 그동안 원전 산업에 대한 투사가 이루어지지 않았던 이유이다. 무엇보다도 확률적으로는 매우 낮다고 하더라도 세계인의 기억 속에는 체르노빌과 후쿠시마의 원전 사고 공포의 트라우마가 사라지지 않고 있다.

후쿠시마 사고 이후 수백 년 또는 천 년에 한 번 일어날까 말까 한 천재지변에도 견딜 수 있는 안전기준으로 강화해야 한다고 강조한다. 따라서 안전비용은 올라갈 수밖에 없다. 그동안 원자력은 다른 에너지원에 비해서 경제성이 좋은 에너지로 홍보되어 왔다. 최근에도 관계기관의 발표에 따르면 여전히 가격 경쟁력이 있는 것으로 나온다. 그러나 안전비용이 늘어가고 사용후핵연료 관리와 폐로(廢爐) 비용까지 현실화되면서, 만일 사업 추진이 차질을 빚는 경우, 경제성이 위협을 받을 가능성도 배제할 수 없다. 어느 날엔가 한국의 원자력 에너지는 더 이상 값싼 에너지가 아닐 수도 있고, 그럼에도 불구하고 에너지 안보 차원에서 원자력 기술을 살려야 하는 상황이 될지도 모를 일이다.

그리고 우리나라의 경우 인구밀도가 높다는 것도 고려요인이다. 원전 주변 지역의 인구가 많은 경우, 지역사회 수용성이 걸림돌이 될 가능성이 있기 때문이다. 게다가 중간저장을 원전 부지 외에 중앙집중식으로 하는 경우 그 부지 선정이 얼마나 순조로울지 알 수 없다. 그리고 만일 언젠가 재처리를 한다고 하면, 또다시 재처리 공장 부지를 찾아야 한다. 중간저장의 시설 수명을 정하는 것이 관례처럼 되고 있기 때문이다. 또한 재처리에서 나오는 고준위 방사성 폐기물을 최종 처분하는 처분장 부지는 별도로 선정해야 한다. 아무리 수십 년 뒤의 일이라고 하더라도 발등의 불끄기에만 급급하다면 원자력의 지속 가능성은 훼손될 확률이 커진다.

6.

필자가 원자력에 대한 관심을 끊지 못하는 이유는 탈핵을 하자고 해서 거기서 끝날 일이 아니기 때문이다. 만일 장기적 계획으로 단계적 탈원전으로 간다고 하더라도 이미 원전의 수조마다 빼곡하게 차 있는 사용후핵연료의 관리와 처리는 반드시 넘어야 할 산이다. 그런데 상황이 녹록지 않다. 인구밀도가 높고 좁은 땅에 원전 부지가 서해안과 동해안으로 나뉜 터에 경수로와 중수로의 두 트랙으로 처리되고 있기 때문이다.

세계적인 동향으로 볼 때, 사용후핵연료의 장거리 운송은 실현 가능성이 거의 없다고 보아야 한다. 독일의 사용후핵연료 중간저장 정책이 원전 부지 외와 부지 내의 저장이라는 두 가지 형태를 병행하고 있는 이유가 바로 이송 때마다 대규모 시위가 벌어져서 이송이 막힌 탓이 크다. 국가 간 위탁처리가 거의 중단된 것도 재처리 비용이 올라간 것 이외에도 재처리에서 나오는 생성물과 고준위 방사성 폐기물을 모두 발생국이 가져가야 한다는 국제적 기준에 의해 이송이 문제가 되었기 때문이다. 이송하는 경우에도 특수한 조건을 충족시키도록 보완해야 하는데 여기에는 오랜 세월과 막대한 비용이 들어가게 마련이다.

우리나라의 원자력 이슈는 외교안보 차원에서도 커다란 장벽에 부딪혀 있다. 외교 협상을 잘한다고 넘어갈 수 있는 수준이 아니라고 보는 것이 옳다. 우리로서는 원자력 기술의 해외 진출이 실현된 시점이고 보니, 원자력계의 주장대로 핵연료 선행주기와 후행주기 정책이 막혀 있는 상황을 타개할 필요가 있다. 또한 23기의 원자로를 가동하는 국가로서 사용후핵연료 처리 대책이 나와야 할 필요성도 있다. 무엇보다도 재처리 여부의 결정은 중간관리 정책과도 연결되기 때문이다.

최근의 원자력 핫 이슈는 단연 한미원자력협정이었다. 당초 재처리를 할 수 있는 방향으로 개정하는 것을 목표로 했던 한미원자력협정의 개정은 일단 시한을 넘기고, 두 해 미루는 것으로 조정되었다. 그 내용을 들여다보면, 이러한 궁여지책을 이해할 만도 하다. 그렇다면 두 해가 더 흐른다고 지금과 달리 돌파구가 찾아질 수 있을까. 결정적 변수가 어떻게 변화하는가에 달렸다고 본다. 무엇보다도 북핵 문제가 지금까지처럼 꼬여 있는 한, 한미 간의 현격한 인식 차이를 극복할 묘수가 보이지 않는다. 그리고 6자회담이 실패로 드러난 마당에 북핵 문제가 새로운 국면을 맞을 확률도 커 보이지는 않는다.

미국의 사정을 보자. 현재 31개국에서 가동되고 있는 435기의 원자로 가운데 104기를 가동하고 있는 미국은 사용후핵연료를 재처리하고 있지 않다. 1977년 이전에는 민간부문의 상업발전에 대해서는 재처리가 허용되고 있었다. 그러나 카터 대통령이 핵비확산을 기치로 내걸면서 재처리를 금지시켰다. 이후 1981년 레이건 대통령이 허용하는 방향으로 바꾸었으나, 여전히 원전에서 나오는 사용후핵연료의 재처리 국가가 아니다.

게다가 10여 년의 험난한 과정을 거쳐서 유가 미운틴(Yucca Mt.)에 건설 중이던 사용후핵연료 최종처분장은 오바마 대통령의 정치적 결정에 의한 전액 예산 삭감으로 중단되었다. 그리고 2012년 블루리본위원회(Blue Ribbon Commission)가 구성되어, 중간저장 시설을 건설하라는 자문 보고서가 나온다. 현재 미국은 원전 부지 외의 중앙집중식 중간저장

시설을 갖고 있지 않다. 각각 원전마다 부지 내에서 저장시설을 운영하고 있는 실정이다. 재처리 국가의 경우에는 재처리 공장에서 사용후핵연료를 습식으로 저장한다. 그러나 현실을 보면 재처리에 대해서는 그 기술성과 경제성으로 보아 실용적 가치가 적다는 반론이 맞서고 있는 실정이다.

일본의 경우 외교적 협상을 잘해서 재처리가 허용되었다는 시각도 있다. 그러나 미일원자력협정이 개정된 1980년대 말의 상황과 지금의 한반도 상황에는 큰 차이가 있다. 무엇보다도 일본은 미국으로부터 원폭을 맞아, 전쟁을 일으킨 나라가 졸지에 전쟁의 피해국이 된 역사적 아이러니의 주인공이다. 앞으로 다수의 개도국이 원전 도입을 고려하는 상황에서, 만일 사용후핵연료의 재처리가 국제적 룰이 된다면, 핵비확산을 지킬 세계의 파수꾼을 자처하는 미국의 입장에서는 참으로 골칫거리가 되지 않겠는가.

원자폭탄에서 비롯된 원죄(?)를 지닌 미국이 자국의 재처리도 하지 않는 상황에서, 북핵 문제가 가장 첨예한 원자력 이슈로 부상되어 있는 한반도 남쪽의 한국에 대해 재처리를 허용하기는 쉽지 않을 것이다. 원래 1970년대 체결된 국제 핵확산금지조약(NPT) 자체가 핵폭탄을 보유한 국가는 재처리를 하고, 핵폭탄을 갖고 있지 않은 국가는 허용하지 않는다는 불평등(?)한 성격을 지닌 것이었다. 이처럼 당초 재처리는 핵폭탄 보유 국가에만 허용된 것이었고, 일본이 예외가 되었던 것이다. 다만 최근 미국이 원자력 협상에서 베트남과 요르단에 재처리를 허용한 것은 주목되는 변화이다.

우리나라는 1970년대 닉슨 독트린이 발표되는 등의 안보 상황 변화에 대응하여 핵무기 개발을 추진한 전력이 있다. 그리고 이후에도 미량이지만 핵실험의 기록을 갖고 있다. 따라서 국제사회의 의구심을 떨쳐내지 못한 상태이다. 그런데 거기에 더해서 국내의 최근 여론조사나 언론보도나 정치권에서나 북핵에 맞서 우리도 핵주권을 행사할 수 있어야 한다는 목소리가 이어지고 있다. 이는 정치적 제스처로서는 이해될 수 있는 일이라고 하더라도 협상 결과에 어떤 영향을 미칠지에 대해서는 알 수가 없다.

그리고 재처리가 허용된다고 하더라도 거기서 해결되는 것이 아니다. 기술적, 경제적으로 재처리는 아직 널리 보급된 기술이 아니기 때문이다. 또한 파이로프로세싱(Pyroprocessing)을 강조하는 것이 얼마나 도움이 될지도 알 수 없다. 파이로 공정에서는 핵폭탄의 원료가 되는 플루토늄(Plutonium)이 분리되지 않고 혼합물 상태로 얻어지기 때문에 핵확산에 저촉되지 않는다는 것이 우리 쪽 원자력계의 주장이다.

그러나 국제적 기준은 현재로서는 그렇지 않다. 국제원자력기구(International Atomic Energy Agency, IAEA)와 세계원자력협회(World Nuclear Association, WNA)는 물론 최근 미국의 에너지 연구소의 합동 연구에서도 파이로 공정을 재처리의 일종으로 규정하고 있다. 다만 플루토늄이 혼합물로 섞여 나온다는 사실을 인정할 뿐, 언젠가 기술적으로 플루토늄을 분리할 수 있다고 보기 때문이다. 그리고 파이로 공정은 미국도 이미 40년 전부터 연구하여 소규모 실증사업을 하는 기술로서, 앞으로 상용화까지 몇십 년이 걸릴지도 확실치 않다. 또한 핵연료로 다시 쓰기 위해서는 고속증식로가 개발되어야 하는데, 이 또한 당초 계획보다 늦어지고 있다. 빠르다고 해도 2030년보다 더 늦어질 것이라는 전망이다.

외적 변수가 이렇게 복합적이고 민감할진대, 우리가 외교적으로 협상을 잘해서 원하는 것을 얻기에는 한계가 있어 보인다. 우선 발등의 불로 떨어져 있는 사용후핵연료의 중간저장의 해법을 합리적 절차에 의해서 마련하는 것이 시급하다. 이를 추진함에 있어 중요한 것은 정부가 기존

체제의 틀에서 해결 가능한지에 대한 정확하고 합리적인 판단부터 하고, 첫 단추부터 제대로 끼워야 할 것이다.

아마도 한미원자력협정의 개정에서는 현재 40년으로 되어 있는 재개정까지의 기간을 단축하고, 우리 혼자 갈 수 없는 길이라면 같이 가는 쪽으로 방향을 잡을 수밖에 없을 것이다. 원자력에서는 양자간, 다자간 협력이 그 어느 분야보다도 중요하고 국제적 기준을 지켜 신뢰를 쌓는 것이 우선이다. 원전의 해외 진출의 경우에도 재처리 여부의 정책 결정 이전에 국제금융 조달 등 난관이 한둘이 아니다. 이렇게 고차원의 퍼즐을 풀어야 하는 원자력 정책을 조율하고 통합 조정하는 기능이 제대로 작동하고 있는지가 문제의 핵심이다.

7.

무엇보다도 원자력 산업의 천적(天敵)은 원전 사고이다. 1979년 스리마일 섬 원전 사고에서는 인명 피해도 없었고 심각한 방사능 오염도 없었다. 그러나 세계 최고의 기술 강국인 미국에서 일어났다는 점에서 충격이 컸다. 미국은 당시 건설을 승인한 상태였던 129기 원자로 가운데 53기만 계속하기로 하고, 나머지 건설계획은 취소했다. 1986년의 체르노빌 원전 사고는 글로벌 원전 산업 사상 최대의 치명적 사건이었다. 사고 직전인 1985년부터 일 년 동안에는 33기의 원전이 새롭게 가동되고 있었다. 그러나 체르노빌 사고 이후 1990년대의 신규 원전 건설은 세계적으로 한 해에 10기 이하로 줄어들었다.

원전 사고의 충격으로 원전 종주국인 미국의 원전 산업은 침체 일로를 걷는다. 그 결과 30여 년의 침체기로 빠졌고, 2012년에 이르러 AP1000형의 제3세대 원자로 2기의 건설을 허가하게 된다. 그러나 이 결정에서 원자력규제위원회(National Regulatory Commission, NRC) 위원장 그레

고리 야스코는 반대표를 던졌고, 허가 이후 반대운동 측으로부터 취소소송이 들어간 상태이다.

여기서 주목할 것은 미국의 에너지 환경은 한국과는 전혀 다르다는 사실이다. 에너지 수입률이 82퍼센트인 우리나라와 달리 미국은 22퍼센트이고, 총 전력생산 중 원전 비중이 34퍼센트인 우리나라와 달리 미국은 19퍼센트이다. 최근에는 미국의 셰일가스(shale gas), 셰일오일(shale oil) 등 새로운 에너지원의 개발이 세계적인 관심을 끌고 있다. 유전 개발 기술의 개량으로 깊숙이 파는 것이 아니라 넓게 분포된 기름을 캐낼 수 있는 가능성이 열림으로써 에너지 환경이 크게 바뀌고 있다.

원자력 산업의 역사적 배경에서 주목해야 할 대목이 있다. 미국의 원자력 산업의 침체가 시사한 의미가 크다는 사실이다. 원전 부품은 보통 100만 개 이상이라고 한다. 그런데 원전 건설이 중단된 상태에서 관련 부품 산업이 원활히 돌아갈 리가 있을까. 연구개발이 활성화될 수 있을까. 이렇게 되면 안전관리의 생명이나 다름없는 부품 확보에 차질이 생길 가능성이 있다. 부품 확보에 비상이 걸리게 되는 것이다. 그리고 그에 못지않게 신진 인력 양성이 타격을 입고, 인력 수급에 차질을 빚게 된다. 최근 우리나라의 원전 운영의 비리 사건과 부품 보증서 위조사건 등도 조직 운영의 구조적인 문제로 보고 해결책을 찾아야 답이 나올 것이다. 그리고 간과하기 쉬운 또 다른 사실은 원전 운영인력의 사기 저하와 젊은이들의 원자력 전공 기피 현상에 대한 우려이다.

8.

우리나라에서 원전 관련 사고나 사건이 발생하면 언론보도에는 환경단체 인사가 등장하는 경우가 많다. 이는 상대적으로 원전 관련 전문가나 정책결정자들에 대한 사회적 신뢰가 미흡함을 보여주는 반증 같기도 하다. 정부와 원자력계의 당면 과제는 신뢰 회복이다. 반핵 운동도 합리적 대안 모색으로 국민의 신뢰를 얻는 것이 중요하나, 정부와 원자력계의 신뢰 회복은 더욱 절실하다. 어느 경우에나 사회적 이슈가 심각한 갈등으로 번지게 되는 경우 그 최종 책임은 결국 정부에 돌아가게 되어 있다는 사실을 잊어서는 안 된다. 어떻게 신뢰를 쌓을 것인가에 대해서 고민하고 실천하는 발상의 전환이 에너지 정책 리더십의 핵심이라고 할 것이다.

고도의 기술공학 분야인 원자력이지만, 동시에 그 어느 분야보다도 사회적 수용성이 생명인 분야이다. 사람들은 자신이 믿지 못하는 사람의 말은 아무리 옳은 주장을 하더라도 믿어주지 않는다. 믿음이 없으면 원자력의 사회적 수용성은 물 건너간다. 전문성이 지극히 크면서도 일반성이 강하다는 원자력의 상충되는 특성을 어떻게 조화시켜 현안을 풀어갈수 있을지 시험대에 오른 형국이다.

원자력에서는 '빨리빨리'나 '적당히'는 절대로 통하지 않는다. 해외 진출에서도 공기 단축도 중요하지만, 매뉴얼을 철저하게 갖추고 문서화(documentation)를 철저히 해서 국제기준을 충족시키는 것이 중요하다. 국내적으로는 신규 원전 건설과 설계수명이 다한 원전의 계속운전 여부, 사용후핵연료 중간관리 방안 결정 등을 어떻게 해낼지가 원전 정책의 핵심이다. 그 전망이 확실치 않은 상황에서 뛰어난 관리 역량 발휘가 관건이다.

이 시점에서 에너지 정책의 과제는 무엇인가. 산업화 초기에는 에너지 안보 차원에서 다변화 정책에 의해서 원자력을 키웠다. 지난 정부에서는 기후변화 대응의 시대적 명분과 신성장동력 창출 차원에서 녹색 에너지 기술을 적극 지원했다. 그러나 부작용에 대한 모니터링과 정책보완의 피드백 메커니즘이 얼마나 가동되었는지는 알 수가 없다. 이제 해야 할 일은 새 정부가 표방하고 있는 새로운 정책기조의 틀 안에서 에너지 정책은 어떤 모습이어야 하는지 조망하고 구체적 사업을 설계하는 일이라고 본다. 그것은 에너지 수요 관리의 혁신적 프로그램의 틀로 골격을 잡아야 할 것이다. 그로써 발전소를 덜 짓고 전력 수요를 충족시킬 수 있는 고부가가치의 에너지 혁신 방안을 찾아야 할 것이다.

원전 논의는 결국 다른 에너지원에 대한 논의와 맞물릴 수밖에 없다. 그리고 에너지 효율화를 위한 실효성 있는 정책 추진과 얽히게 된다. 따라서 다양한 에너지원에 대한 LCA(Life Cycle Assessment)를 시행하여 에너지 믹스(mix) 결정에 대한 과학적이고 합리적인 근거를 제시할 필요가 있다. 그런 다음 에너지의 전체 그림 속에서 원자력의 위상을 결정하는 것이 사회적 이해를 구하고 수용성을 높일 수 있는 길이 될 것이다.

그에 못지않게 에너지 효율화의 기술적, 제도적 틀을 새롭게 짜는 혁신이 이루어져야 한다. 대체로 에너지 효율화 정책이라고 하면 발전사업자 측은 미온적이다. 수요 감소로 수익이 줄어든다는 기존의 관념 때문이다. 정부로서는 이런 우려를 해소할 수 있는 인센티브를 부여하고, 장기적 측면에서 이롭다고 볼 수 있는 새로운 비즈니스 모델을 창출해야 하는 과제를 안고 있다. 그런데 참고로 최근 미국이 새롭게 추진하고 있는 계획(National Action Plan for Energy Efficiency: Vision for 2025)을 보면 우리 실정에 맞는 비즈니스 모델을 창출하지 못할 이유가 없어 보인다. 세계 최고 수준인 정보통신기술을 융합하는 것이 핵심이기 때문이다.

9.

원자력이라는 민감하고 복합적인 정책을 다룰 때는 특히 '균형'이 중요하다고 생각한다. 이른바 친원전과 반원전에서 주장하는 대립되는 두 논거 사이에서 균형적 시각을 가져야 보다 합리적인 결론이 나올 수 있을 것이기 때문이다. 우선 원자력 홍보에 등장하는 용어처럼, 원자력을 '청정에너지'라고 강조하는 것은 자승자박이 될 우려가 있다.

원전 자체의 온실가스 감축 효과가 큰 것은 사실이다. 그러나 핵연료 후행주기의 고준위 방사성 폐기물의 방사능을 처리할 수 있는 기술이 없다. 물론 콘크리트 벽 등 차단설비로 안전하게 차단할 수는 있다. 그러나 고준위 방사능이 저준위로 붕괴되기까지 천재지변 등의 사고에 견딜 수 있으리라는 확률적 이슈는 단언하기 어렵다. 따라서 기술위험을 미래 세대에게 전가시키는 결과라는 지적이다. 최종관리 시설은 세계 최초로 핀란드가 건설하고 있고, 시설 수명은 십만 년 단위이다. 요컨대 원자력 발전의 환경성을 다른 에너지원과 비교하는 것은 무리이다. 화석연료를 태울 때의 환경오염과 원자력의 잠재적 방사능 위험을 동일 기준에서 비교할 수는 없기 때문이다.

원자력 딜레마를 풀기 위해서는 원자력의 양면성을 치우침 없이 바로 보고, 그것을 둘러싼 사회적 갈등을 해소하는 노력이 성과를 거두는 것이 관건이다. 이 민감한 이슈를 두고 벌어지는 쟁점을 정리할 수 있다면 그것이 사회적 협상력을 높이는 모델이 될 것이다. 합리적 에너지 정책을 세우기 위해서는 장단기적 관점에서 전체와 부분을 두루 볼 수 있는 통찰력이 필요하다. 그러나 정치권은 눈앞의 선거 이슈에 매몰되고, 정책결정자들은 순환 보직의 틀 속에 갇혀 있다. 그리고 보니 장기적 안목의 비전과 철학을 기본으로 에너지 정책을 수립하고 추진하는 것에 한계가 있다.

10년도 넘은 이야기가 되었지만, 필자는 환경행정의 현장에서 일촉즉발의 위기를 겪고, 화형식을 당하기도 했다. 낙동강 수계 특별법을 비롯해 3대강 수계 특별법 제정 과정이 그랬다. 우리는 이해 당사자들과 정부당국과 지역주민의 틈바구니에서 이해와 소통, 그리고 신뢰의 실마리를 찾기 위해서 열정적으로 일했다. 그 결실이랄까, 성난 시위와 갈등의 아수라장은 결국 '화해와 상생'의 화합의 장으로 반전되었다. 그때나 이 때나 화합의 열쇠는 상호이해와 신뢰였음을 깨닫는다. 그런 덕으로 최우수 부처로 내리 선정되고, 2003년 3월 첫 국정 세미나에서는 지난 정부 국정의 성공 사례로 선정되어 발제도 했다. 바로 뒤에 실패 사례로 발표된 주제가 '방사성폐기물처분장선정사업'이었다.

10.

원자력 딜레마는 풀 수 있을 것인가. 원자력을 둘러싼 사회적 차원의 이성적 선택과 개인적 차원의 감성적 반응 사이에서 서로 화해하여 갈등을 해소할 수 있을 것인가. 이는 결국 사람의 마음을 움직여야 하는 일이 된다. 원전에 관련되는 다원적이고 상충적인 요소를 두루 고려하여 정책적 시행착오를 줄이는 것이 중요하다. 원자력의 찬반의 두 진영은 현존 기술에서 안전을 최대한 보장하는 선에서 답을 찾을 수밖에 없을 것이다. 그리고 찬반 이외에 제3의 지대에서 만날 수 있어야 할 것이다.

원자력의 부정적 측면만을 부각시켜 폐기해야 한다는 주장은 우리의 에너지 안보의 현실을 직시하는 현실적 대안이 되기 어렵다. 화석연료 이외의 기저부하 에너지원으로서 대안을 내놓을 수 있는 사정이 못 되는 형편에서, 원자력은 자원 빈국인 우리가 가진 거의 유일한 경쟁력 있는 에너지 기술이기 때문이다. 따라서 미완의 기술임에도 불구하고 현존하는 기술로서 인정하고, 어떻게 합리적 운영방안을 찾고, 중장기적으로 대안 에너지원을 확보할 수 있겠는가에 초점을 맞추어야 한다고 본다.

최근의 반핵 운동은 전문성이 깊어지고, 대안 제시형으로 진화하는 단계에 있는 것 같다. 국민 정서로부터 유리되고, 님비(NIMBY) 갈등으로 비추어지는 것은 오히려 운동의 설득력을 떨어뜨릴 우려가 있다는 것이 그동안의 활동에서 얻은 교훈이라고 생각한다. 그런 의미에서 국가 에너지 이용의 효율을 높이는 방향으로 생산적으로 진화(進化)해야 할 것이다. 이러한 노력을 통해서 사회적 쟁점에 대한 합의를 이끌어낼 수 있다면 시민사회의 협상력을 높이는 데 크게 기여하게 될 것이다. 결국 원자력 공학의 차가운 합리성과 시민운동의 뜨거운 감성이 서로 만나 화해를 통해서 원자력의 난제들을 풀어나갈 수 있을 것이다.

원자력의 난해한 문제들을 풀기 위해서는 소통과 합의 도출을 위한 메커니즘이 필요하다. 신뢰받을 수 있는 새로운 메커니즘을 고안해서, 진솔한 자세로 과거의 원자력 정책을 돌아보고, 해외 성공 사례를 살펴보고, 새로운 길에 대해서 끝장 토론을 하고. 그러다 보면 모범 답안을 향해서 한걸음 두걸음 다가갈 수 있을 것이다.

원자력 정책의 당사자들은 명실상부하게 국민과 지역주민과 소통하는 협상의 기술을 발휘해야 한다. 그것은 하드웨어의 기술이 아니라, 마음을 움직이는 소프트웨어의 기술이어야 한다. 경제적 인센티브를 부여하는 것만으로 지역사회의 마음을 살 수 있을지는 확실치 않다. 그리고 경제적 지원에 대한 중앙정부와 지역사회의 시각 차이를 좁히고, 재정 지원에서도 쟁점 정리가 필요하다.

무엇보다도 투명성과 민주성은 기본이 되어야 한다. 원자력계가 다른 전문가 그룹과 시민사회의 목소리에 귀를 기울이고, 그들에게 원전 산업의 실상을 모니터링하는 기회를 부여한다면 실천적 거버넌스의 길로 나아갈 수 있을 것이다. 반대진영도 여기에 화답하여 감성적인 공포를 부각시키는 것보다는 현실을 직시하고 대안 모색에 동참해야 할 것이다. 바로 여기에서 우리 모두를 위한 진정한 거버넌스의 길이 열릴 것이다.

제1장

원자력 발전의 역사

1. 세계의 원자력 발전이 걸어온 길

원전 산업의 역사적 발자취는 진흥과 침체의 일련의 사건들을 거쳐 또다시 후쿠시마 사고 이후 불확실성의 시기에 직면하고 있다. 원자력 태동기 이후 실용화기, 중흥기를 거쳐 1986년 체르노빌 사고 이후 침체기에 들었다가 최근 '원자력 르네상스'를 전망하던 상황에서 2011년 후쿠시마 사고가 터져 다시 급반전의 고비를 맞고 있는 것이다.

원자력 상업발전의 유래는 제2차 세계대전 중 원자폭탄 제조를 실현시킨 맨해튼 프로젝트로 거슬러 오른다. 1945년 핵폭탄의 투하로 빚어진 사상 초유의 충격 이후 '원자력의 평화적 이용'을 명분으로 정책 방향이 선회하면서 첫 작품으로 노틸러스(Nautilus) 잠수함이 개발된다. 그 반응로를 변형시켜 상업용 발전의 원자로가 만들어지고, 1950년대 후반부터 원자력 발전 시대의 막이 오른다. 이후 원전 기술의 진보와 경제성 향상, 석유 파동 등의 에너지 위기, 에너지 수요 급증, 석유 가격 급등 등의 변수와 맞물리며 전 세계로 확대되어 나간다.

그러던 중 1979년 미국의 스리마일 섬 원전 사고가 발생한다. 그 사건을 계기로 미국 땅에서는 원자로 건설이 중단되었다가 2012년에서야 신규 원전 인허가를 내준다. 더욱 결정적으로 1986년 구소련(현 우크라

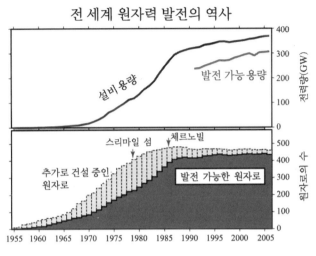

<그림 1.1> 전 세계 원자력 발전시설 용량 변화

이나)의 체르노빌 사고로 인해 세계적으로 원자력 산업은 침체기로 들어
선다. 그 가운데 유럽 대륙에서 이탈리아, 스웨덴, 스위스, 독일 등은 탈
원전 정책을 천명한다.

2000년대 들어서는 상황이 반전되어 '원자력 르네상스'를 전망하는 상
황으로 바뀐다. 기후변화 대응의 시대적 필요성과 에너지 안보의 중요성
이 커진 탓이었다. 그러나 2011년 3월 일본 후쿠시마 원전 비상사태가
발생함으로써 원전의 '안전신화'는 치명적으로 훼손된다. 그리하여 독일,
스위스, 벨기에, 이탈리아 등 몇몇 국가는 체르노빌 사고 이후처럼 다시
탈원전 정책을 재천명한다. 사고 이후 시간이 경과함에 따라 부정적 여
론이 수그러드는 경향을 보이고는 있으나, 전반적으로 원자력 산업의 위
축은 불가피해 보인다. 앞으로 체르노빌 이후의 양상과 비슷하게 침체
국면이 전개될지 관심을 모으고 있다.

원자력의 상업발전은 미국 드와이트 아이젠하워 대통령의 1953년 12
월 유엔 총회 연설에서 단초가 열린다. '원자력의 평화적 이용(Atoms for

Peace)'을 제창한 그는 유엔 산하에 새로운 원자력 기구를 설치할 것 등을 제안한다. 그 제안에 의해 1957년에 국제원자력기구(IAEA)가 설립되어, 세계적으로 핵확산을 방지하고 원자력 발전의 안전성을 강화하는 등 국제적 역할을 수행하게 된다.

최초의 실용화 실적은 구소련이 1954년 모스크바 근교 오브닌스크에 출력 6메가와트(MW)짜리 소규모 실증로(實證爐)를 전력망에 연결한 것이다. 그 뒤 이것을 원형으로 RBMK형 원자로가 개발되는데, 체르노빌 원전 사고를 일으킨 노형이 바로 이것이다. RBMK형 원자로는 리투아니아가 2004년 5월 유럽연합에의 가입을 추진할 당시 가동하고 있었던 것으로 유럽연합의 강력한 요구로 비용까지 지원하면서 폐쇄된 노형이기도 하다.

역사 속에서 최초의 상업용 원전은 1956년에 가동된 영국 콜더홀(Calder Hall) 원전이다. 그러나 이것은 군사용 플루토늄 생산도 겸하고 있었다. 후에는 민수용의 신형 기체냉각로로 개발된다. 세계적으로 최초의 본격적인 상업용 원전은 1957년 말 미국 펜실베이니아 주의 시핑포트(Shippingport) 원전이다. 당시의 설비 용량은 50MWe(Mega Watt electric)였다. 그 노형은 원자력의 평화적 이용의 최초의 결실인 1955년 노틸러스 잠수함에 장착된 가압경수로형(PWR)이었다. 가압경수로형은 세계적으로 가장 널리 보급된 노형으로 자리 잡게 된다. 이후 10년 동안 미국에서 가동된 초기 원자로 12기 중 대부분인 10기가 시핑포트 원자로의 설계 모델이었다. 핵연료 또한 시핑포트에서처럼 저농축 우라늄을 사용했다.

원자력 산업의 태동과 규제 정책은 미국에 의해 주도되었다. 미국은 1954년의 원자력에너지법(Atomic Energy Act) 개정으로 민간 부문의 원자로 소유를 허용한다. 1957년에는 프라이스-앤더슨법(Price-Anderson

Act)을 제정한다. 이 법의 제정은 전력사업자의 손해배상 책임한도를 설정하고 정부가 나머지 부분을 부담하게 함으로써 원전 건설을 촉진하는 전환점이 된다. 1957년 말에는 미국의 기술에 의한 23기의 소형 연구용 원자로가 해외로 진출하게 되고, 더불어 49개국과 미국 사이의 원자력 협력 상호조약이 체결된다.

미국의 원자력위원회(Atomic Energy Commission, AEC)는 1960년 원자력 개발 10개년 계획을 발표한다. 그로써 민간기업의 원전 설계와 건설을 지원한다. 1962년 존 F. 케네디 대통령은 원자력위원회로 하여금 원전의 경제적 효과에 대하여 보고하도록 한다. 1964년 린든 존슨 대통령은 특수 핵물질의 보유 관련법을 제정하여 민간 전력회사도 핵연료를 보유할 수 있도록 길을 터준다. 이로써 미국의 원자력 산업에 대한 법적, 제도적 기반이 구축된 것이었다.

원자력 : 필요성 대 잠재적 위험성

세계적으로는 에너지 환경은 시기에 따라 크게 변화했다. 1950년대 후반부터 1960년대 초반 사이에는 중동, 북해 등에서 대규모 유전과 천연가스 매장량이 확인된다. 이로 인해서 원자력 발전의 확장세는 주춤하게 된다. 원자력 확대는 다른 에너지원의 보급과 맞물려 있음을 보여주는 사례이다. 원자력 산업의 불황과 호황은 화석연료의 수급과 가격, 경제 침체 등의 변수에 따라서 변화하고 있었던 것이다.

원자력이 세계로 퍼져 나가는 동안 사회적 여론은 이렇게 돌이기고 있었을까. 1960년대 원전에 대한 여론조사 결과를 보면, 4분의 1 정도는 원자력에 대해서 공포를 느끼는 것으로 나타났다. "원자력이란 단어를 들을 때 연상되는 것이 무엇인가?"라는 질문에 대해서 3분의 2 정도는 '폭탄'과 '파괴'라고 답했다. 다양한 원자력 홍보에도 불구하고, 핵폭탄의 공포 심리는 사람들의 뇌리에 그렇게 자리하고 있었던 것이다.

미국에서의 원자력의 기술위험에 대한 공포는 브룩헤이븐 국립 연구소(Brookhaven National Lab.) 건설에서 반대운동으로 표출된다. 주민들의 반대에 부딪혀 사업자 측은 설득 캠페인을 벌인다. 전문가들은 일반 시민의 두려움은 비과학적이고 비합리적인 이유에 기인한다고 보고, 시민들과의 대화로 해결하려고 한다. 그 과정에서 가장 많이 나온 질문은 "원자로가 원자폭탄처럼 폭발하지 않나요?"였다고 한다.

1966년 6월 미국 테네시 계곡 개발공사(TVA)는 원전 2기를 발주하면서 원자력 발전이 화력발전에 비해서 경제적이라는 보고서를 내놓는다. 이것을 계기로 원자력 발전은 경제성을 앞세워 본격적인 실용기로 접어든다. 실제로 1966년 이후 2년 사이에 발주된 원자로 기수는 50여 기로 껑충 뛴다. 통계를 보자. 1960년대 전반까지 세계적으로 원전 수주량이 시설용량 기준으로 1GWe(Giga Watt electric)였던 것에 비해, 1960년대 말에는 23GWe가 되고, 1972년에는 65GWe를 돌파한다. 이런 추세 속에서 여러 나라로 원전이 확대되면서, 해당 지역사회와 주정부 그리고 시민단체를 중심으로 반대운동이 번져갔다.

1970년 3월에는 국제 핵확산금지조약(NPT)이 발효된다. 그로써 기존의 핵무기 보유 국가와 핵무기 미보유 국가의 의무가 규정된다. 말하자면 조약에 의해서 원자력의 평화적 이용과 본격적인 핵군축 활동의 근거가 마련된 것이다. 핵확산금지조약에서 이미 핵무기를 보유하고 있던 미국, 러시아, 영국, 프랑스, 중국은 공식 핵무기 보유 국가로 인정된다. 그리하여 핵무기 보유는 물론 모든 원자력 활동을 허용받게 된다. 한편 핵확산금지조약에 의해서 핵무기 미보유 국가로 규정된 경우에는 원자력 활동이 철저히 제한을 받게 된다. 핵무기 보유 여부를 놓고, 가진 쪽은 인정해주고 안 가진 쪽은 가질 수 없도록 선을 그은 셈이다.

1973년 석유수출국기구(OPEC)는 제1차 오일쇼크를 유발한다. 그로 인해서 중동 지역에의 석유 의존도가 높은 국가는 전력 공급에 비상이 걸린다. 이 무렵 프랑스와 일본은 원자력 발전의 비중을 높이는 정책을 밀고 나간다. 프랑스는 1974년 원자력 발전 설비용량을 늘리기로 결정하고, 이후 꾸준히 증설에 들어갔다. 원전 도입 초기의 프랑스는 영국과 마찬가지로 가스냉각로를 택했으나, 1969년에 웨스팅하우스로부터 기술을 도입해서 가압경수로형으로 바꾼다.

이후에도 프랑스와 일본은 원자력 정책을 지속적으로 추진한 국가로 자리매김한다. 일본은 1974년 석유 화력발전이 전체 발전량의 66퍼센트였으나, 2008년에는 11퍼센트로 줄어든다. 일본의 원자력 발전은 2009년 이후 총 발전량의 29퍼센트를 차지하게 된다. 1973년에 세계적으로 발주된 원자력 발전소가 41기로서 최고치를 기록했다는 사실은 화석 에너지 위기를 맞아 원자력이 대안으로 떠올랐음을 보여준다.

에너지 위기의 여파로 인한 유가 인상은 인플레이션을 유발시키고, 1970년대 중반부터 경제성장을 둔화시킨다. 그 결과 매 10년마다 발전 용량이 2배로 늘어날 것이라는 예측 아래 발주되던 원전 건설계획은 큰 타격을 받게 된다. 그러나 이러한 저성장 경제구조에도 불구하고, 프랑스와 일본은 에너지의 안정적 공급을 위해서 원자력의 비중을 확대시켰고 정책적인 성공을 거두었다.

원전 확대와 반핵 운동

1970년대 무렵에 주목할 만한 사회적 현상은 원전의 확대 과정과 반핵 운동의 조직화가 동시에 진행되었다는 사실이다. 그런 움직임 속에서 반핵 정서가 일반 대중에게 큰 영향을 미치게 되고, 원전 관련 사회적 갈등 비용은 높아지게 된다. 원래 반핵 운동은 핵무기에 반대하는 운동이었다. 그리고 어머니들을 중심으로 하는 반핵 운동은 사회적으로 호소력이 컸다. 그 뒤 점차로 환경운동으로 영역을 넓히며 미국을 비롯하여 유럽 여러 나라로 번져 나간다. 1975년부터 2년간 프랑스에서는 18만 명, 1975년부터 4년간 독일에서는 28만 명이 시위에 참여할 정도로 반핵 운동의 소용돌이에 휩싸인다.

1970년대는 서구 사회에서 원전에 대한 찬성과 반대의 대결 구도가 두드러지는 시기였다. 찬반 논리의 표현 방식도 크게 달랐다. 찬반의 갈등과 대립이 점차 열기를 띠면서, 그 대결은 상대방에 대한 비방으로 변질된다. 그리고 원전뿐만 아니라 다른 정치적, 사회적 이슈에 대해서도 첨예하게 대립하게 된다.

특히 이 무렵 독일에서 일어난 원자력에 관한 사회적 담론의 변화가 시사하는 바가 크다. 일례로 마인츠 대학의 커뮤니케이션 연구소가 '기술이 공포인가 축복인가'를 놓고 여론조사를 한 결과를 보면, 1970년대 중반부터 기술에 대한 평가가 부정적으로 바뀌고 있다. 기술발전이 곧 사회발전이라는 믿음이 깨어지기 시작한 것이다. 이는 미국에서 베트남 전쟁을 치르면서 반과학운동이 번진 것과도 궤를 같이 한다. 이런 변화 속에서 특정 기술의 시설과 하부구조에 대한 정당성이 비판의 대상이 된 것이다. 그리하여 기술의 사회적 도입 근거와 개인에게 미치는 위협 요인 사이에 존재하는 긴장과 갈등이 주목을 받게 되면서, 기술 이데올로기적인 관점을 벗어나게 된다.

1970년대 중반부터 반핵론자들은 현대사회의 계층구조와 기술문명에 대해 반기를 들고 근본적 해결을 위한 사회개혁을 주장한다. 한편 보수 진영은 기존 체제의 고수를 지지하고, 새로운 기술을 보다 광범위하게 확대시켜야 한다고 맞선다. 이 무렵 원자력을 관리하는 행정체계와 조직, 그리고 그들의 통제에 대한 반핵론자들의 불신이 반핵 운동의 동력이 되었던 것으로 분석된다. 즉 반핵 운동은 기술사회에서의 권력의 통제에 대한 저항 의식을 낳고, 저항운동으로 번지고 있었던 것이다.

미국은 원자력 실용화의 초기 단계부터 내내 원자력 진흥과 안전규제에서 선도적 위상을 지켰다. 그리하여 1974년 미국 정부는 원자력위원회를 분리 개편하여 에너지연구개발국(Energy Research & Development Administration, ERDA)과 원자력규제위원회(NRC)로 나눈다. 그 뒤 1977년 카터 대통령은 에너지연구개발국과 연방에너지청을 합병하여 에너지부(Department of Energy)로 개편한다. 그리고 당시까지만 해도 민간 부문에 허용하고 있었던 사용후핵연료의 재처리를 금지하는 정책을 발표한다. 또한 1978년 핵비확산법(Nuclear Non-proliferation Act)을 제정하여 재처리와 플루토늄 관련 규제 내용을 담는다. 이는 상황에 따라 다른 나라와의 원자력 협력을 중단할 수도 있다는 내용을 포함한 것으로, 미국의 핵비확산 의지를 강조한 것이었다.

1979년 제2차 오일쇼크 이후 원자력은 다시 에너지 대안으로 주목받는다. 발전 단가가 낮고, 안정적인 에너지원이라는 점이 강조되면서 세계적으로 신규 원전 건설이 증가세를 이어간다. 그러나 1979년 미국의 스리마일 섬 원전 사고가 발생함으로써 원전 증설 추세는 주춤한다. 사실상 이 사고에서는 사상자나 방사능 오염으로 인한 직접적 피해는 별로 없었다. 그러나 세계적으로 기술력의 최강국에서 발생했다는 점에서 그 충격이 컸다. 특히 미국의 원전사업은 본격적 침체기로 들어간다.

1979년 스리마일 섬 사고 이후 원자력계가 과학적 사실이라고 강조하는 정보에 대한 대중의 신뢰는 대폭 추락하고, 더 이상 받아들여지지 않게 되었다. 반면 반핵론자들의 열정적인 주장은 통계자료와는 비교할 수 없게 호소력이 컸다. 대도시 뉴욕 인근에서 일어난 스리마일 섬 사고는 핵무기에 대한 공포를 되살리는 계기가 된 것이다. 그리하여 전후 1950

년대에 핵무기 등 군비축소 운동이 일어난 것과 비슷한 양상으로 원자력 발전에 반대하는 기류가 반핵 운동으로 다시 활성화된다.

당시의 상황을 살피면, 일반적으로 원자력 지지자들과 반대론자들의 구분은 이성 대 감성이라는 이분법적 구도로 나뉘었다. 과학자들은 예나 지금이나 대체로 감정이 배제된 이성적 체계에 의존하는 경향을 띤다. 한편 작가나 시인을 중심으로 하는 문화적 대응은 감성에 의존하는 경향이 컸다. 관리행정이나 과학기술은 효율성과 합리성을 중시하고, 반핵 운동가들은 감성과 직관에 의존한다는 것이다. 사고로 인한 사망률 또는 안전기준의 통계적 수치는 직관과 감성을 중시하는 사람들에게는 별로 중요하게 여겨지지 않는다. 그들은 원자력 산업이 위험과 재앙을 초래할지도 모른다는 잠재적 위험에 더 주목한다.

반핵론자들과 친원전 세력은 표현 방식에서도 큰 차이를 보였다. 원자력 지지자들은 과학기술 지식, 전문가 의견, 데이터, 차트 등을 이용해서 사실을 알리려고 했다. 그들의 글은 일반인과는 동떨어진 물리학, 공학 등의 전문지에 실렸다. 정보 위주의 이런 접근은 호소력이 없었다. 반면 반핵론자들은 감성적 구호, 슬로건, 노래, 풍자물로 가슴에 호소했다. 쉽게 접할 수 있는, 공포를 부각시키는 책들이 서점에 넘쳐났다. 대중매체도 기술적인 이슈보다는 인간의 문제에 초점을 맞추었다. 일반 대중은 차가운 이성의 언어보다는 감성의 언어에 더 쉽게 마음을 열었다.

프랑스의 여론조사에 따르면, 원전을 반대하는 이유로 산업사회의 경제성장이 선보다는 악을 초래했고, 기술의 진보가 인간관계를 해쳤다고 보는 인식이 작용한 것으로 나타난다. 반핵 운동은 기술문명에 대한 저항의 성격을 띠면서 널리 퍼지고, 사회적 지지 기반을 넓혀갔던 것이다. 이들 사회운동가들은 새로운 여론 주도층으로 부상하게 되는데, 이는 교육과 통신의 폭발적 증가에 힘입은 바 컸다. 그 결과 사람들의 감성에 호소하여 생각을 바꾸게 했고, 그로써 사회의 전통적 권위에 저항하는 세력이 형성되었다는 분석이다.

반핵 운동은 지역과 국가에 따라서 상당한 차이를 보인다. 그러나 대체로 시민단체가 성장하고, 기술문명이 심화됨에 따라 반과학 운동과 사회개혁 운동이 거세지면서 가장 호소력이 큰 이슈로 부상했다. 유럽에서의 초기 원전 반대운동은 시민단체의 지원을 받았다. 또한 원전 증설 속에서 해당 지역주민의 저항운동에 대한 명분도 있었다. 이후 반핵 데모는 정치화되어간다. 1980년대 유럽의 환경운동 확대에서 독일의 녹색당 출현은 정치적 하부구조를 확대시킨다. 독일에서 이처럼 반핵 운동이 세력을 확장한 배경으로는 지방분권제, 그리고 청문회법과 고소고발권 보장 등이 작용했다는 분석이다. 이런 변화 속에서 독일의 반핵 운동이 사회적 지지를 얻으면서 제도적인 기반과 사회적 담론에 의해서 점차 확산되었다.

1980년대 후반 : 미국 원자력 산업의 침체

미국의 원자력 산업이 다른 나라보다 앞서 정체 국면으로 들어간 것은 제도적, 구조적 요인과도 연관된다. 프랑스가 막강한 국영 전력회사 EDF(Electricite de France) 체제인 것과는 대조적으로 미국은 수천 개의 소규모 전력회사 중 50여 개 정도가 원전을 운영하는 체제였다. 또한 주정부 차원의 전력요금 체제와 청문회 제도 등의 까다로운 규제가 원전 운전 투자를 저하시키는 원인이 되었다. 한편 이러한 까다로움이 원전 운영에 대한 신뢰를 높이는 측면으로 작용했다는 평가도 가능하다.

미국은 민간 전력회사가 원전 공사가 끝난 뒤에도 철저한 검증을 거쳐 기준을 만족시킬 때까지 허가 중지로 가동을 하지 못하도록 규제한다. 이는 건설비 상승 요인이 됨으로써 원전 산업 활성화를 가로막은 측면도 있다. 이런 상황에서 원자력규제위원회의 역할에 대한 회의론이 제기되면서 개선 논의가 있었으나, 별다른 변화는 없었다. 이러한 상황을 타개하기 위한 시도로 1981년 로널드 레이건 대통령은 사용후핵연료 재처리 금지를 철회하고, 고준위 방사성 폐기물 처분 정책을 발표한다. 그리고 2년 뒤 방사성 폐기물 정책법안에 서명하고 전력회사들의 부담으로 정부가 최종 처분장을 설치하는 방안을 추진한다.

미국의 원자력계는 정부의 철저한 견제와 균형의 원칙이 원자력 산업을 침체시키는 원인이라고 보았다. 한편 미국과는 달리, 글로벌 원자력 시장은 1980년대 초반 성장세를 이어갔다. 그리하여 원자력은 1983년에는 천연가스 화력발전의 경제성을 추월하고, 1984년에는 수력발전의 경제성을 추월하여 석탄 화력발전 다음의 경제성을 확보한 것으로 나타난다. 예를 들어 체르노빌 사고 직전인 1985년부터 한 해 동안 신규 가동된 원자로는 33기에 이르렀다.

체르노빌 원전 사고의 후폭풍

이처럼 승승장구하던 원자력 산업은 1986년 체르노빌 원전 사고로 유례없는 충격을 받는다. 그리고 급격한 침체기로 빠져든다. 이 사건은 사상 초유의 재난으로 '원자력' 하면 '방사능 오염의 공포'가 떠오를 정도로 부정적 이미지를 각인시켰다. 이후 세계 각국은 기존 원전을 폐쇄하거나 새로운 원전을 건설한다는 계획을 포기하게 된다.

사고 당시 체르노빌 사태의 진상은 정확히 알려지지도 않았다. 이런 정보 은폐와 왜곡으로 인해 원전에 대한 불신은 더욱 커진 측면이 있다. 두 차례의 원전 사고로 인해서 극도에 달했던 원자력에 대한 공포는 1990년대를 넘기면서 서서히 수그러들기 시작한다. 이런 현상은 원자폭탄 투하 이후에 나타났던 사람들의 반응과 비슷했다. 즉 원자력에 대한 부정적 인식은 원자력에 대한 공포로 심리적으로 내재되어 있었으나, 적어도 겉으로는 크게 표출되지 않은 채 원자력의 이용을 수동적으로 받아들이고 있었던 것으로 분석된다.

체르노빌 사고의 충격으로 신규 원전 건설은 급격히 줄어, 1990년대 신규 원전 건설은 세계적으로 한 해에 10개 이하로 급감한다.[1] 동시에 원전의 안전성을 강화해야 한다는 요구가 급증하고 원전의 경제성이 악화되는 결과로 이어진다. 신규 원전 건설의 중단은 물론 원자력 발전 기술의 연구개발 또한 침체기로 들어서고 인력 양성도 마찬가지로 타격을 입게 된다.

체르노빌 사고 이후 위기의식을 느낀 원전 사업자들은 세계원전운영자협회(World Association of Nuclear Operators, WANO)를 설립하여 안전 강화와 운영 전문성을 높이는 노력을 기울인다. 그러나 사고 영향권인 유럽을 중심으로 원자력 계획은 취소 또는 중단되는 사태를 겪게 된다. 1986년 이후 구소련의 가동 원자로가 35기에서 24기로 감소하고, 기술적 신뢰 실추로 인해 원전 기술의 해외 진출에도 급제동이 걸린다. 체르노빌 사고는 특히 유럽 원전 산업의 침체를 불러온다.

미국은 체르노빌 사고 이후 가동 중단 사고가 자주 발생하는 발전소를 폐쇄한 결과, 사고 이후 11년간 13기의 원자로가 폐쇄된다. 이탈리아, 독일, 벨기에, 핀란드 등도 체르노빌 사고를 계기로 탈원전 국가에 합류한다. 오스트리아는 스리마일 섬 사고와 체르노빌 사고의 여파로 국민투표에 의해서 건설되어 가동을 기다리던 신규 원자로 2기를 그대로 폐기시키는 극단적 결정을 내린다.

---

1) Schneider, M. et al., "The World Nuclear Industry Status Report 2009: With Particular Emphasis on Economic Issues", 2009

21세기 '원자력 르네상스'를 전망하다

프랑스는 체르노빌 원전 사고 이전에 신규 원전 건설이 시작되었던 관계로 건설을 아예 중단하거나 포기하지는 않는다. 그 결과 1987년도까지 당초 건설계획의 거의 2배에 이르는 50기의 원자로를 건설한다. 결국 프랑스는 2009년 이후 총 전력생산의 75퍼센트를 담당하는 원전 비중 최고의 국가가 되고, 유럽에서 가장 값싸게 원자력 전기를 생산하는 국가가 된다.

1992년 미국의 조지 H. W. 부시 대통령은 새로운 국가에너지정책법안에 서명한다. 그 법안에 포함된 개량형 원자로의 인허가 절차 개정에 의해서 원전 건설에 일반 대중의 참여 기회를 늘리는 한편 투자 여건을 개선하는 조치를 취한다. 이에 미국 내의 16개 전력회사는 1993년에 제너럴 일렉트릭 사(社), 웨스팅하우스 사(社)와 원자력규제위원회가 설계 승인을 한 신형 원자로의 엔지니어링 계약을 맺는다.

1993년 빌 클린턴 대통령은 에너지 환경 정책에서 원자력을 미래 옵션으로 가능성을 열어놓는다. 또한 클린턴 대통령은 1997년에 과학기술자문위원회의에 에너지 연구개발 실태를 평가하는 보고서를 작성하도록 지시한다. 그 보고서는 미래를 위해서 원자력 옵션을 유지하는 것이 중요하므로, 에너지부가 정책적으로 원자력 연구개발에 관심을 두어야 한다는 요지의 제안을 한다. 이에 따라 에너지부는 원자력연구이니셔티브(Nuclear Energy Research Initiative)를 주도하여 주요 과제에 대한 제안을 수렴한다. 그 주제로는 핵비확산의 원자로와 연료기술, 고효율 원자로 설계, 저출력 발전로형 설계, 핵폐기물의 부지 내 저장 관련기술 등이 핵심과제였다.

후쿠시마 사고 이전까지는 원자력 르네상스의 전망이 현실화되고 있었다. 중국과 인도 등의 신흥경제국의 급격한 경제성장에 따르는 폭발적 에너지 수요 때문이었다. 그 동향 속에서 2010년 기준으로 기존의 30개 원전 가동국에서 14개국이 신규 원전 도입을 고려하고 있었다. 2011년 기준으로 중국은 27개 원전을 건설하고 있었고, 50여 기 원자로를 신규로 건설한다는 계획을 추진한다. 인도 또한 이에 뒤질세라 23기를 건설하고, 15기의 원자로 건설을 추가 검토하고 있었다.

2011년 후쿠시마 원전 사고 이후의 불확실성

후쿠시마 사고가 발생했고, 상황은 급반전되었다. 후쿠시마 사고의 특징은 다음의 세 가지로 요약된다. 극한 자연재해로 인한 최초의 원전 중대 사고였다는 것, 원전의 다수 호기에서 동시에 중대 사고가 발생하여 장기간 지속되었다는 것, 방사성 물질의 대량 방출로 인해서 대규모 방사능 오염과 그로 인한 사회적 위기를 유발했다는 것이다. 이로 인해 국제기구를 비롯하여 나라마다 원전 안전기준을 강화함에 따라 원전의 경제성을 악화시키는 결과를 빚고 있다. 안전기준을 강화하지 않을 수도 없는 상황이고 보니, 더 이상 경제적 에너지가 아니라는 반핵 운동 측의 목소리가 높아지게 된 것이다.

후쿠시마 원전 사고가 터지지 않았더라면 원자력 르네상스는 정도의 차이일 뿐 그대로 진행되었을 가능성이 있다. 그만큼 에너지 수요의 증가가 주요 변수이기 때문이다. 그러나 후쿠시마 사고는 원전을 운영하는 국가나 원전 도입을 추진하는 국가 모두에 심대한 타격을 입혔다. 이렇듯 원자력 르네상스에 급제동이 걸린 상황에서 원전 산업에 대한 전망은 불확실성이 크다. 국가마다 자국의 원전 프로그램을 재검토하는 가운데 경제성장세와 에너지 수요 대체 방안 등의 변수가 크게 작용하고 있기 때문이다.

2. 우리나라의 원자력 발전이 걸어온 길

태동기

우리나라의 원자력 정책의 시작은 이승만 대통령 시대로 거슬러 오른다. 한국의 여건에서 수력과 화력발전만으로는 에너지 수요를 감당할 수 없다고 본 이 대통령은 원자력 관련 행정기구를 설치한다. 그리고 관련법 제정과 예산 확보, 인재 양성과 연구용 원자로 도입 등의 정책을 편다. 아이젠하워 대통령의 '원자력의 평화적 이용' 선언 이후 양자 간 협정이 체결되던 초창기에 우리 정부도 '원자력의 평화적 이용에 관한 한미 간 협정'에 서명함으로써 원자력 도입의 계기가 열린다.

그리하여 1958년 원자력법이 공포되고 다음 해 원자력원이 출범하고, 대통령 직속의 원자력위원회가 설치된다. 1959년에는 원자력연구소가 설립되어, 최초의 국가 종합연구기관으로서 명성을 떨친다. 미국으로 유학 간 우리 유학생의 대부분이 원자력 전공 학생이었고, 200여 명을 헤아렸다. 1961년에는 최초의 연구용 원자로인 TRIGA Mark-II의 가동으로 원자로 특성과 핵물리, 방사성 이용 등의 기초연구에 들어갔다.

우리나라에 원전이 도입된 것은 박정희 대통령 시절이었다. 1965년에는 원자력발전계획심의위원회가 설치되었고, 1967년 과학기술처의 설치로 원자력원은 원자력청으로 개편되어 원전 사업을 주관한다. 원자력위원회도 과학기술처 산하기구로서 원자력 연구개발과 이용의 장기 계획을 심의 의결했다. 이후 원전 사업 추진 주체에 대한 논란이 일면서, 국무총리 소속으로 원자력발전추진위원회가 설치된다. 그리고 1968년 우리 원전의 노형이 가압경수로로 결정된다. 1967년에는 60만 킬로와트급 원자로 3기의 건설계획을 세운다. 당시의 전력소비량이 100만 킬로와트 정도임에 비추어 원전 비중을 크게 확대하겠다는 야심 찬 결정이었음을 알 수 있다.

1972년부터 시작된 고리 1, 2호기 원전 도입 당시의 원자력 기술과 산업은 거의 불모지였다. 따라서 해외 모델의 일괄 도급 계약 방식에 의존했고, 설계, 구매, 제작, 시공 등의 주계약자는 미국의 웨스팅하우스 사였다. 우리 측은 시공업체가 옆에서 보조하며 훈련을 받는 수준이었다. 이후 정부는 원전 기술 국산화 역량을 키우기 위해서 원전 설계용역에 참여하는 외국 회사가 국내 용역 회사와 공동으로 사업에 참여하도록 한다. 1978년에 준공된 '고리 1호'의 가동으로 우리나라는 세계에서 22번째의 상용 원전 보유 국가로 이름을 올린다.

1980년대 원자력 연구사업 확대

1980년대는 시설 확대뿐만 아니라, 우리 고유의 원자로를 개발한다는 열망으로 연구개발에 박차를 가한 시기였다. 전두환 대통령 시절은 원전 기술 자립도를 높인 시기로 평가된다. 과학기술부는 중수로 핵연료 국산화 사업을 지원하기 위해서 1982년 국가연구개발사업에 원자력 분야를 포함시킨다. 그리고 같은 해 한국핵연료주식회사를 설립하고, 한국원자력연구소와의 협력 사업으로 중수로형 핵연료 기술의 국산화를 이룬다. 그 결과 1987년부터 월성 원전에 들어가는 중수로 핵연료는 전량 국산화되었다. 이런 기술개발의 성과를 바탕으로 경수로 핵연료는 1988년부터는 200톤 규모의 성형가공 공장을 가동하여 공급할 수 있게 되었다.

1984년 동력자원부는 원전 기술 자립계획 구상을 세우고, 원전 표준화 사업을 추진했다. 한국 표준원전의 개념은 영광 3, 4호기를 모델로 선정하여 설계를 완성하고, 후속기에 그 방식을 적용하기로 결정되었다. 표준화의 범위는 원자로 계통, 터빈 발전기를 포함한 발전소의 전 계통과 발전설비 건물에 대한 설계와 배치로 설정되었다.

1985년에는 원자력연구소가 핵연료 설계 및 원자로 계통 설계를 맡아 미국 CE(Combustion Engineering)사로부터 기술이전에 주력한다. 그 결과 우리 기술로 표준 기본 설계를 한 울진 3, 4호기를 건설했고 그로써 경제성과 안전성 향상이라는 성과를 거두었다. 1989년에 착공된 영광 3, 4호기부터는 핵심기술 이전이 의무화되고 자체 기술개발과 이전 기술을 적용한 결과 기술 자립도가 향상된다. 그리하여 1980년대 후반부터 본격화된 표준화 사업은 주요 기술을 1995년까지 95퍼센트 이상 국산화한다는 목표를 향하여 전개되었고, 결국 한국 표준형 원자로 설계능력을 갖추게 되었다. 이 기술을 적용한 것이 영광 3호기로서 1995년에 완공되었다. 여기서 특기할 만한 것은 체르노빌 사고로 인해 서구에서는 반핵과 탈핵 기류가 강했으나, 우리나라는 거의 무풍지대였다는 사실이다.

우리나라에서 이처럼 원자력 발전시설이 활발하게 건설된 배경으로는 제2차 세계대전 이후의 국제적인 정치 동향, 경제적인 효율성, 국가 안보를 위한 전략적 포석 등 다양한 요인이 작용한 결과로 풀이된다. 1989년에는 9기의 원자로 가동으로 전체 소비 전력의 45퍼센트 이상을 차지하게 된다. 그리고 한국전력은 미국의 CE사의 기술협약으로 100만 킬로와트급 가압경수로형의 한국형 표준 원자로를 개발하게 된다.

3. 1990년대 이후 우리나라의 원자력 동향

한반도가 핵안보 이슈의 중심이 되다

1990년대는 한반도를 둘러싼 핵안보 이슈가 국제적 관심사로 떠오른다. 냉전 종식과 함께 미국은 1991년 우리나라에 배치했던 전술 핵무기 철수를 발표하고, 곧이어 1992년 한반도비핵화공동선언이 발표된다. 그리고 그 이행을 검증하기 위한 남북핵통제공동위원회가 설치된다. 이 선언은 한반도에서 남과 북이 핵무기를 개발하거나 보유하지 않고, 농축이나 재처리 시설을 보유하지 않는다는 것이었다. 이후 13회의 위원회가 열렸으나, 1993년 북한 측이 우리의 한미 팀스피리트 훈련을 빌미로 협상을 거부하고, 핵확산금지조약 탈퇴를 선언함으로써 파국을 맞게 된다.

이로부터 유발된 북핵 위기는 1994년 미국과 북한의 협상으로 한반도 비핵화 이행을 위해 2기의 경수로를 제공한다는 제네바기본협정 서명으로 일단락되는 듯했다. 그 일환으로 한국은 한반도에너지개발기구사업(KEDO)을 통해서 한국 표준형 원전을 북한에 공급하는 계약을 체결한다. 그리고 원자력 통제 관련 기술 지원을 위해서 1994년에 원자력연구소 내에 원자력통제기술센터를 부설한다.

1994년에는 2030년 원자력 정책의 4대 기본목표가 설정된다. 그리하여 원자력 기술과 산업 경쟁력 강화를 위해서 5년마다 원자력진흥종합계획을 수립하도록 하고, 1997년 제1차 계획(1997-2001)이 확정된다. 이 기간 중 한국 표준형 원전 2기가 완공되고 4기가 건설에 들어간다. 2001년에는 최초로 원전에 대한 주기적 안전성 평가제도가 도입된다.

1994년에는 국무총리를 위원장으로 방사성폐기물관리사업추진위원회가 구성되어, 처분장 후보지로 인천시 옹진군의 굴업도를 지정고시했다. 그러나 인근 지역에서 활성단층이 발견됨으로써 사업이 백지화되고, 이 사건 이후 사업 추진 주체에 대한 재검토가 이루어진다. 그 결과 1996년 방사성 폐기물 관리 사업을 비롯한 한국원자력연구원의 원자로 계통 사업, 핵연료 사업 등 3개 사업이 한국수력원자력으로 이관된다.

원자력연구원은 1996년에 장기적인 과제를 지원하기 위한 원자력연구개발기금을 신설한다. 원자력법 개정으로 한국전력이 전년도에 생산한 원자력 발전량 킬로와트시(KWh)당 1.2원의 요율로 기금을 자동 적립하도록 한 것이다. 1997년부터는 중장기연구개발사업과 진흥종합계획이 연계된다. 1998년 원자력위원회는 21세기를 향한 원자력연구개발중장기계획사업(1997-2006)에서 중소형 원자로 개발 등을 정부 주도 과제로 확대했다. 당시 외환위기의 충격 속에서도 강력한 육성 의지를 보인 조치라고 할 수 있다.

1997년에는 안전규제 행정의 독립성을 높일 필요성에 따라서 원자력안전위원회가 신설되었다. 1998년에는 핵물질 사찰을 위한 국가검사 제도를 도입하여 대외 투명성을 높이는 제도적 장치를 마련한다. 그리하여 1990년대에는 원자력 산업의 확대로 원전 발전량이 총 전력의 40퍼센트로 오르고, 원자력 기술의 주요국으로 자리매김하게 된다. 1999년에는 원자력위원회 위원장을 국무총리로, 원자력 위원을 장관급으로 격상시켰다. 같은 해 국제원자력기구가 채택한 안전조치 강화체제의 이행을 위한 추가 의정서에 서명했다. 이 의정서는 이라크 등의 핵개발 의혹에 따라서 국제 핵비확산 의제를 강화한 것이었다.

원전 확대와 사회적 여론 동향

원전의 확대 과정에서 원자력에 대한 국민 여론과 사회적 수용성은 계속 변화하고 있었다. 원자력문화재단의 조사에 따르면, 1996년에는 설문 응답자의 85퍼센트가 원자력 발전소의 필요성에 공감하고 있었고 66퍼센트가 원전의 확대가 필요하다고 답했다. 원자력 발전소가 안전하다고 생각한다는 답변은 31퍼센트 정도였다. 이 결과를 1991년의 수치와 비교하면 상당한 차이가 난다. 1991년에는 원전의 확대에 81퍼센트가 동의하고 있었기 때문이다.

이처럼 1990년대 후반 들어 원자력 여론이 크게 변화하게 된 배경은 무엇인가. 원전에 대한 사회적 불신과 원전 산업에 대한 부정적 인식은 1990년 안면도 사용후핵연료 저장소 설치를 둘러싸고 빚어진 갈등, 그리고 1994년 굴업도 핵폐기장 건설 반대운동의 영향을 받은 것으로 풀이 된다. 이 두 가지 반핵 운동의 사건으로 정부의 방사성 폐기물 처리장 건설계획은 지역사회의 불신의 골을 깊게 하고, 그 때문에 정책이 표류하는 결과를 빚게 된다.

2001년 미국과 세계를 충격에 몰아넣은 9.11 테러는 원전 시설에 대한 안전관리와 물리적 방호에 경종을 울렸다. 그 영향으로 우리나라도 원자력 시설 등의 방호 및 방사능 방재대책법을 제정하고, 사고에 대응하는 국가재난방지제제를 구축했다. 2004년에는 국제적인 비밀 핵활동 감시를 위한 국제원자력기구의 핵물질 안전조치 추가 의정서가 발효됨에 따라 우리나라도 과거에 국제적 의무를 이행하지 않았던 미량의 핵물질 실험 사실을 국제원자력기구에 신고한다. 이로 인해서 농축과 재처리를 시도했다는 의심을 사게 된다. 상황이 이렇게 되자 원자력의 평화적 이용 원칙을 재천명하고, 국가 핵물질 계량관리 체제를 정비하여 원자력 통제 부서를 신설하고, 전문기관으로 한국원자력통제기술원을 설립하는 등의 조치를 취하게 된다.

2005년에는 수십 년을 끌어오던 방사성 폐기물 처분장 부지 사업에서 경주 지역이 최종 선정된다. 부지 선정까지만 해도 19년이 걸린 시행착오의 연속이었던 것이다. 경주, 군산, 영덕, 포항 등을 후보 지역으로 주민투표를 실시하여 결정하고, 2007년에 공사가 착공된다. 그로써 1980년대부터 내내 고준위, 중저준위 방폐물을 동일 부지에서 처리한다는 정책의 기조를 변경하여 중저준위 방폐물만을 처분하는 쪽으로 바뀐 것이었다. 따라서 고준위 폐기물 처리는 뒤로 미루게 됨으로써 더 어려운 문제가 미제로 남게 되었다.

그동안 북핵 문제는 한걸음 앞으로 나가는가 하면 다시 뒷걸음질을 하는 양상을 반복해왔다. 2006년의 북한 핵실험으로 인해서 유엔 안전보장이사회는 제재를 결의하고, 북핵 문제 해결을 위한 6자회담이 시작된다. 그 결과 2007년 북한의 영구적인 핵폐기 약속과 6자회담 당사국이 경제적 지원을 하는 등의 합의가 이루어지기도 했다. 그러나 북한의 미사일 발사와 핵실험이 계속됨으로써 6자회담은 아무런 성과를 거두지 못한 채 표류하게 된 것이다.

후쿠시마 사고 이후 탈핵 운동

2009년에는 상업용 원전을 아랍에미리트로 수출하고, 연구용 원자로를 요르단에 수출하는 기록을 세운다. 원전 도입 30년 만에 원전을 터키로 수출한 성과를 거둔 것은 에너지 빈국인 우리나라가 세운 에너지 기술의 획기적 성과임이 분명하다. 한국전력과 에미리트 원자력 공사의 2009년 말의 주계약서에는 2017-2020년 사이 총 4기의 APR1400 모델을 건설하는 것으로 되어 있다. 2012년 아랍에미리트는 건설허가를 발급했다. 또한 2011년 요르단 원자력연구센터에서의 기공식은 요르단 최초의 원자로이자 우리나라 최초의 원자력 시스템 일괄 수출이라는 역사적 의미를 띠고 있다. 이는 연구 및 교육용 원자로로서 2012년 건설허가를 받았다.

그러나 2011년 후쿠시마 원전 사고 이후 원전 정책은 체르노빌 사고 이후와 비슷한 양상으로 일단 조정 국면이 예상된다. 원전 안전성에 대한 불안과 운영에 대한 불신으로 인해서 탈핵 운동이 힘을 얻고, 안전 강화 조치로 인해서 경제적 부담이 상승하고 있기 때문이다. 후쿠시마 사고 이후 우리나라는 원자력 안전규제 행정의 독립성을 강화해야 한다는 그동안의 국제기구의 지적을 받아들여 상설의 원자력안전위원회를 대통령실 산하에 설치하고, 원자력위원회는 원자력진흥위원회로 바꾸었다. 이러한 조치는 원자력의 국제적 기준을 충족시키기 위한 불가피한 선택이었다. 2013년 새 정부 출범에서는 원자력안전위원회를 미래창조과학부로 소속시킨다고 하다가 여론의 반발에 부딪혀 총리실로 소속을 바꾸는 방향으로 조정하는 등 다시 체제가 바뀌고 있다.

원자력 논쟁을 정리하기 위해서는 국가 에너지 정책의 큰 그림을 검토할 수밖에 없다. 특히 에너지 수요 관리에 초점을 맞추고, 재생 에너지를 비롯한 모든 에너지원에 대한 정량적 평가가 이루어져야 한다. 그동안 에너지 효율 향상을 위한 대책이 없었던 것은 아니다. 그러나 정책 실효성은 찾기가 힘들다. 단기 공급 안정에 치우쳐 장기적, 근본적 차원의 정책과 전략이 미흡했다는 지적을 피하기 어렵다. 에너지 다소비 업종에 의해서 수출 주도형 경제구조가 굳어진 상황에서 자원의 비효율적 이용과 녹색산업 기반이 취약하다는 약점은 시급히 극복해야 할 과제이다.

제2장

원자력 커뮤니케이션과 PR

1. 원자력 PR의 이론적 모델과 국내외 동향

원자력 커뮤니케이션의 필요성

후쿠시마 사고 이후 원자력 홍보에 관심이 쏠리고 있다. 원자력처럼 전문적인 분야에 대한 지식과 정보를 사람들에게 정확하게 알리는 일은 쉽지가 않다. 원자력은 특히 지역사회와의 커뮤니케이션에 의한 PR(Public Relations)이 중요하다. 그 잠재적 기술위협에 대해서 개인이 통제할 수 없고 비자발적으로 선택된다는 특성으로 인해서 지역주민의 이해를 구하기가 어렵기 때문이다.

우선 유의할 것은 원자력 홍보는 다른 분야의 경우와는 성격을 달리한다는 점이다. 원자력의 잠재적 방사능 오염에 대한 공포는 눈에 보이지 않는 특유의 공포와 연관되고, 대형 원전 사고의 역사적 기억이 트라우마로 남아 있다. 따라서 원자력 홍보는 이러한 사회 심리적 부담을 해소해야 한다는 점에서 차별화된다.

후쿠시마 사고 이후의 여론조사에서 과학자와 공학자들에 대한 신뢰는 거의 반 토막이 났다. 이런 상황에서 기술적 안전성에 대한 신뢰와 사회적 수용성을 확보하는 일은 그 어느 때보다 힘겨운 일이다. 원자력 이외의 전문가들의 원조가 필요한 이유가 여기 있다. 환경, 안전, 행정

등의 사회과학적 접근은 물론 결국 사람들의 마음을 얻어야 하므로 인문학적 접근 역시 필요하다.

원자력 커뮤니케이션의 기본 요건

기본적으로 정책 홍보는 요건을 갖추어야 한다. 정책이 제대로 되어 있어야 하고, 시대에 맞는 공공 커뮤니케이션의 노하우가 있어야 한다. 쟁점 설득과 위기관리의 전문성을 갖추어야 하고, 조직 내 커뮤니케이션이 선행되어야 한다. 정책 관련 쟁점은 흔히 조직 내 커뮤니케이션이 잘되지 않아서 발생하는 경우가 많기 때문이다. 원자력의 경우 특히 조직 내의 커뮤니케이션에 의한 안전문화 확립이 중요하다. 그리하여 기술위험을 관리할 수 있다는 신뢰를 심을 수 있어야 한다.

최근의 여론조사[1])에 의하면 안전문화가 조직 활동에서 우선순위가 가장 높다는 응답은 23퍼센트, 안전을 중시할 때 사업이 원활하게 추진될 수 있다는 응답도 20퍼센트였다. 이러한 결과는 안전에 대한 조직 내 커뮤니케이션이 미흡하다는 것을 반증한다.

원자력 커뮤니케이션에서는 상대를 확인하는 것이 중요하다. 이해관계자들의 스펙트럼이 다양하고, 각각 이해 수준과 수용성에서 차이가 나기 때문이다. 따라서 대상별로 어떻게 소통하고, 어떤 정보를 제공하고, 무엇을 원하며, 어떻게 인식의 격차를 좁힐 수 있는지, 맞춤형의 대응을 해야 한다. 그 과정에서 상호 간에 인식과 행동의 변화를 일으킬 수 있어야 한다.

이를 위해서는 매체가 필요하다. 최근 여론의 통로라고 할 수 있는 매스미디어는 급속히 변화하고 있어, SNS(Social Network Service)의 물결

---

1) 최광식, 「규제기관에 대한 신뢰와 불신, 어떻게 다룰 것인가」, 원자력 산업, 2006, p. 17

이 거세다. 옛날 방식의 입소문 마케팅도 여전히 유효하다. 이들 매체는 각각 특유의 강점과 약점을 지니고 있다. 이들 매체의 특성에 맞게, 그리고 소통의 대상의 요구에 맞게 커뮤니케이션과 PR이 이루어져야 한다. 대상별로 특화된 소통 방식을 찾고, 그로써 궁극적으로는 함께 일한다는 공동체 의식을 공유하고 신뢰를 얻는 것이 성공적 PR의 기본이다.

1) 원자력 PR의 특성

원자력에 대한 정책 동향과 전망에 관한 2012년 국제원자력기구 보고서[2]에 따르면, 나라마다 지역마다 원자력에 대한 사회적 수용성은 상당한 차이를 보이는 것으로 드러난다. 남녀 성별로도 상당한 차이를 보인다.[3] 이런 차이는 원자력의 평화적 이용에서의 위험과 이익의 양면성에 대한 인식이 다르기 때문으로 풀이된다. 그 경향은 대체로 원전에 대한 사회적 여론이 부정적인 국가군, 후쿠시마 사고 직후에는 급격한 수용성 하락을 보이다가 곧 회복세에 접어드는 국가군 등으로 구분된다.[4]

흥미로운 사실은 대체로 원전을 가동하고 있는 국가에서 원전을 긍정적으로 보는 반면, 원전을 가동하지 않는 국가에서는 부정적 여론이 높다는 사실이다. 그리고 이미 가동되고 있는 원전에 대해서는 인정하나, 새롭게 원전을 추가 건설하는 것에 대해서는 상대적으로 부정적인 반응을 보인 것도 특징이다.

우리나라의 사회적 갈등 양상은 선진국과는 차이가 있다. 촛불 집회에

---

2) International Status and Prospects for Nuclear Power 2012, Report by the Director General
3) Gallup, 2011. Impact of Japan Earthquake on Views about Nuclear Energy: Findings from a Gallup Snap Poll in 47 Countries by WIN-Gallup International. : http://www.nrc.co.jp/report/pdf/110420_2.pdf[Accessed 2012-04-26]
4) IPSOS(Ipsos Social Research Institute), 2012. After Fukushima; Global Opinion on Energy Policy. : http://www.ipsos.com/public-affairs/sites/www.ipsos.com.public-affairs/files/Energy%20Article.pdf

서 보듯이, 사회적 갈등의 표출 양상이 특이하다. 사회적 갈등 현안이 일단 정치적 이슈가 되는 경우, 찬반 양측으로 갈려서 대치 국면으로 번지기 일쑤이다. 원자력 갈등에서도 찬반 양측이 첨예하게 갈리고 있지만, 다수의 국민은 큰 관심을 가지고 있지 않다. 이런 상황에서 찬반 양측의 소통이 막혀 있어, 갈등 해소의 묘수가 별로 보이지 않는다.

2) 원자력 PR의 모델

기술위험 논쟁

기술위험 논쟁의 유발과 특정 기술을 둘러싼 사회적 갈등은 어떤 특성을 띠는가. 첫째, 개인이 통제할 수 없다고 느끼는 기술위험에 대해서는 수용성의 문제가 특히 크다. 원자력은 가장 대표적인 사례이다. 한편 흡연, 자동차, 식품 이슈 등 개인적으로 위험 통제가 가능한 성격의 위험과 지진, 화산폭발 등 자연재해로 인한 위험과 원자력 위험 갈등 논쟁은 그 성격이 다르다. 둘째, 역사적으로 이런 기술위험에 대한 사회적 수용성의 이슈는 발전 지향의 이데올로기에 눌려서 사회적 논의 자체가 수면위로 뜨지 않았다. 역사의 발전과정에서 기술혁신의 사회적 필요성이 강조되면서 거의 일방적으로 받아들여지고 있었기 때문이다.

또한 원자력의 어두운 이미지는 기술위험 통제에서의 '감시와 균형'에 대한 신뢰를 훼손시킨다. 그리하여 사회적인 합의를 이끌어내는 데에 약점으로 작용한다. 원자력 기술 도입에서 원자력 네트워크가 촘촘히 이해관계로 얽혀 있다고 보고, 결국 사회가 개인에게 위험을 강제로 수용케하는 위험 강제의 대상으로 인식하게 된다는 것이다.

기술위험에 대한 인식 모델

그동안 기술위험에 대한 일반인의 인식은 주로 세 가지 모델에 의해서 분석되었다. 첫째, 사람의 심리적 상태에 따라 주관적 위험의 크기가 증폭된다는 심리측정 모델(Psychometric Model)이다. 이 모델은 비슷한 수준의 위험이라도 일찍이 겪어본 적이 없고 실체를 잘 모르는 위험에 대해서는 공포 심리가 더 크다는 것이다.

둘째, 사회적, 문화적 맥락에 주목하는 모델로서, 기술위험의 사회적 증폭 모델과 위험문화(Risk Culture) 이론이 포함된다.5) 사회적 증폭 모델의 경우, 예컨대 체르노빌 사고 같은 위험이 자신에게도 닥칠 수 있다고 생각하며, 미디어의 보도 성향에 큰 영향을 받는 것으로 본다. 한편 위험문화 모델에서는 특정한 위험에 대해서만 자신과 관계있는 것으로 받아들이고, 그 선택은 사회적, 문화적 요소의 영향을 받는 것으로 설명한다.

셋째, 기술위험이 관련기관과 정부에 대한 신뢰 정도에 따라 달라진다고 보는 모델이다. 체르노빌 사고 이후 여론 동향을 연구한 결과에서도 조사 대상국의 정부에 대한 신뢰가 여론을 좌우하는 핵심요소라는 결론을 내리고 있다. 그러나 이들 인식 모델은 어디까지나 모델인 만큼 어느 하나가 완벽하게 현상을 설명할 수는 없다. 따라서 이론적 틀로 제시된 다양한 모델의 강점을 벤치마킹하여 우리의 사회적, 문화적, 정치적, 경제적 조건에 들어맞는 위험 커뮤니케이션 기법을 설계할 필요가 있다.

뉴미디어의 등장과 그 영향

더욱이 매체 환경도 급변하고 있다. 인터넷을 비롯한 SNS 등 새로운 미디어를 통해서 정보의 홍수 시대를 맞게 된 것은 양날의 칼이다. SNS는 정보를 전달하는 매체로서 정보의 확산과 공유 측면에서 효과적이며

---

5) Mary Douglas and Aaron Wildavsky, *Risk and Culture: An Essay on the Selection of Technological and Environmental Dangers*, University of California Press, 1982

신속하다. 이러한 뉴미디어를 통한 여론의 재생산에서는 1차적 정보 생산자뿐만 아니라 전달자의 역할도 크다. 그러나 뉴미디어에는 간과할 수 없는 부작용이 있다. 부정확하거나 왜곡된 정보가 진실 여부와 상관없이 급속도로 전파된다는 사실이다. 이는 성숙된 시민의식과 더불어 정보 사회의 새로운 질서의 출현을 요구하는 사회적 현상이다. 그러나 아직까지는 SNS상에서 범람하는 정보 오류를 통제할 기능은 보이지 않는다.

역사적으로 원자력 기술위험에 대한 유효한 접근에 의해서 사회적 수용성을 확보하는 정책은 선진국에서도 시행착오를 겪었던 난제였다. 후쿠시마 사고를 계기로 또 하나의 변곡점을 맞은 원자력 정책과 커뮤니케이션 전략에서 새로운 돌파구를 찾기 위해서는 유럽 등의 성공사례와 전략을 벤치마킹하되 결국 우리나라 실정에 맞는 모델을 개발하는 것이 과제라고 본다.

원자력 홍보에서 원자력의 장점만을 일방적으로 전달하는 방식으로는 효과를 기대하기 어렵다. 진정한 커뮤니케이션을 위해서는 일반 국민과 지역주민을 교육과 홍보의 대상으로 볼 것인가, 또는 함께 참여하고 만들어가는 공동체로 볼 것인가의 물음에 대해서 먼저 답을 해야 한다. 공동체에서 인정할 정도로 발상의 전환이 이루어질 때 커뮤니케이션의 실질적 변화가 가능할 것이다.

3) 원자력 PR과 안전규제 기관

원자력 안전규제의 전제조건

원자력 안전과 규제의 역할을 적절히 수행하기 위한 전제조건은 무엇일까. 첫째 원자력계의 '기술적 안전성' 개념과 일반 국민의 '인지적(認知的) 안전성' 간에 차이가 있음을 인정해야 한다. 여론조사 결과, 전문가의 안전의식과 지역주민의 체감 안전도 사이에는 상당한 격차가 있는 것으로 밝혀졌다. 원전 시설 지역의 주민은 원자력의 기술위험을 자발적으로 선택한 것이 아니다. 따라서 심리적인 불안과 스트레스를 받게 된다.

또한 개인의 힘과 노력으로 통제할 수 없는 기술위험이라는 두려움이 인식의 저변에 깔려 있다. 때문에 안전규제와 행정에 대해서도 불안을 느끼게 된다. 원자력 전문가는 이런 심리를 막연한 불안감이라고 보는 경향이 있다. 그러나 주민에게는 실체적 리스크인 것이다. 안전지수 인식을 비교한 결과에 의하면, 지역주민의 체감 안전지수는 원전 직원의 절반 수준으로 나타났다.[6] 특히 커뮤니케이션과 응급 대응 역량 부문에서 더 큰 차이를 보였다.

지역사회에서의 신뢰 구축

그렇다면 일반 대중의 원자력 안전에 대한 신뢰는 어떻게 결정되는가. 원자력 안전에 대한 신뢰는 규제기관을 얼마나 신뢰하는가와 맞물려 있다. 신뢰는 어떻게 얻어지는가. 규제기관의 본연의 임무는 지역사회의 안전성을 보장하는 것이므로 명목상으로는 지역주민과 같은 목표와 가치를 가진다. 그러나 실제 규제행위에서 사업 진흥 쪽에 가깝게 비쳐지는 것이 불신의 근원이다. 따라서 이러한 불신을 깨는 것이 과제이다. 규제기관이 안전관리의 기술력과 규제의 역량을 갖추었다고 하더라도 지역주민과 국민의 안전을 위해서 일한다는 신뢰가 없다면 이야기가 달라지기 때문이다.

지역주민에게 있어 원자력 안전 규제기관의 존재 이유는 지역사회의 안전 지킴이이자 대리인으로서 안전 관련 임무를 수행하는 것이다. 그렇게 일한다고 믿을 때 규제기관과 지역사회와의 공동체 관계가 형성될

---

6) 최광식, 「규제기관에 대한 신뢰와 불신, 어떻게 다룰 것인가」, 원자력 산업, 2006, p. 17

수 있다. 그리고 국제기준에 의한 명목상의 독립성과 투명성이 아니라 실질적으로 내용상의 독립성과 투명성이 보장되고 있음을 믿게 해야 한다. 그로써 명실상부한 양방향 커뮤니케이션이 이루어질 수 있고, 원자력 안전행정의 기초가 마련될 수 있다.

원자력 안전에 대한 지역주민의 이해와 동의를 얻어내기 위해서는 '신뢰(trust)'란 무엇인가를 짚어볼 필요가 있다. 여기서 신뢰는 전문가 그룹이 아닌 보통 사람들이 의존할 수 있는 일반적인 기대를 뜻한다. 갈등 해소의 성공 비결은 협상과 조정에서의 신뢰가 열쇠이다. 그 과정은 실질적인 협력 강화와 정보 공유, 문제 해결의 과정으로 이루어진다. 신뢰를 구성하는 요소는 몇 가지로 구성된다. 역량 평가(지식, 기술, 또는 기능), 진실성(행동의 일관성, 대화의 신뢰성, 공정성의 기준 보장, 말과 행동의 일치), 선행(정직함과 열린 의사소통, 결정 위임, 통제력 공유) 등이 그것이다.

신뢰를 잃은 뒤에 다시 신뢰를 얻는 일은 처음에 신뢰를 얻는 것에 비해서 훨씬 더 어렵다. 신뢰에 관한 연구 결과에 의하면,[7] 일단 신뢰를 잃은 뒤에는 상대방인 피해자에게는 두 가지 측면에서 중요한 고려 요소가 발생한다. 첫째, 신뢰 당사자의 관계에 대한 불신과 스트레스를 어떻게 처리할 것인가, 둘째, 앞으로 또다시 상대방과의 관계에서 위반이 생길 것인지 갈등하게 됨으로써 다시 믿음을 가지는 데에 장애가 생긴다는 것이다. 이러한 장벽을 해소하는 과정을 거쳐야 하므로 일단 훼손된 신뢰를 회복하는 것은 더욱 어렵다.

선진국의 연구에서 얻어진 신뢰 구축의 요건을 살펴보자. "관계 형성에서 능숙하게, 상대방이 만족할 만하게 행동해야 한다. 일관성 있고 예상 가능하게 믿음직한 언행을 해야 한다. 정확하고 솔직하고 투명하게

---

7) Roy J. Lewicki, Edward C. Tomlinson, "Trust and Trust Building", *Beyond Intractability*, 2003

의사소통을 할 수 있어야 한다. 컨트롤 기능을 공유하고 위임해야 한다. 다른 사람들에 대한 배려를 해야 한다. 상대방에게 공통의 명분과 정체성을 부여해야 한다. 상대방에게 공동의 지위를 부여해야 한다. 합작의 성과와 목표를 창출해야 한다. 공유된 가치와 정서적인 매력 요인을 만들어내야 한다." 이들 요소는 비단 원자력 소통에서의 신뢰뿐만 아니라 모든 정책과제 추진에서 유념해야 할 가이드라인이라고 생각된다.

4) 해외 안전기준 동향

안전기준과 운영 시스템 강화

원전 안전에 대한 신뢰를 구축하기 위해서는 안전 시스템과 운영에 대해서 '안심'할 수 있도록 해야 한다. 그러나 기술적으로 안전하므로 안심하라는 일방적인 위험 커뮤니케이션으로는 효과를 기대하기 어렵다. 이것이 그동안의 오랜 경험에서 얻은 교훈이다. 또한 실제로 신뢰받을 만한 기관인가와 무관하게, 절차적으로 신뢰받을 만한가가 중요하다. 따라서 그러한 과정 모델을 미국과 유럽 사례를 참고하여 개발할 필요가 있다.

국제원자력기구의 안전기준(IAEA Safety Standards GS-G-1.1, 2002)에는 규제 독립성의 제목 아래 몇 가지 기준이 명시되어 있다. 시설과 활동의 안전성을 규제하기 위하여 법적, 제도적인 체계가 구축되어야 한다는 것, 원자력 기술의 진흥업무를 부여받았거나 또는 원자력 시설과 활동에 책임이 있는 조직이나 기관들로부터 독립된 규제기관이 설립되고 유지되어야 한다는 것 등이다.

또한 국제협약인 원자력안전협약(Convention on Nuclear Safety, 1996년, 제8조 2항)에도 규제기관의 기능은 원자력 진흥기관 또는 조직으로부터 효과적으로 분리되도록 보장해야 한다고 강조하고 있다. 한 나라의 원자력 안전규제가 실질적으로 충분히 독립성을 유지하고 있다고 하더라도 법적, 제도적 독립성을 유지해야 한다는 것이 국제사회의 규정임을 확인할 수 있다.

프랑스와 미국 : 원자력 활동의 독립성 강화

프랑스는 2006년에 원자력 안전규제기관인 ASN(Autoritée de sûuretée nucléeaire)을 설립했다. 그에 앞서 2006년에는 '방사능물질투명성과안전프로그램법(Program act on transparency and security on nuclear matters)'을 제정했다. 이 법은 프랑스 내의 원자력 활동의 독립적 감독을 강화하고, 일반 대중이 정확하고 시의 적절하게 정보를 제공받을 수 있도록 규정했다. 주요 내용은 다음과 같다.

- 감독 기관의 독립성을 강화하기 위해서 기존 DGSNR(General Direc torate for Nuclear Safety and Radioprotection)을 ASN(Authority for Nuclear Safety)으로 개편한다. ASN은 대통령과 상하원 의장이 임명하는 5명으로 구성된다.
- 원자력 안전의 투명성과 정보를 다루기 위해서 정부, 원자력 업체, 시민, 원자력 에너지 분야 전문가로 상임위원회를 구성한다. 이 위원회는 원자력 활동과 관련된 리스크에 대한 정보를 모으고 논의하는 장이다. 원자력 홍보에 대해서 조언을 하고 연간 보고서를 제출한다.
- 원자력 시설 위주로 구성되고, 지역 선출직 공무원이 장을 맡는 지역정보위원회(CLI)를 구성한다. 이 위원회는 중앙과 지방 정부의 지원을 받고, 시설 운영 사업자에게 원자력 안전 관련 정보를 요청할 수 있고, 원자력 시설에 대한 독립적 측정과 보건 연구를 수행하는 권한을 가진다. 연구와 관련한 모든 결과는 공개된다.

이 법에 따라 2006년에 출범한 ASN은 원자력 안전에 관한 기술적 규제 판단, 원자력 시설에 대한 감독과 그 결과의 공개를 담당한다. 과거에는 해당 부처의 '명령'에 근거하여 규제감독이 이루어지고, 시행 결과는 해당 정부 부처에 보고, 수정, 심사된 이후에 공개하도록 했던 제도를 개선한 것이다. 그리하여 ASN은 3개 정부 부처의 '명령'이 아닌 '요청'에 의해서 규제와 감독 업무를 수행하고, 그 결과에 대해서 정부에 보고하지 않고 공개할 수 있는 법적 권한을 가지는 등 위상이 한결 높아졌다.

이는 관련 정부 부처가 ASN의 규제업무에 영향력을 행사할 수 없게 되었음을 의미한다. 그로써 과거 체제에서 산업부, 환경부, 보건부 산하의 정부 기관일 때의 독립성 논란을 해소하고, 투명성을 향상시킨 것이다. 프랑스 원자력청(CEA, Commission for Atomic Energy) 청장 알랭 뷔가는 2007년 방한 때 한 특별강연에서 프랑스가 제도를 바꾼 이유를 이렇게 설명했다. "원자력 관련 모든 분야에서 대중에게 정직하고 정확한 정보를 제공해야 한다. 대중의 신뢰는 장기간의 노력을 통해서만 얻을 수 있고, 만일 은폐 공작이 발생하는 경우 순식간에 사라질 수 있다." 이는 프랑스의 체제 개혁이 국민의 신뢰와 수용성을 높이기 위한 것임을 강조한 것이다.

미국의 경우에도 원자력규제위원회(NRC) 산하의 원자력 발전소는 안전성에 관한 보고서를 공개하고, 그 내용에 관한 시민의 질문에 대답하도록 의무화하고 있다. 원전 선진국의 안전규제 행정의 발전과정에서 시사점을 찾아 우리의 투명하고 신뢰받을 수 있는 원자력 관리 모델을 만들어야 할 것이다.

5) 국내 원자력 홍보사업
우리나라 원자력 홍보사업의 발자취

우리나라의 원자력 홍보는 1985년에 설치된 한국원자력산업회의 홍보위원회에서 시작되었다. 체르노빌 사고 이후 국민의 원전에 대한 불안감을 해소할 필요성에 의한 것이었다. 이후 보다 객관적인 홍보를 위해서 1992년에 한국원자력문화재단(이하 문화재단)이 설립된다. 문화재단은 '생활 속의 원자력'을 기치로 원자력의 중요성을 홍보하고 있다. 원자력 전기뿐만 아니라 의학, 공업, 농업, 조사 분석 이용까지 다루고, 원전의 해외 수출을 계기로 원자력 산업의 경제적 효과를 강조하고 있다.

홍보사업의 성격은 문화적 측면과 국제적 성격을 곁들이고, 그 대상을 초등학생과 원전 주변 지역수민으로 범위를 넓히고 있다. 예를 들어 1990년대 후반에는 신고리 원전의 신규 입지 선정으로 지역주민과의 갈등이 불거졌을 때, 울산에서 '원자력의 바른 이해를 위한 시민 토론회'를 개최했다. 최근에도 단오제, 신라문화제 등 각종 문화제 행사를 지원하거나, 원전 지역의 초등학생을 대상으로 문화유적과 첨단 산업체를 견학시키는 등 '내 고장 탐사 캠프'를 지원하고 있다.

한국수력원자력을 비롯하여, 다른 기관(한전원자력연료, 원자력안전위원회, 한국원자력연구원, 한국원자력학회, 한국원자력협력재단)도 홍보 차원에서 공공사업이나 행사, 토론회를 추진하고 있다. 한국수력원자력은 후쿠시마 사고 이후 국내 원전 정전 사고와 납품 비리 사건에 따른 불신을 해소하기 위해서 원전의 안전성과 체계적인 관리를 부각시키는 홍보를 하고 있다. 2012년 2월 고리 정전 사고 이후, 국제원자력기구 전문가 안전점검단을 초청하여 설비상태를 점검하고, 발전 정지되었던 신월성 원전 1호기와 울진 원전 1호기에 대해서는 정지된 원인과 안전하게 정지되었다는 점, 그리고 신속히 발전이 재개된 점을 홍보했다. 또한 협력업체 대표들에게 품질과 안전교육을 확대 시행하기도 했다.

원자력 홍보사업의 기능과 한계

그렇다면 이러한 형태의 지역문화 사업과 지원 활동이 과연 원자력의 기술위험에 대한 지역사회 불안과 불신을 해소하는 데에 얼마나 기여하고 있는가. 홍보활동에 의해서 원전 사고와 사건이 발생하지 않을 것이라는 믿음을 주고 있는가. 홍보활동이 원자력 관련규제와 운영기관에 대한 신뢰를 쌓는 데에 얼마나 기여하고 있는가. 이런 물음에 답할 수 있어야 할 것이다. 무엇보다도 원자력 커뮤니케이션의 전문기관으로서 원자력 비상사태에 대응하는 기능을 적절히 수행하는 것이 중요한 임무라고 할 때, 과연 그 기능을 어떻게 평가할 수 있는가의 질문이 남는다.

홍보전략과 원칙의 중요성은 후쿠시마 사고 이후 더욱 부각되고 있다. 세계적으로 원자력 정책 못지않게 홍보사업에 대한 비판적 시각이 대두됨에 따라서 새로운 접근이 시도되고 있다. 후쿠시마 사고 직후 관계기관의 원자력 홍보활동 대신 체계화되고 전문화된 반핵 단체의 활동이 영향력을 행사하고 있기 때문이다. 신규 원전 건설, 설계수명을 다한 원전의 계속운전 여부, 사용후핵연료 중간관리 정책 등의 난제를 앞에 놓고 가동 중인 원전에서 계속 고장 사건이 발생하고, 게다가 사고 은폐 의혹과 납품 비리 등 악재가 쏟아져 나온 터라 원자력 홍보기관의 역할 정립이 더 주목을 받고 있다.

그렇다면 원자력 홍보에서 지적되는 한계는 무엇인가. 그동안 일방적으로 '친원전' 이미지를 강조하고 있었다는 지적이 가장 먼저 나온다. 원전 인근 지역에서는 주민과의 진정한 소통이 미흡하다는 지적이다. 소통을 원활히 해서 이해관계자들 사이의 갈등을 해소해야 할 필요성이 더욱 커지고 있다. 그렇다면 원전 선진국들의 커뮤니케이션 성공사례와 양방향의 소통 방식은 무엇을 시사하고 있을까. 우리의 사회적, 문화적 풍토에 적합한 소통 방식과 협력 방안은 무엇일까.

6) 해외 원자력 PR 동향

미국

  미국은 세계 1위의 원자력 대국답게 원자력 홍보사업도 다양하다. 원자력 정보를 담은 브로슈어, 만화책 등의 발간은 기본이고, 워크숍을 통해서 교육받은 교사가 원자력의 필요성과 이점에 대하여 홍보에 나선다. 이런 활동은 우리나라에서도 한다. 중요한 것은 그것이 일방적이 아니라 쌍방향이고 객관적이라는 인상을 주어 신뢰를 쌓는 일이다. 웹사이트를 통한 정보 제공도 활발하다. 사이언스 클럽(Science club) 등 별도의 웹사이트를 제작하여 애니메이션 등 동영상 자료도 제공하고 있다. 특히 청소년을 대상으로 정보 통신 기술을 이용한 문화적 접근을 강화하고 있다.

  그리고 원자력규제위원회, 에너지정보청(The Energy information Administration) 등 주요 기관의 웹사이트에도 원자력 정보가 다양하게 들어 있다. 예를 들어 핵연료 주기에 관한 만화, 낱말 퍼즐 등의 코너를 설치하여 쉽고 재미있게 알아들을 수 있게 꾸며져 있다. 이렇듯 다양한 매체의 소통을 통해서 일상적 용어로 보다 친근하고 쉽게 정보를 받아들일 수 있다는 것이 강점이다.[8] 또한 매년 광고와 캠페인을 통해서 원전에 대한 접근성을 높이고 있다. 보다 정확하고 전문적인 지식과 정보를 알려주는 핸드북, 책, 잡지 등의 출간도 활발하다. 이 모든 활동에서 가장 중요한 것은 일방적 정부 홍보가 아니라 객관적 설명이라는 믿음을 주는 것이다.

  2011년 후쿠시마 원전 사고는 미국의 원전 산업에도 영향을 미쳤다. 그러나 미국은 원전 선진국답게 발 빠르게 대처했다. 후쿠시마 사고가 발생한 지 5일 후인 3월 16일, 미국원자력에너지협회(Nuclear Energy

---

8) http://www.sourcewatch.org

Institute, NEI)는 '@NEIupdates' 트위터 계정을 개설했다. 그리고 저널리스트와 전문가를 섭외하여 후쿠시마 사고에 관한 새로운 정보를 빠르고 효과적으로 전달했다. 또한 'NEI Nuclear Notes' 제하의 블로그와 유튜브 채널을 개설하여 후쿠시마 사고에 대해서 정확하고도 심층적인 정보를 신속하게 제공했다.

이렇듯 원전 비상사태에 대비하는 홍보활동은 국민의 신뢰를 유지하는 데에 기여했다는 평가를 받았다. 이러한 배경으로 인해서 후쿠시마 사고에도 불구하고 다수의 미국 국민이 여전히 미국의 원전 안전성에 대하여 신뢰한다는 설문 결과를 얻었던 것으로 분석된다.9) 이는 우리나라와는 대조되는 현상이다.

미국의 원자력 홍보가 성과를 거둔 것은 전문가들의 정보 제공에 대한 일정 부분의 신뢰가 있었기 때문이다. 실제로 미국의 원자력 인식에 관한 여론조사 결과를 살펴보면, 미국의 여론은 1979년 스리마일 섬 원전 사고와 1986년 체르노빌 원전 사고 직후 잠깐을 제외하고는 모든 시기에 걸쳐 찬성 여론이 반대 여론을 계속 앞서고 있는 것으로 나타난다. 물론 넓은 국토에서 원전이 인구 밀집 지역에 입지하지 않는다는 등의 물리적 조건과도 상관될 것이나, 정부 정책에 대한 신뢰가 있다는 것이 하나의 원인으로 풀이된다.

프랑스

프랑스는 세계 2위 발전량의 원전 대국으로서 원전에 대한 국민 인식이 우호적이다. 특히 과학기술에 대한 국민 자부심이 크고, 원자력 산업의 경우 샤를 드골 대통령 이후 국가경쟁력을 키우는 동력으로서 진흥

---

9) http://www.prnewsonline.com

시킨 전략적 분야라는 덕을 보았다. 파리의 밤을 대낮처럼 환하게 밝혀 관광명소로서 아름다운 경관을 돋보이게 한다는 것도 전략이라고 한다. 제2차 세계대전 이후 자국의 기술력 강화로 콩코드를 개발하고, 세른 (CERN)의 입자가속기 등의 거대 과학기술 프로젝트를 성공시킨 것에 대한 대국민 홍보가 잘 이루어져 있어, 과학기술 기반 사업 전반에 대한 인식이 투철한 것으로 분석된다.

프랑스의 홍보활동의 특징은 원자력의 이점만을 홍보하는 것이 아니라 약점과 잠재적 위험성까지도 있는 그대로 전달하기 위해서 많은 노력을 하는 것이다. 이런 성격은 미국의 홍보사업과도 닮아 있다. 100만 개 이상의 부품으로 구성된 고도의 기술 결정체인 원자력 발전시설은 기술 위험의 대표적 사례로 꼽힌다는 점을 인정하여 필요성과 위험성의 두 가지 측면에 관한 정보를 모두 공개하고, 그렇게 함으로써 오히려 국민의 신뢰를 쌓고 이해도를 높인 것이 프랑스 원자력 홍보의 노하우라고 할 수 있다.

원자력의 위험성에 대한 의견도 거리낌 없이 내놓는 분위기를 조성하고 정부는 그것에 대비하여 원자력의 안전과 기술발전의 균형을 찾아간다는 것이다. 실제로 프랑스에서 진행되는 원자력 토론회에는 대중이 참여할 수 있는 과정이 마련되어 있다. 국가 조직위원회, 과학기술전문가위원회, 시민위원회, 지방자치단체, 사업자, 직원, 협회 등 다양한 기관과 구성원이 정책 결정 과정에서 의견 조정에 참여할 수 있게 되어 있다. 프랑스는 자국의 원자력 홍보 노하우를 진파하는 노력도 기울이고 있다. 예를 들어 한국원자력문화재단과 프랑스 기관은 주기적인 원자력 홍보 세미나를 열어 원자력 정책방향과 국민수용성 제고 방안에 대하여 논의하는 자리를 가지고 있다.

유럽 공동체의 원자력 홍보

유럽은 원전을 가동하는 국가별로 각각 독자적인 홍보활동을 하는 한편, 유럽 공동체로서의 홍보와 정보 공유를 위한 유럽원자력학회(European Nuclear Society, ENS)를 통해서도 홍보를 하고 있다. 원전 선진국이 분포된 지역이니만큼 국가별 홍보에서 나아가 정보 공유 협력에도 앞서가고 있는 것이다. 그 일환으로 유럽원자력학회는 4년마다 유럽원자력산업회의공동체(FORATOM)와 공동으로 유럽원자력회의(European Nuclear Congress)를 개최하고 있다. 또한 해마다 원자력 홍보 국제 워크숍(PIME)을 개최하여 유럽 각국의 노하우와 경험을 전파하고 있다. 더욱이 ENS는 전문지(*Nuclear Europe Worldscan*)와 간행물(*Nucleus*)을 격월로 발행하고, 일반인을 대상으로 원자력정보교환네트워크(NucNet)를 개설하여 홍보에 힘쓰고 있다.

캐나다

캐나다의 원자력공사(Atomin Energy of Canada Limited, AECL)는 원자력과학실험실 프로그램(Chalk River Laboratory)을 운영하고 있다. 2012년에는 2,000명이 넘는 대중을 대상으로 오픈 포럼을 열었다. 연구실 투어와 함께 진행된 이 행사에는 청소년들의 행사도 있었다. 이러한 홍보활동은 자연스럽게 원자력 기관에 친근감을 가지도록 하고, 해당 원전 지역사회가 캐나다의 원자력 운영기관에 대해서 이해하고, 원자력 기술에 대해서 배울 수 있는 기회를 제공하기 위한 목적으로 진행되고 있다.

원전 신규 도입 국가

원전을 새롭게 도입하고 있는 아랍에미리트나 건설계획이 추진되고 있는 베트남 등 원전 후발국에서도 원자력 홍보는 주요 관심사가 되고 있다. 원전 인프라 개발과 정책 추진에서 사회적 수용성이 큰 비중을 차지하고 있기 때문이다. 그러나 원전 운영의 경험이나 노하우가 없이 홍보를 하는 일은 결코 쉽지 않다. 따라서 우리나라를 비롯하여 경험과 노하우가 있는 나라로부터 도움을 받기를 원하고 있다. 국제원자력기구는 원전을 도입하는 국가에 대해서 홍보 경험과 노하우를 전수하고 있다. 기술위험의 위기관리에 대한 대처 방안, 원자력 홍보전략 등이 담겨 있는 가이드북을 발간하고, 홍보를 주제로 국제 워크숍을 진행하는 등 신규 원전 국가들에 지식을 전수하고 있다.

베트남은 2012년에 하노이 시에 원자력홍보센터를 개설했다. 대중에게 원자력 정보를 제공하는 것이 원자력 인프라 개발에 필수라고 보기 때문이다. 우선 하노이 대학 내에 개설하여, 베트남 최초의 원전 건설과정에서 정보와 지식을 제공하고 있다. 머지않아 호치민 시에도 세운다는 계획이다. 이들 홍보센터는 현대적인 기계와 장비를 갖추고 있으며, 누구든지 방문할 수 있다. 2011년에는 국제원자력기구 전문가 그룹이 방문하기도 했다.[10]

2. 한국PR학회 '원자력 에너지에 대한 정부-국민 간 소통 방안' 심포지엄 발제자료 요지

원자력 홍보에 대하여 PR 분야 전문가들의 견해는 어떠한가. 전문분야의 관점을 파악하기 위해서 '원자력 에너지에 대한 정부-국민 간 소통 방안'을 주제로 한국PR학회 주최 토론회에서 발표된 내용을 제목과 함께 간략히 요점을 추렸다. 그리고 다른 분야 PR과의 차이점을 살피기

---

10) *VietNamNet Bridge*(2012. 4. 12)

위해서, 이러한 전문적 시각에 대해서 다시 과학기술적 관점에서 메타 분석 형태로 논하고자 한다.

1) '정책홍보 3.0을 열기 위한 과제'[11]

PR에 대한 정의와 이해는 쉽지 않다. 그 이유는 PR 자체에 내포된 개념이 여럿이고, 인식적인 개념보다는 행동을 지칭하기 때문이다. 또한 PR은 언론, 소비자, 조직구성원, 투자가, 지역사회 등과의 다양한 관계성에 의한 실천 영역을 포함하고 있기 때문이다. 학문적으로도 사회학, 심리학, 철학, 커뮤니케이션학, 경영학, 정치학 등의 영역이 융합 적용되는 것이 PR이다.[12]

2) '원자력 안전과 신뢰 증진 방안'

우리 국민의 원자력 안전 신뢰 지수는 다른 분야의 신뢰 지수에 비해서 낮다. 이 지수는 이성적, 감성적 차원에서 원자력 안전에 대해서 얼마나 신뢰하는가를 나타내는 수치로 100점 만점을 기준으로 할 때 원자력 안전에 대해서는 52점 수준이다. 국내 원자력 기술이 세계적이라고 볼 때 안전지수는 그에 훨씬 못 미치는 수준이다. 따라서 원자력 안전에 대한 대중의 신뢰를 얻는 것이 중요하고, 이를 위해서는 기술공학적 안전성을 기본으로 국민 인식을 높이는 데에 주력해야 한다.[13]

3) '대국민 소통과 사내 커뮤니케이션에 관한 고찰'[14]

사내 커뮤니케이션은 해당 조직의 목표 달성을 위해서 조직 구성원의 자발적인 행동을 이끌어내기 위한 것으로, '조직 구성원의 마음을 움직이는'

---

11) 신호창, 「원자력 에너지에 대한 정부-국민 간 소통 방안 토론회」, 한국PR학회, 2012
12) 신호창, 이두원, 조성은, 『정책 PR』, 커뮤니케이션북스, 2011
13) 조성경, 명지대학교, 「원자력안전 신뢰지수 개발」, 원자력안전기술원, 2012
14) 조성은, 「원자력 에너지에 대한 정부-국민 간 소통 방안 토론회」, 한국PR학회, 2012

커뮤니케이션 전략을 뜻한다.[15] 정부 메시지의 신뢰성이 떨어지는 이유는 언론을 통해서 접하게 되는 비리, 근무 태만, 부주의, 위기대응 능력의 부재 등 조직 구성원의 역량과 관계되는 부정적 사건으로 인해서 국민의 불안과 불신이 증폭되기 때문이다.

방사능 안전사고는 기술적 이슈보다는 인적 실수와 부주의, 보고 지연, 사고 은폐와 같은 인적 문제라고 볼 수 있다. 국제원자력기구의 고리 1호기 안전진단 결과에서도 '원전 설비 안전성은 문제없으나, 안전문화는 결핍'이라고 신랄했다. 시점을 무시한 작업 수행, 사건 은폐, 납품 비리 등 안전문화 결핍은 국민의 불신으로 이어질 수밖에 없다.

조직이론에 의하면, 성과 지상주의는 결국 각종 경영 비리와 도덕적 해이를 빚음으로써 위기에 취약한 조직으로 만들고, 지나친 경쟁과 책임 강조, 실수를 인정하지 않는 분위기로 인해서 사고를 은폐하는 심각한 폐해를 유발할 수 있다.[16] 전통적인 인사관리에서 정부와 공기업은 목표 달성을 위해서 구성원을 명령, 지시, 통제의 대상으로 보는 경향이 크다. 진정한 소통을 위해서는 이들을 커뮤니케이션 대상으로 보는 경영진의 인식과 근본적인 조직문화 변화가 필요하다.[17]

4) '원전 관련 이해관계자와의 성공적 소통 전략'[18]

홍보는 어느 조직이 대중(public)과의 호의적 유대관계를 형성하기 위한 체계적인 커뮤니케이션 활동을 말한다. PR의 진화 이론에 의하면, PR 모델은 초기 언론대행/홍보 모델로부터 공공정보 모델, 쌍방불균형 모델, 쌍방

---

15) 신호창, 이두원, 조성은, 『정책 PR』, 커뮤니케이션북스, 2011
16) Hassell, G., "Pressure cooker finally exploded", *Houston Chronicle*, 2001, December 9, p. A1
17) 신호창, 「정책홍보 3.0을 열기 위한 과제」, 2012
18) 이진로, 임성호, 「원자력 에너지에 대한 정부-국민 간 소통 방안 토론회」, 한국PR학회, 2012

균형 모델로 구분된다.[19) 원자력 소통 모델로는 쌍방균형 PR 모델이 유효하다. 정보를 제공하고, 피드백을 수용하는 과정을 거치면서 상호이해를 증진하고 인식의 차이를 해소하는 모델로서, 공익을 추구하는 국가와 공공기관에 적합하다. 그 강점으로는 일방적 정보 제공이 아니라 수용자를 존중하고, 수용자의 자발적 지지와 참여를 이끌어낼 수 있다는 것이 꼽힌다.[20)

일본의 후쿠시마 원전 사고와 방사능 오염 확산 과정에서 일본 정부와 원자력 당국의 소통 능력은 허점투성이로 평가되고 있다. 사고 관련 정보 제공이 불완전하고 지연되었으며, 그로 인해서 언론보도는 방사능 누출의 위험성을 충분히 전달하지 못했고, 원전 지역 인근 시민의 대피에 차질이 생겼으며, 피해 축소와 불안감 극복에 실패한 것으로 지적되었다.[21)

5) '원전과 지역사회 갈등 구조에 관한 소고 : 고리 원자력 발전소를 중심으로'[22)

원자력 관련 사회적 갈등은 역할보다는 구조에, 이해보다는 인식에 원인이 있다. 역사적으로 군사독재 시절 강력한 공권력을 기반으로 기간산업을 주도하던 정부나 산하기관이 구축한 관련법규와 제도 등의 시스템과 그 안에서 형성된 조직문화가 현대 민주사회와 불일치한다는 것이 갈등의 근본적 원인이다. 결국 국가적 정책홍보(Public Affair)는 헤게모니가 공급자에서 수요자로 전환되면서, 제도와 인식에서 간극이 발생하는 과도기적 상황에 처함으로써 소통의 문제가 유발된 것이다.[23)

---

19) J. E. Grunig, T. Hunt, *Managing Public Relations*, 1983[박기순, 박정순, 최윤희 공역, 『현대 PR의 이론과 실제』, 탐구당, 1994]
20) 이진로, 임성호, 「원전관련 스테이크홀더와의 성공적인 소통전략」, 2012
21) 이진로, 임성호, 신태섭, 「일본 후쿠시마 원자력 발전소 사고와 사회적 소통」, 『스피치와 커뮤니케이션』 제16집, pp. 188-213, 2011
22) 김일철, 「원자력 에너지에 대한 정부-국민 간 소통 방안 토론회」, 한국PR학회, 2012
23) 김일철, 「원전과 지역사회의 갈등 구조에 관한 소고 : 고리 원자력 발전소를 중심으로」,

원자력의 어려운 기술지식에 대해서 일반인의 이해를 구하고 상식을 높이는 것은 어렵다는 것이 근원적 문제이다. 또한 원전 소통에 관한 구조 자체가 가해자와 수혜자로 왜곡된 상황이다. 원전은 정책의 기획과 실행, 평가에 이르기까지, 그리고 이 과정에서 대중의 이해와 지지를 획득하는 홍보기능에 이르기까지 모두가 한 집단의 성격을 가진다. 이 부분에 대한 분리와 독립을 전제로 사실에 입각한 지식과 정보를 지역주민의 인식과 이해의 수준으로 맞추려는 노력이 필요하다.[24]

한편 해낭 지역에 대한 지원은 수민이 수혜를 체감하기에는 미흡하다는 것이 문제로 제기된다. 원전 시설 지역의 혜택은 가구당 월 1만6,240원의 전기료 지원이다. 지역의 정체성은 역사적 사실이나 인물, 유적 등의 역사 정체성과, 연극, 미술, 음악, 무용, 민속 등을 아우르는 문화 정체성, 자연, 건축물, 환경운동 등을 담는 경관 정체성, 그리고 관광, 농수산업, 산업 등을 아우르는 산업 정체성 등으로 요약할 수 있다.[25] 그러나 원전 주변 지역에 대한 이해나 관계 설정, 그리고 설득 과정은 산업 정체성 차원을 넘어서지 못하고 있다. 따라서 원전 관련 문제를 해결하는 데에는 역사와 문화, 경관을 아우르는 포괄적 접근과 이해가 필요하다.

최근 연구 결과에 의하면, 고리 원전 지역에서 추진 중인 사업은 19가지이고, 그중 지역주민이 긍정적으로 보는 것은 교육장학, 전기요금보장, 한국수력원자력 복지시설 개방 등 3가지로 조사되었다. 다른 사업은 지역 인프라와 환경 개선, 공공시설 등 지역주민이 직접적으로 수혜를 느끼기 힘든 부분이다.[26]

2012
24) 김일철, 「원전과 지역사회의 갈등 구조에 관한 소고 : 고리 원자력 발전소를 중심으로」,
   2012
25) 김일철, 배승주, 「장소마케팅을 위한 지역 정체성에 대한 공중의 인식 연구」, 『주관성연구』 제21호, 2010
26) 최성두, 「원자력발전소 주변 지역 지원정책의 문제점과 발전방향 모색」, 『지방정부연구』

다른 연구에서 후쿠시마 원전 사고 이후의 지역주민 갈등 프레임을 분석한 결과에 의하면, 원전의 위험성보다 경제적 보상에 관한 손익 프레임이 더 우세하고, 지역주민이 참여하는 협의체에 대한 요구가 높아진 것으로 나타난다. 주민들은 직접적이며 즉시적인 보상에 점점 더 민감해지고 있다는 분석이다.[27]

소통을 잘하기 위해서는 네트워크 구조가 중요하다. 단기적으로 편견이나 선입견처럼 인식에 영향을 주는 표현이나 방식을 바꾸어 갈등을 해소할 필요가 있다. 또한 개방, 공유, 참여를 체감할 수 있도록 해야 한다. 따라서 원자력의 쌍방균형 모델이 제대로 작동되려면 전략, 전술과 같은 기술적 문제보다 진정성의 가치를 회복하는 심성이 더 중요하다.[28]

6) '수사적 관점에서의 원전 PR'[29]

현대 사회에서 기술위험은 본질적으로 내재된 특성이 되었고 이에 대한 다양한 관점을 이해하고 수용하는 태도가 필요하다는 것을 출발점으로 원전 쟁점 관리의 방향을 정해야 한다. 더불어 원전에 대한 기존 수식어에 대한 변화가 필요하다. 종전에는 풍부함, 깨끗함, 안전함, 경제적인 에너지 등에 초점을 맞추었다면, 앞으로는 한정된 에너지원, 안전관리 최우선, 다른 에너지원 대비 경제적, 당분간 현실적 대안, 그러나 장기적으로 축소 등의 수식어가 적합하다고 본다.[30]

제13권 3호, 2009

27) 심준섭, 김지수, 「원자력발전소 주변 지역주민의 갈등 프레임 분석 : 후쿠시마 원전 사고의 영향을 중심으로」, 『한국행정학보』 제45권 3호, 2011

28) 김일철, 「원전과 지역사회의 갈등 구조에 관한 소고 : 고리 원자력 발전소를 중심으로」, 2012

29) 조삼섭, 「원자력 에너지에 대한 정부-국민 간 소통 방안 토론회」, 한국PR학회, 2012

30) 조삼섭, 「수사적 관점에서의 원전 PR」, 2012

7) 'PR 커뮤니케이션 전략에서의 위험과 갈등의 통합적 접근'[31)

기술위험 커뮤니케이션에서 갈등 요소를 포함하는 경우 신뢰의 문제가 가장 큰 쟁점이 된다. 또한 위험 커뮤니케이션의 사회적 신뢰에 대한 접근에 서는 대상의 전문성에 대한 인지적 측면과 공정성, 정의에 관련된 감정적 믿음, 사회적 관계에 대한 행동적 측면이 모두 포함되어야 한다. 따라서 원 전 계속운전에 대해서는 지역주민의 안전을 고려한다는 감정적 신뢰를 강조 할 필요가 있다. 이슈 공론화에 대해서는 기관의 전문성과 능력에 대한 인지 적 신뢰와 국민안전과 보호에 대한 기관 정의감에 대한 감정적 신뢰를 강조 해야 한다.[32)

8) '원전에 대한 수용자 인식에 따른 장단기 소통 전략'[33)

자라나는 세대에 대한 원전 인식의 변화는 향후 사회적 갈등의 원천을 제거할 것이므로 원전의 경제성과 안전성에 대해서 청소년 세대에게 알려야 할 필요가 있다. 그 사례로서 청소년 대상 원전 시설과 홍보관 견학 프로그 램과 방학 중 원전의 경제성, 안전성을 중심으로 하는 캠프 프로그램과 문예 활동을 지원하는 사업을 들 수 있다.

원전에 대한 수용성 증진을 위한 중장기 전략으로 대국민 홍보 캠페인을 통한 신뢰 확보가 중요하다. 방사성 폐기물 관리의 안전성을 입증하는 신뢰 성 있는 정보원, 즉 원자력 전공 과학자, 친핵 환경단체 등을 활용한 대국민 홍보 캠페인을 예로 들 수 있다. 또한 저명인사나 신뢰할 수 있는 정보원이 나오는 공익광고를 세작하여 국민과의 집촉을 확대하거나 친환경직인 기업

---

31) 임유진, 「원자력 에너지에 대한 정부-국민 간 소통 방 안 토론회」, 한국PR학회, 2012
32) 임유진, 「공공갈등해소를 위한 PR커뮤니케이션 전략에서 위험과 갈등의 통합적 접근」, 2012
33) 유승엽, 「원전에 대한 수용자 인식에 따른 장단기 소통전략 : 신뢰감 회복방안을 중심으 로」, 2012

윤리와 철학을 통한 한국수력원자력의 기업 이미지를 구축하는 것도 전략이라고 할 수 있다.

9) '고리 원전 1호기 안전한가?'[34]

원전은 어느 정도 안전해야 충분한 것인가? 안전이란 절대적이 아닌 상대적인 개념이다. 원전의 안전성에 대해서 미국과 영국 등에서는 주변 16킬로미터 반경 이내에서의 원전 위험성이 자동차, 등반, 화재 등 각종 사고로 발생하는 사망 위험의 0.1퍼센트인 것을 안전 목표치로 설정하고 있다. 우리나라 원전도 0.1퍼센트 안전 목표치 범위 안에서 겹겹의 안전장치로 사고가 발생하더라도 충분히 제어할 수 있는 상태로 관리된다. 국제원자력기구의 원자로정보시스템(TRIS)에 따르면, 현재 30년 이상 가동 중인 원전이 174기(39.4퍼센트)이며, 59기의 원전이 설계수명 연장 후 계속운전되고 있다. 고리 1호기는 미국 웨스팅하우스의 가압경수로 원전으로서, 이와 유사한 동일 노형 원전은 수명 연장으로 세계적으로 40년 넘게 운전되고 있다.

중요한 것은 원전의 기계적 결함보다 주민의 신뢰를 잃은 사실이다. 주민과 충분한 소통을 하고, 주민이 납득하여 그 결정을 수용할 때 재가동하는 것이 앞으로의 국민수용성 확보와 사회적 공감대 형성에 옳다고 본다.

10) '총괄적 결론과 정책 제언'[35]

정치 지도자들은 선거의 표심을 우려하여 주민 갈등을 일으키기보다는 원자력이 가져오는 유익함과 국민의 삶에 주는 실질적 이익, 국가정책으로서의 의미, 원자력이 지역발전에 주는 이익 등에 대해서 주민을 설득하고

---

34) 제무성, 「고리 원전 1호기 안전한가?」, 2012
35) 김만기, 「총괄적 결론과 정책제언, 원자력 에너지에 대한 정부-국민 간 소통 방안 토론회」, 한국PR학회, 2012

관련되는 정책을 수행해야 한다. 삼척 지역에서의 원자력 유치를 둘러싼 찬반 논란과 삼척 시장 주민소환 청구 갈등의 사례를 반면교사(反面敎師)로 삼아야 한다.

3. 원자력 PR에 대한 과학기술적 메타 분석

원자력 PR : 새로운 패러다임의 필요성

원자력은 기술위험의 가장 대표적인 사례이다. 때문에 원자력 안전에 대한 불안과 불신을 해소하는 것은 그 특성상 다른 분야보다도 훨씬 더 어렵다. 더욱이 1979년 스리마일 섬 원전 사고와 1986년 체르노빌 사고에 이어 또다시 2011년 후쿠시마 원전 사고가 발생함으로써 결정적으로 충격을 받았다. 원전의 안전규제와 운영방식에 대한 불신도 기술위험에 대한 불안을 가중시키고 있다.

일례로 2012년 일본 문부과학성이 발간한 백서에 의하면 후쿠시마 원전 사고 이후 과학자와 엔지니어에 대한 일반적 신뢰에 대한 조사에서 신뢰도가 크게 떨어진 것으로 나타났다. 2010년 설문조사에서는 과학자와 엔지니어를 신뢰할 수 있거나 신뢰할 수 있는 편이라고 응답한 응답자가 전체의 76-85퍼센트였다. 그러나 2011년 후쿠시마 사고 이후 네 번에 걸친 설문조사에서는 평균 65퍼센트의 응답자가 긍정적인 답변을 하여 10퍼센트가 넘는 신뢰도의 하락을 보였다. 과학자가 과학기술 정책의 방향을 결정해야 한다는 응답자는 2009년의 79퍼센트에서 2011년 12월에는 45퍼센트로 크게 떨어졌다.[36]

이러한 상황에서 원자력에 대한 기술공학적 안전성에 대한 신뢰를 쌓

---

36) Ministry of Education, Culture, Sports, Science and Technology, A White Paper on Science and Technology 2011, 2012

는 일은 매우 어려운 과제가 되고 있다. 따라서 기존 원자력 홍보의 정책과 추진 방안을 근본적으로 재검토하여 새로운 패러다임으로 전환하는 것이 불가피하다. 새로운 홍보정책을 설계하기 위해서는 원자력을 불신하고 있는 현황과 그 원인을 파악하는 작업이 선행되어야 한다. 기본적으로 원전을 둘러싼 갈등은 잠재적 기술위험에 대한 사회적 관점의 이성적 선택과 개인적 관점의 감성적 반응 간의 충돌이라고도 볼 수 있다. 이 경우 감성적 반응에 대해서 비합리적이라고 경시하는 한 홍보활동은 소기의 성과를 거두기 힘들다는 것이 어려운 점이다.

원자력 홍보는 특히 일방적 정보 제공에서 벗어나 원자력 관련기관과 대중의 상호이해를 증진하는 것이 중요하다. 원자력 관련시설의 지역 수용성 문제는 우리나라만 겪는 일이 아니다. 민주적인 정치 시스템이 견고하게 확립된 유럽에서도 원전 시설 관련 갈등과 실패의 역사가 반복된 사회적 난제였기 때문이다. 원자력의 강점만을 일방적으로 홍보하는 방식은 수용자의 지지와 참여를 얻을 수 없다는 것이 선진국이나 우리의 경험으로부터 얻은 결론이다. 일반 국민, 특히 지역주민을 홍보의 대상이 아니라 함께 정책을 입안하는 주체로 끌어들이기 위한 원칙과 절차가 필요하고, 그것을 가능케 하는 커뮤니케이션 방식을 고안해야 한다.

2012년에 불거진 고리 원전의 정전 사고 은폐와 납품 비리는 국민의 불신을 가중시키는 원인으로 작용하고 있다. 이를 개선하기 위해서는 조직문화의 근본적이고 질적인 변화가 필요하다. 안전 담당자가 내부 조직의 통제를 받는 전통적 체계는 조직적 사고 은폐를 가능하게 한다는 지적에 귀를 기울일 필요가 있다. 이러한 전통적 체계 하에서는 진정한 소통과 홍보가 제대로 성과를 보기 어려울 수밖에 없다.

또한 원자력 커뮤니케이션에서는 그 내용뿐만 아니라 프레젠테이션

형식과 언어를 분석하여 특화하는 작업이 중요하다. 다양한 이해당사자의 교육 수준과 사회적 맥락에 맞도록 다양한 포맷의 커뮤니케이션 기법이 개발되어야 한다는 뜻이다. 따라서 우리의 경우에도 원자력에 관한 견해 차이가 두드러지는 이해당사자 그룹을 정의하고 각 그룹이 원하는 원자력 관련정보와 정책이 무엇인가를 파악할 필요가 있다. 그렇다면 다른 나라들은 어떻게 조직의 안전문화를 개선하고 원활한 소통을 하고 있는가.

안전문화 개선 : 미국 사례

1954년 미국은 원자력에너지법 수정 이후, 원자력규제위원회가 안전에 관련된 의문을 제기한 근로자가 차별을 당하는 상황에 대한 조사를 할 수 있도록 강화했다. 1993년 미국 원자력규제위원회는 원자력 발전소로 인한 건강과 안전에 관한 문제점을 제기하는 개인에 대해서 여전히 보복이 따른다는 사실에 주목하여 리뷰 팀을 구성했다. 그 결과 1994년에 보고서를 통해서 원전에서 일하는 근로자가 운영에 대해서 의심이 가는 상황에 대해서 주저하지 않고 의문을 제기할 수 있는 자유를 보장하도록 하는 방안을 제시했다. 1995년 원자력규제위원회는 이 제안을 수용하여 "원자력 산업계 근로자가 보복에 대한 두려움 없이 안전상의 우려를 표현할 수 있는 자유"를 공표하고, 허가 기관 내의 조직 환경 개선의 중요성을 강조했다.

쌍방향 소통 : 스웨덴 사례

원자력 홍보에서 스웨덴 방사성 폐기물 처분장 선정 과정에 관한 연구 결과는 시사적이다. 원자력 관련 사회적 수용성을 높이는 요인으로 다음의 3개 항목을 들고 있다.[37] 첫째는 공개적이고 장기적인 공공협의(public consultation) 과정, 둘째는 사회와 정부, 산업계 사이에 장기적으로 확립된 상호신뢰, 셋째는 일반 대중의 의견을 전달할 수 있는 성숙한 민주적 기구를 꼽는다.

자발적 참여를 통해서 원자력 관련기관을 신뢰하는 공중(公衆)을 만들어내는 사회적 시스템을 설계할 수 있다면, 원자력에 관한 긍정적인 여론이 재생산되고 국가에 대한 신뢰가 축적될 수 있다고 보는 것이다. 인터넷과 SNS를 이용한 여론의 재생산에서는 1차적 정보 생산자뿐만 아니라 전달자의 역할이 크다는 점에도 주목할 필요가 있다.

지역사회 수용성 확보 : 핀란드 사례

유연한 정책과 공공협의를 원칙으로 하는 과정을 통해서 방폐장의 지역 수용성을 높인 핀란드의 사례를 검토하는 것은 의미가 있다. 그것을 벤치마킹하여 한국의 경제적 인센티브 위주의 지역수용성 높이기 정책과 비교 분석할 필요가 있다. 미국 원자력규제위원회 의장은 미국과 핀란드의 고준위 방사성 폐기물 처리시설 부지 선정 과정을 비교 분석하여 의미 있는 결론을 도출했다.[38] 미국의 경우, 네바다 주의 유카 산이 당초 고준위 방폐물 처리시설 부지로 선정된 이후 부지 적합성을 둘러싸고 연방정부와 주정부 간의 갈등이 30년 넘게 이어졌다. 그러다가 결국 사업이 중도에서 무산되는 시련을 겪고 있다.

이에 비하여 핀란드는 복수의 처리시설 후보지가 선정된 이후, 부지를 최종 확정하기에 앞서 모든 후보지의 장점과 단점을 대중에게 알리는 과정을 거쳤다. 그 결과 핀란드는 고준위 방폐물 처리시설 부지를 확정한

---

37) Jane Dawson, Robert Darst, "Meeting the Challenge of Permanent Waste Disposal in an Expanding Europe: Transparency, Trust and Democracy, Environmental Politics", 2006
38) Allison Macfarlane, "Underlying Yucca Mountain: The Interplay of Geology and Policy in Nuclear Waste Disposal, Social Studies of Science", 2003

최초의 국가라는 기록을 세웠다. 미국 원자력규제위원회 의장은 그의 연구에서 유카 산의 암반 적합성을 과학적 언어로 알리는 미국의 정책에 비해서 핀란드의 정책이 더 유연하며 상호소통에 성공했기 때문에, 고준위 방폐물 처리시설에 관한 대중의 수용성을 높일 수 있었다고 해석한다.

한편 미국은 블루리본위원회(The Blue Ribbon Commission on America's Nuclear Future, BRC)를 설치하고 후행 핵연료주기 관리 정책을 발표했다. 정치적 이해를 떠나 투명하고 민주적 절차에 의해서 사용후핵연료 관리의 지층 저상 방식을 비롯한 처분에 대해서 모든 옵션을 검토한다는 원칙을 강조했다. 그리하여 18개월 이내에 중간 보고서를 제출하고, 24개월 이내에 최종보고서를 발간한다는 계획으로 활동했다. 2012년 1월 블루리본위원회가 제출한 최종 보고서의 주요 내용은 다음과 같이 요약된다.

방폐물 처분시설 선정은 국민적 합의에 근거해서 추진한다. 에너지부(DOE)로부터 독립된 기구가 방폐물 관리 프로그램을 추진한다. 방폐기금이 그 조성 목적에 합당하게 사용되도록 연방정부 예산에서 독립시킨다. 사용후핵연료와 고준위 폐기물 심지층 처분시설 설치를 촉구한다. 사용후핵연료 중앙집중식 중간저장시설 설치를 촉구한다. 사용후핵연료와 고준위 폐기물 이송을 위한 대비를 철저히 해야 한다. 선진화된 원자력 에너지 기술과 인력 개발을 위한 정부의 지원을 약속한다. 국제사회에서 핵 안전성, 핵비확산성, 보안 등의 부문에서 미국이 선도적 역할을 해야 한다.

4. 원전 커뮤니케이션의 패러다임 전환 : 융합적 접근

앞서 살펴본 것처럼 기술위험에 대한 일반 국민의 인식은 여러 가지 요인에 의해서 결정된다. 예를 들어 심리적 상태, 사회문화적 맥락, 미디어의 보도 태도와 보도량, 기관과 정부가 형성해온 신뢰도 등이 결정적 영향을 미치게 된다. 따라서 일반 대중이 어떻게 선택적으로 특정한 위험을 자신과 관계있는 위험이라고 받아들이게 되는지를 이해하고서 그에 맞는 PR 전략을 개발하는 것이 필요하고, 이를 위해서는 학제적 연구가 필수적이다.

원자력에 대한 PR은 사고 확률이 매우 낮다고는 하더라도 일단 발생하는 경우 치명적인 방사능 오염에 대한 불안과 공포를 다루어야 한다는 점에서 특이하다. 세계적으로 3차례의 대형 원전 사고가 발생함으로써 다른 사고 피해와는 동일 기준에서 비교할 수 없는 성격이라는 것을 실감했다. 국경을 넘어 장기간에 걸쳐 피해를 입고 그 피해가 대물림되어 유전자 변형으로 나타날 수 있다는 사실로 인한 심리적 공포를 해소하는 작업은 오랜 시간이 걸리는 일이다.

에너지원별 전주기 평가에 의한 데이터 분석

원전 찬반 논의를 하다 보면, 결국 전체 에너지 믹스에 대한 논의로 번지게 된다. 다른 전력 발전원과의 비교를 통해서 원자력의 비중을 정하는 것이 합리적이기 때문이다. 따라서 최근에 각광을 받고 있는 재생 에너지를 비롯하여 다양한 에너지원의 자원 확보 가능성, 경제성, 기술력, 사회적 인프라, 에너지 자원의 지속 가능성 등을 포함하여 에너지 채굴 단계로부터 폐기까지의 전 생애주기에 걸친 평가(Life Cycle Assessment)를 시행할 필요가 있다. 그 결과를 놓고 원자력과 다른 에너지원의 비중을 설정하는 것이 설득력을 높일 수 있을 것이다.

후쿠시마 원전 사고 이후 원전의 해체, 보상, 사용후핵연료 처리에 드는 비용 등을 고려하면 원자력이 다른 에너지원에 비하여 경제성이 떨어진다는 주장이 반핵 단체를 중심으로 강조되고 있다. 따라서 경제성에 대한 심층 검토에 의하여 근거 자료가 나와야 한다.

수용자 중심의 커뮤니케이션

신뢰할 수 있는 원자력 홍보 캠페인이 되기 위해서는 국민과 지역주민
이 원하는 정보가 무엇인지를 알아야 한다. 대중은 기술적 안전성보다는
원전 운영에 대해서 불신하고 있다. 따라서 원전 운영의 안전문화에 대
한 우려를 불식하는 것이 중요하다. 언론, 방송, 반핵 입장의 도서와 이
벤트 등을 통해서 전파되고 있는 원자력에 대한 불인 요인이 무엇인기를
파악하고, 각각에 맞는 대국민 홍보 캠페인을 할 필요가 있다.

원자력 홍보에서 가장 핵심적인 요건은 해당 지역주민과의 소통에서
원칙과 절차를 믿을 만하게 갖추는 일이다. 지역주민은 다양한 계층으로
구성되고, 이해관계 또한 차이가 난다. 따라서 이러한 성격을 파악하여
주민의 다양한 요구를 이해하고 대처 방안을 찾아내야 한다. 후쿠시마
사고를 계기로 고리 원전 주변의 주민도 범위가 확대되어 새로운 이해당
사자로 등장했다는 점도 주목할 만하다. 당초 발전소 주변 지역 반경 5
킬로미터에서 지원을 받고 있는 주민의 요구와 원거리의 주민의 요구가
어떻게 다른가를 파악하는 일도 추가되고 있다.

그리고 지역사회를 정책결정 과정에 실질적으로 참여하게 함으로써
동반자로 인정하는 자세가 상대방에게 느껴지도록 해야 한다. 스웨덴의
사례에서 보듯이, 장기적으로 투명하고 참여적인 커뮤니케이션에 주력
하는 것이, 원자력에 대한 신뢰를 얻을 수 있게 하며 사회적 자본의 기능
을 할 수 있다는 분석이다.

사례연구 : 「체르노빌 사고 10주년 : 유럽 5개국에서의 대중의 위험인식에 관한 대중매체의 영향」

해외 연구사례[39])로서 1996년 유럽연합 집행위원회(European Commission, EC)에 제출된 「체르노빌 사고 10주년 : 유럽 5개국에서의 대중의 위험인식에 관한 대중매체의 영향」을 중심으로 원자력 홍보에 미치는 영향을 살피고 시사점을 찾아보자. 이 연구는 약 8주(1996. 3. 29-5. 23)에 걸쳐 유럽의 프랑스, 노르웨이, 영국, 스웨덴, 스페인의 5개국을 대상으로 원자력 관련 언론보도와 설문조사 결과 사이의 관계를 비교한 것으로 그 결과가 흥미롭다. 언론보도의 샘플링 기간은 체르노빌 원전 사고 이후 10주년이 되는 1996년 4월 28일을 기점으로 했다. 사고 이후 유럽 각국의 미디어의 원자력 관련 보도량이 크게 증가함에 따라서 대중의 원자력에 대한 인식이 어떻게 변화하는가를 분석한 것이다.

일반적으로 홍보이론의 위험의 사회적 증폭(Social Amplification of Risk) 모델에서는 위험에 대한 인식이 미디어의 보도 태도에 따라서 증폭되거나 감소되는 것으로 가정한다. 그러나 이 연구는 그런 전제를 깨고 있다. 즉 이러한 일반적 가정이 체르노빌 사고의 경우 실제로는 맞지 않았다는 결론을 내고 있다. 이는 위험의 사회적 증폭 모델에 상당한 한계가 있다는 것을 보여주는 결과로 볼 수 있다.

이 연구에서도 5개국의 여러 가지 여건에 따라서 원자력 보도에서도 차이가 났다. 영국의 경우 때마침 광우병이 사회적 이슈가 되고 있었기 때문에 미디어는 상대적으로 체르노빌 원전 사고와 원자력에 관한 기사를 적게 내보내고 있었다. 프랑스에서는 광우병 기사의 비율이 원자력

---

39) Lynn J. Frewer, Gene Rowe and Lennart Sjoberg, "The 10th Anniversary of the Chernobyl Accident : The impact of media reporting of risk on public risk perception in five European countries", 1996

기사에 비해서 조금 높게 나타났고, 스웨덴, 스페인, 노르웨이에서는 두 가지 주제에 대해서 비슷한 수준으로 기사를 다루고 있었다. 스웨덴의 미디어는 특히 체르노빌 원전 사고를 충격적인 비주얼과 함께 다룬 기사가 많은 것이 특징이었다. 홍보에 관한 위험의 사회적 증폭 모델에 의하면, 스웨덴에서는 조사 기간 동안 원자력의 위험에 대한 대중의 인식이 높아지리라고 예상되었다. 그러나 실제 연구조사에서는 이와 같은 변화가 나타나지 않았다.

설문문항 가운데 정부를 신뢰하느냐는 질문에 대한 응답이 흥미롭다. 영국은 5개 국가 중에서 정부신뢰 항목에서 가장 낮은 신뢰도를 보였다. 프랑스와 스페인은 중간이었고, 스웨덴과 노르웨이에서는 정부신뢰가 높게 나타났다. 원자력과 관련된 이슈에서 정부가 시민을 보호할 수 있는 능력에 대한 신뢰도에 대한 응답 역시 스웨덴과 노르웨이에서 높았다는 것이 특이할 만하다.

원자력에 관한 텔레비전과 신문의 보도 성향에 대한 결과도 주목을 끈다. 영국, 노르웨이, 스웨덴을 대상으로 비교한 결과, 모든 경우에 텔레비전이 신문에 비해서 원자력의 위험을 강조하는 경향이고, 원자력에 대한 자세한 정보는 주지 않는 것으로 분석되었다. 이러한 결과는 두 가지 매체의 성격의 차이에도 관련되는 것으로 해석된다. 또한 흥미로운 것은 여성의 경우 원자력뿐만이 아니라 흡연, 광우병, 대기오염, 화학 폐기물 등의 기술위험에 대해서도 정책적 대응의 수준을 높여야 한다고 답변한 것이 주목할 만하다.[40]

체르노빌 원전 사고 10주년을 맞아 유럽 5개국의 언론보도와 대중의

---

40) 구체적 수치는 L. Sjoberg, B. Jansson, J. Brenot, L. Frewer, A. Prades, and J. Reitan, RISKPERCOM project, Cross-cultural survey of Risks, Report to European Commission, 1998에 보고되어 있으나 이 보고서는 비공개 자료이다.

인식 사이의 연관성을 분석한 결과는 여러모로 시사적이고 새로운 관점을 부여하고 있다. 기술위험에 대한 대중의 인식에서 언론의 영향이 그동안 널리 받아들여진 것처럼 직접적이고 강력하지는 않다는 결론을 내고 있기 때문이다. 이러한 결과에 대해 대중이 완전히 새롭게 나타난 기술위험을 자신과 관계있는 위험으로 이해하게 되는 단계에서는 언론의 보도가 중요한 영향을 미칠 수 있으나, 원자력과 같이 이미 위험한 것으로 받아들여지고 있는 경우에는 대중의 인식이 언론의 보도 태도와 보도 분량에 의해서 크게 좌우되지 않을 수 있다고 분석된다.

유럽 5개국을 대상으로 언론보도와 사회적 여론의 통계적 분석을 살핀 결과 "위험이 미디어 보도의 증가를 통해서 사회적으로 증폭된다는 주장을 뒷받침할 실질적 증거가 없다"는 결론을 내리고 있다. 이 보고서는 몇몇 편향된 언론의 원전 위험 관련기사가 사회적으로 미치는 영향보다는 장기간 역사적으로 형성된 대중의 정부에 대한 신뢰가 대중의 위험 인식에 더욱 큰 영향을 미치고 있다는 점을 부각시키고 있다. 다시 말해서 정부의 신뢰가 국민의 기술위험 인식에 미치는 영향이 더욱 크므로, 정부는 이 점을 심각하게 인식할 필요가 있다고 주장한다.[41]

5. 원자력 PR의 패러다임 전환

정보 공개 방식과 절차 개선

후쿠시마 원전 비상사태가 원전의 사회적 수용성에 결정적인 영향을 미치는 시점에서, 원자력 홍보는 어떻게 해야 할 것인가? 주목해야 할

---

41) Lynn J. Frewer, Gene Rowe and Lennart Sjoberg, The 10th Anniversary of the Chernobyl Accident: The impact of media reporting of risk on public risk perceptions in five European countries, Report to the European Commissions, 1996

것은, 대중의 의견이나 정치적 지지도는 지역적 특성이 강하다는 점이다. BBC 설문조사에 따르면, 한 국가 내에서도 지역별 차이가 뚜렷이 나타난다. 그런데 그 경향성이 흥미롭다.

예를 들면 반핵 정서가 뚜렷한 아르헨티나, 브라질에서도 원자력 시설이 위치한 지역에서는 지지도가 높게 나타난다. 왜 그럴까. 그 원인은 단순히 원전 시설이 입지한 지역이 고용 창출 등 경제적 혜택을 본다는 데에 기인하는 것이 아니라는 해석이다. 오히려 지역주민에게 일상생활의 일부로 수용됨으로써 형성된 원자력 기술과 원선에 대한 친숙성 때문이라고 풀이되고 있다.

그동안 원자력계는 사회적 저항과 수용성 논란에 휩싸이면서 상당한 변신을 꾀하고 있었다. 특히 '이해당사자의 참여'와 '기업의 사회적 책임' 등의 원칙에 바탕하여 변화하는 모습을 보이기 위하여 노력하는 흔적이 보인다. '숨길 것이 없다'는 태도를 바탕으로 충분한 정보를 전달받은 대중의 경우 지지도가 오히려 더 높아진다고 하는 인식 변화도 있는 듯하다.

국가적으로나 지역적으로나 국제적으로나 원자력 기구의 접근 방식도 정확한 정보 전달을 통해서 수용성을 높이는 쪽으로 전환되고 있다. 예를 들면 우라늄기구(Uranium Institute)는 2001년에 세계원자력협회(WNA)로 개편되어 웹 기반의 공공정보망을 구축하는 노력을 기울였다. 그런 시도의 연장으로 2007년에는 무료 일간지 서비스인 세계원자력뉴스(*World Nuclear News*)를 신설하는 등의 변화도 있었다.

기술위험 산업의 PR : 정보 공개 위주 커뮤니케이션의 한계

그러나 원자력 커뮤니케이션에서 '사실'을 전달하는 것만으로는 소기의 성과를 거두기 어렵다. 세계적으로 원자력의 찬반 논쟁은 원자력에 관한 지식만으로 마무리 지을 수 있는 성격이 아니기 때문이다. 1950년대 시작된 상업적 원자력 발전은 당초부터 사회적 수용성이 낮은 상태에서 출발했다. 다시 말해서 역사적으로 '원자력'은 '원자력 발전'보다 '핵전쟁, 핵폭탄, 핵폭발' 등과 연상되어 이미지가 형성된 측면이 크다는 것이다.

원전에 대한 이미지는 원자력계의 특성과 조직문화에도 연관된다. 원자력의 평화적 이용의 시초부터 원자력계의 폐쇄성과 특수성은 불신을 쌓는 원인이 되었고, 이후로도 본질적으로 달라지지 않았다. 초기의 원자력의 실용화에서 핵무기 관련 개발로부터 비롯된 특수한 성격상 관련 정보의 기밀화는 불가피한 부분도 있었으나, 현재까지도 원자력계에 대해서는 원자력 패밀리나 원자력 마피아라는 용어가 익숙할 정도로 폐쇄적 이미지와 연결되어 있다.

예로부터 반핵 운동은 원자력 지식에 바탕을 두는 차원에서 나아가 이상적인 세계관을 강조하고 권위주의에 대항하고 사회적, 세대적 불평등을 문제 삼는 가치관적 성격을 띠고 있고, 물질문명에서의 기술 도입과 그에 따르는 부작용에 주목하여 원자력을 대표적 상징 분야로 보고 있기 때문이다. 예를 들어 제2차 세계대전 이후 독일의 비약적 경제성장과 기술발전에도 불구하고, 독일은 원자력의 이용에 꾸준히 반대하는 대표적 국가로 자리 잡고 있다. 물론 이는 정치적 배경이 결정적으로 작용한 결과이기도 하다. 또한 여론을 변화시키는 과정은 매우 복합적이고 단순치 않다. 원자력 발전소의 안전성을 강조하는 통계적인 데이터보다는 그 논거를 대표하는 사람이나 주체에 대한 신뢰가 더 중요한 판단 기준이 되기 때문이다.

전문가에 대한 신뢰

기술위험에서 기술 자체, 그리고 관련 전문가에 대한 신뢰의 이슈는 갈수록 더 중요하게 부각되고 있다. 그 어느 때보다도 전문가의 권위에 대한 신뢰가 무너지면서 사회 갈등이 커지고 있기 때문이다. 특히 원자력 기술과 통제기관에 대해 사람들은 더 높은 신뢰를 요구하고 기대한다. 기술위험이 가장 큰 원자력 분야에서 그 안전성을 눈으로 보고 확신할 수 없는 터에 계속 고장 사고와 비리 사건이 보고되고 있기 때문이다. 신뢰에 대한 요구가 높을수록 상대적으로 불안이 커진다는 사실에 유의할 필요가 있다.

특히 원자력 사고가 발생한 경우에는 원자력계 인사의 발언은 영향력이 없다. 이 경우 특히 제3자적인 입장의 전문가의 지지가 매우 중요하다. 그러나 이 경우 원자력 홍보주체가 될 만한 전문가나 기관을 구하는 것은 쉽지가 않다. 외국의 경우를 살피면, 원자력을 옹호하는 환경론자가 대중에게 가장 큰 영향력을 행사할 수 있다고 보고 있으나, 그런 인사를 찾기가 매우 힘들다는 점이 한계라는 지적이다.

수용자 중심의 소통

원전 관련 정보의 질도 홍보활동에서 중요하나, 양질의 정보를 구하는 일도 쉽지 않다. 대체로 사람들은 어떤 이슈에 대해서건 과다한 정보를 원하지 않고 잘 수용하지 않는다. 모두 일상 속에서 나름대로의 고충을 겪고 있으므로, 특별히 관련되지 않는 한 에너지 정책이 어떠해야 하는지, 원자력 정책이 어떠해야 하는지에 관심을 가지려고 하지 않는다.

보통 에너지 위기상황에 직면하게 되는 경우에는 근시안적인 대안을 중심으로 논의하는 것이 특징이다. 환경단체는 다른 어느 부문보다도 에너지 정책의 중요성을 강조하고 있으나, 일반 국민은 원전의 필요성을 인식하여 정부에 정책적 보완을 요구하는 일을 거의 하지 않는다.

일반 대중은 에너지를 물처럼 항상 주어지는 공공재로 인식하고 있다.

그리하여 에너지의 공급은 자신이 걱정하지 않아도 되는 영역으로 받아들인다. 최근에는 기후변화와 기상이변으로 인해서 에너지의 이용이 환경과 삶의 질에 미치는 영향에 대해서 관심을 가지게 되고 우려하고 있으나, 그렇다고 일반인의 에너지 정책에 대한 참여가 달라진 것은 별로 없다.

그렇다면 원자력 홍보와 커뮤니케이션에서 어떻게 사람들에게 다가갈 것인가? 당면 과제를 풀어가는 일에서 홍보가 어떠해야 하는가가 홍보 기관의 시급한 과제가 된다. 기존의 홍보활동의 한계를 극복하지 않고서는 원전 산업의 지속 가능성을 확보할 수가 없기 때문이다. 그리고 공학적 사실 전달에 기반을 둔 홍보전략에서 어떻게 진일보한 홍보방식으로 전환할 것인가도 어려운 과제이다.[42]

원자력이 우리의 에너지 현실에서 불가피한 선택이고, 해당 지역의 산업 기반에 기여할 수 있다는 점을 인식시키는 것만으로는 효과를 거두기 어렵다. 다른 산업과는 그 성격이 다르다는 것을 사람들이 알고 있기 때문이다. 예를 들어 텔레비전을 보더라도 원자력 산업은 자동차 공장이나 식품 공장처럼 사람들과 함께 어울리는 배경으로 등장하지 않는다.

미국의 인기 만화영화 「심슨 가족」에서처럼 책, 드라마, 영화 등에서 원자력은 극적인 이슈를 부각시키면서 다루어지는 것이 통상적이다. 이런 성격 때문에 가치관적 측면에서 반핵 진영으로부터 공격을 당한다.

선진국의 정책 성과 : 경제적 보상, 국민적 자긍심, 교육

그렇다면, 세계적으로 원전 선진국은 어떤 정책적 노력을 기울여서 어떤 성과를 거두었는가. 선진국은 원자력 발전소, 핵폐기물 처리장 등

---

42) S. Kidd, World Nuclear Association "Public acceptance-do we need a new approach?", Nuclear Engineering International, April, 2012

원자력 관련시설의 위치 선정을 둘러싼 갈등을 해소하기 위해서 크게 3가지 정책을 강화한 것으로 나타난다.

첫째, 일본 정부가 집중적으로 추진한 것으로 원전 관련시설 지역주민에게 경제적 보상을 강화하는 방안이다. 둘째, 프랑스 정부의 경우에는 원자력에 관한 긍정적 이미지를 홍보하는 정책을 집중적으로 시행했고 일정 부분 성과를 거두었다. 특히 프랑스는 제2차 세계대전 이후 과학기술 경쟁력 강화를 기치로 원자력 산업을 선정했고, 원자력은 단순히 값싼 에너지원이 아니라 현대적 과학기술의 꽃이라는 이미지를 부각시키고 국민적 자부심과 연결시킨 것으로 평가된다.[43] 셋째, 원자력의 안전성에 대한 교육을 강화한 정책을 들 수 있다. 그러나 이 경우 단기적 효과를 기대하기 어려운 장기적 방안이고, 따라서 원자력 사고 이후에는 새로운 접근이 필요하다는 결론이 된다.

기술위험 관리 모델 : 지식결핍 모델과 맥락 관리 모델

기술위험 관리에서 잠재적 위험 가능성이 있는 시설을 둘러싼 사회적 갈등을 해결하는 이론적 모델은 크게 두 가지로 볼 수 있다. 첫째는 대중의 지식결핍을 해소하는 데에 집중하는 지식결핍(knowledge-deficit) 모델이다. 원자력 안전성 교육을 강화하는 것은 대표적인 지식결핍 모델에 기반한 갈등 관리 방식이다. 둘째는 갈등이 일어나는 사회적 맥락을 이해하는 데에 집중하는 맥락 관리 모델이다. 경제적 보상과 긍정적 이미지 홍보 선략이 이에 해당한다고 볼 수 있다.

지식결핍 모델을 바탕으로 하는 갈등 관리는 기본적으로 위험의 확률이 낮다는 과학적 사실을 대중에게 설명하는 데에 초점을 맞춘다. 그리

---

43) The Radiance of France: Nuclear Power and National Identity after World War II, 2009

하여 과학적 소양을 높이는 데에 치중한다. 우리나라의 원자력 관련 갈등 관리는 지식결핍 해소 측면의 노력으로 볼 수 있다. 2005년 국제원자력기구에 제출된 보고서에 의하면, 원자력이 안전하므로 원전을 증축해야 한다고 생각하는 사람의 비율은 18개 조사 대상국 전체에서 26퍼센트에 불과했다. 그러나 특이하게 한국에서만 과반이 넘는 52퍼센트인 것으로 나타났다.

원자력이 위험하므로 원전을 폐쇄해야 한다는 응답자의 비율 역시 한국에서 12퍼센트로 가장 낮았다. 이는 조사 대상 18개국의 평균 원전 폐쇄 찬성률인 25퍼센트에 비해서 현저히 낮은 결과이다. 한국 다음으로 폐쇄 의견이 낮은 국가인 일본(15퍼센트)과 프랑스(16퍼센트)와도 차이가 상당히 벌어지는 것으로 나타났다.[44] 즉 우리나라는 다른 나라에 비해서 원전의 안전성을 이해하는 사람의 비율이 높다. 그럼에도 불구하고 그 수치에 상관없이 원전을 둘러싼 사회적 갈등은 심각한 수준이다.

이는 찬핵 쪽에서 원자력을 반대하는 이유가 정보와 지식의 부족이나 감성적 선동에 있다고 보는 경향이 있기 때문이다. 결국 원전 반대의 근거가 합리적이지 않다고 보는 것이다. 이에 대한 진단은 어떤가. 커뮤니케이션의 상대방을 교육시켜야 할 대상으로 보는 잘못된 관점이므로 극복해야 한다는 것이다. 따라서 그 대안은 유능한 전문가들이 위험 커뮤니케이션을 잘해서 원자력에 대해서 잘 설명하고 미디어와 좋은 관계를 형성하는 등 갈등을 해소해야 한다고 보았던 것이다. 그러나 관련 분야의 지식이 많고 정보가 많을수록 반드시 기술위험을 잘 받아들인다는 결과가 나온 것은 아니었다.

---

44) Global Public Opinion on Nuclear Issues and the IAEA, Final Report from 18 countries, prepared for the International Atomic Energy Agency by Globescan Incorporated, October 2005, p.1

지금까지의 커뮤니케이션 전략이 지식결핍 해소에 치중하는 갈등 관리에 초점을 맞춘 것이었다고 한다면, 여기서 벗어나서 새로운 사회적 맥락 관리에 초점을 맞출 필요가 있다. 1990년대 이후로 과학기술학(Science Technology Studies) 연구에서는 지식결핍 모델이 가지는 갈등 관리 수단으로서의 한계가 주목을 받았다. 원자력 사업의 비자발적이고 불균형적인 상황 속에서 위험관리와 홍보를 맡은 기관을 신뢰할 수 없다는 것이 문제점으로 지적되고 있었다.

따라서 비록 확률적으로는 매우 낮다고 할지라도 원자력의 잠재적 기술위험을 기꺼이 감수하려고 하지 않는다는 사실에 어떻게 대처할 것인가가 주요 과제로 떠오른 것이다. 우선 스스로가 위험을 선택했다는 인식을 해야 하고, 위험 관리기관에 대한 신뢰가 바탕이 되어야 한다는 것이다. 그러나 이 두 가지 인식은 기술위험 자체에 대한 정량적 평가에 의해서 결정되는 것이 아니라는 것이 문제이다. 즉 위험을 떠맡는 사람이 어떤 사회적 맥락에 처해 있는가에 관련되는 정성적 평가의 결과와 관련된다는 것이다.

그렇다면 과연 대중은 어떤 경우에 이 두 가지 인식을 가지게 되는가. 그 조건은 사회적 맥락 관리에서 답을 찾아야 한다는 것이다. 대중이 스스로 위험을 선택했다는 인식을 가지는 경우를 고려하면, 경제적 보상 정책을 강조하는 일본형 접근과 원자력의 긍정적 이미지 구축을 강조하는 프랑스형 접근의 두 가지로 요약할 수 있다. 일본형 정책은 경제적 보상을 위해서 위험을 감수하는 임비(YIMBY : Yes, in my back yard) 현상으로 해석된다. 그에 비해서 프랑스형 정책은 값싼 에너지원으로서의 경제적 강점과 더불어 원자력이 포함되는 에너지 믹스가 경제성장과 안락함을 위해서 잠재적 위험을 감수하면서 그에 대한 사회적 비용을 지불하는 것으로 설명할 수 있다.

원자력 규제기관에 대한 신뢰의 조건

그렇다면 대중이 원자력의 위험을 관리하는 기관을 신뢰할 수 있다는 인식을 가지게 되는 조건은 무엇인가. 첫째, 투명하게 객관적인 정보 공개가 이루어지는 경우 국민은 원자력 관리기관을 신뢰하는 경향을 보인다. 둘째, 안전관리와 규제기관이 조직적 독립성을 갖출 때 신뢰를 얻을 수 있다. 그 반대로 규제기관이 진흥기관이나 산업체의 영향을 받는다고 보는 경우 신뢰 확보는 가능하지 않다는 뜻이다. 셋째, 안전 관리기관이 근접성과 친근감을 바탕으로 할 때 지역사회의 신뢰를 얻을 수 있다. 그 반대로 위험관리의 책임을 맡은 기관이 지역사회와 융화되지 못하거나, 지역사회와의 협상에서 절대적인 강자로 인식되는 경우에는 대중의 신뢰를 얻을 수 없다는 것이 결론이다.

이런 관점에서 영국 의회는 관련 위원회(Science and Technology Committee, STC)를 구성하여 원자력 위험 관리기관의 신뢰를 높이는 조치를 취했다. 이 위원회가 2012년에 발간한 보고서에서는 원자력 규제기관이 신뢰를 얻기 위해서는 정부로부터 독립적이고 공정한 정보 제공의 임무를 수행해야 한다고 강조하고 있다. 그중에서도 3가지 역할을 강조하여, 인지된 위험관리, 리스크 커뮤니케이션, 대중 참여 확대를 핵심요소로 규정했다.

특히 규제기관이 독립성을 가지고 진정한 신뢰 구축과 효과적인 커뮤니케이션, 투명성 증진을 위해서 과학적 위험(Scientific Risk)뿐만 아니라 인지된 위험(Perceived Risk)에 대해서 이해해야 한다고 강조한 것이 주목된다. 이는 기존 에너지 정책을 과학적 근거에만 의존하여 추진한 결과 시행착오를 빚었고, 그로 인해서 정부가 대중으로부터 공정한 정보 제공자로서 신뢰를 획득하는 데에 어려움이 있었다는 반성에 바탕을 둔 것이다.

또한 리스크 커뮤니케이션은 '과학적 사실에 대한 정보'를 제공하는 것에 그치지 않고, 사람들의 감정적 두려움 요소(Fright Factor)를 인정하여 그것을 해소할 수 있는 방향으로 진행되어야 한다는 점을 명시했다. 그리고 전력회사나 지자체 주도로 지역주민의 참여를 확대하는 것이 중요하고, 이를 위해서 적절한 포맷과 언어로 리스크 정보를 설명해야 한다는 점을 강조하고 있다. 이를 반영하여 지역주민을 위한 리스크 커뮤니케이션 가이드라인을 작성하고, 협상 과정에 지역사회가 주도적으로 참여할 수 있도록 해야 한다는 것을 강조했다. 영국은 이러한 연구 결과를 바탕으로 원자력 홍보원칙을 재설정하고, 실제로 STC를 중심으로 개선책을 시행하고 있다.

우리나라 원자력 갈등 관리의 한계

우리나라의 원자력 갈등 관리는 사회적 맥락 관리 측면에서 한계점에 직면하고 있다는 분석이다. 과거 우리의 사회적 맥락 관리 형태는 두 가지로 요약할 수 있다. 지역주민의 반발에 대해서 경제적인 보상으로 대응한 것이 그 하나이다. 그와 동시에 일반 국민을 대상으로 값싼 에너지원인 원자력이 경제발전을 위해서 반드시 필요하다는 이미지를 심는 데에 주력했다. 이런 전략은 오랜 기간 동안 상당히 성과를 거둔 것으로 보인다. 그 방식에 의해서 사회경제적으로 낙후되고 고립된 지역에 원전을 건설하는 방향으로 정책이 지속되었다.

그러나 "값싼 원자력과 함께하는 경제빌진"이라는 미래상을 강조하는 동안, 원전 주변 지역에서 느끼는 원전 사고의 잠재적 위험성에는 상대적으로 무관심했다. 원전 입지로 인한 땅값 변동, 지역 특산물에 미치는 영향 등에 관해서도 거의 비용을 지불하지 않은 셈이다. 그 한편에서 원전 주변 지역주민으로서는 자발적으로 선택하지 않고 규제기관에 대한 신뢰도 낮은 상황에서 낙후된 지역의 발전을 위해서 경제적 보상을 받는다고 인식하고 있었다. 이렇듯 일반 국민과 원전 주변 지역주민 사이의 인지적 격차는 상당 기간 동안 원전 관련 갈등이 조정되는 과정에서 일정 부분 역할을 해왔다.

그러나 1990년대 방폐장 건설부지 선정을 둘러싼 반핵 운동이 본격화된 이후 상황은 달라지기 시작했다. 후쿠시마 원전 사고 이후에는 기존의 방식으로 사회적인 맥락 관리를 하기 어려운 상태로 바뀌고 있다. 예를 들어 원전 시설 반경 20-30킬로미터 이내의 주민도 자신을 "일반인"이 아니라 "발전소 주변인"이라고 보고 기술위험을 인식하게 된 것이다. 그러나 우리나라 실정에서 이것이 현실적으로 가능한가가 문제이다. 예를 들어 2010년 기준 50만 명에 달하는[45] 해운대구의 주민에게 경제적 보상을 하는 것은 실현성이 거의 없기 때문이다.

원자력이 만드는 미래상을 설득력 있게 제시하는 프랑스형 맥락 관리도 우리나라에 적용하기는 쉽지 않다. 값싼 원자력이라는 기존의 기치는 사고 비용 처리와 사용후핵연료 관리와 처리 등의 이슈가 정책과제로 대두되면서 설득력을 잃어가고 있기 때문이다. 또한 시간 차원을 넓혀서 보면, '원자력은 지금 싸게 이용하고 후대에 관리비용을 떠넘기게 만드는 에너지'라는 인식을 가진 사람들이 늘어나고 있는 실정에서 이들에게 호소력이 떨어지고 있기 때문이다.

또 다른 요인으로서 기후변화 논의는 원자력과 밀접한 관계가 있다. 최근 후쿠시마 사고 이전까지는 원자력 르네상스를 전망하던 배경으로 기후변화에 대응하기 위해서 온실가스 배출에서 유리한 원자력 산업을 확대하고 있었다. 그러나 세계적인 경기침체로 인해서 온실가스 감축을

---

45) 해운대 구청 홈페이지 자료(424,862명)

강화하는 기후체제(climate regime)의 타결이 정체 상태에 빠진 가운데 후쿠시마 사고가 터짐으로써, 원자력 산업은 체르노빌 이후와 비슷한 양상으로 침체를 우려하는 상황으로 급반전되었다.

그러나 다른 한편으로 기후변화의 충격에서 벗어나기 위해서는 원자력에 의한 에너지 고소비형 사회를 탈피해야 한다는 주장이 탈원전의 논리로 등장하고 있다. 21세기 지속 가능한 발전을 위해서는 에너지 저소비형의 경제사회 체제로 전환해야 한다는 논리가 특히 후쿠시마 원전 사고 이후 반핵 운동의 대안으로 주목을 받고 있는 상황이다.

이처럼 원자력 찬반의 논리가 상당히 복합적인 양상을 띠면서 전개되고 있어, 사회적 맥락 관리에서도 이들 요인을 복합적으로 다룰 필요가 있다. 선진국의 에너지 소비는 경기침체와 맞물려 기존의 증가세가 둔화되는 양상을 보이고 있다. 독일이 탈원전을 선언하게 된 배경으로는 재생 에너지의 확대 이외에 전력 수요가 둔화되고 있는 추세와도 연관된다. 또한 원자력은 정치적 요인에 의해서 크게 영향을 받는 측면이 있다. 예를 들어 2012년 프랑스의 대선에서 원전 의존도를 50퍼센트 낮추겠다는 사회당의 프랑수아 올랑드 대통령이 선출된 것도 기존 원전 정책의 전환 가능성을 시사한 측면이 있다. 그러나 프랑스가 실제로 원전 비중을 그처럼 낮출 것인가에 대해서는 국내외로 회의적인 시각이 우세하다. 유럽의 경우 일부 국가에서의 녹색당의 부상이 원전 정책에 정치적으로 상당한 영향을 미친 것이 사실이다. 우리나라의 경우 야당의 원전 정책기조는 원전을 억세하고 에너지 저소비형 산업과 사회로 전환해야 한다는 것이다.

후쿠시마 사고 이후 원자력에 대한 지역사회의 수용성을 높이기 위해서는 새로운 사회적 맥락 관리 모델이 필요하다는 것을 원자력계가 인식하고 모델 개발에 나서야 할 것이다. 그동안은 프랑스형 맥락 관리와 안전규제 시스템 개선에 집중하는 경향이었으나, 잠재적 위험기술의 수용성에 대한 설득력을 높일 필요가 있다. 이를 위해서 관련사례에 관하여 사회과학적으로 검토하고, 투명하고 포용적인 안전규제 시스템에 대해서도 정책학적으로 논의하는 융합적 접근이 필요하다. 이를 위한 논의에서는 다양한 전문가 그룹 사이의 견해를 조율할 수 있는 신뢰할 만한 중재자(facilitator)의 역할이 중요하다.

6. 원자력 소통의 실행 원칙

전문가와 일반인의 인식 격차 해소

원자력에 대한 사회적 수용성은 원전에 대한 사회적 인식에 의해서 영향을 받게 마련이다. 설문조사 결과에 의하면, 전문가 그룹과 일반 대중 사이에서 원자력 인식에 큰 차이가 있는 것으로 나타나고 있다. 이러한 인식 차이의 원인으로는 원자력의 잠재적 위험요인, 원자력의 강점과 혜택, 에너지 안보 상황, 에너지원 확보의 용이성 등에 대한 일반인의 지식과 정보가 전문가에 비해서 부족하고, 원자력의 대형 사고에 대한 역사적 기억은 살아 있기 때문으로 해석된다. 또한 반핵 운동과 일부 언론보도의 감성적 접근이 어느 정도 영향을 미치고 있고, 원전 운영에 대한 비리 사건들이 발생하고 있기 때문으로 풀이된다.

그렇다면 과학기술 전문가 그룹과 일반 대중 사이에 어떤 인식 차이가 있는 것일까. 이 두개의 집단은 서로 다른 문화적인 환경에 처해 있다. 원자력을 중심으로 전문가와 일반인이 만난다는 것은 원자력계의 조직문화와 보통 사람들의 일상적 문화가 만나는 것을 의미한다. 결국 원전을 둘러싼 사회 중심적 관점과 개인적 관점이 충돌하고 갈등하는 국면으로 들어가는 것이다. 각 분야 전문가들의 조직문화에서는 이론적, 기술적 근거가 '진실'의 지위를 가진다. 그러나 일상적 문화에서는 실제적인 행위에 적합한가의 실용적인 진리가 자리하고 있다. 따라서 서로 다른 합리성에 근거한 기준이 충돌하게 되는 것이다.

원자력계는 기술적인 위험을 다루는 능력을 가졌다고 자부하는 전문가 그룹이다. 그들은 행정적, 기술적인 통제 메커니즘과 중앙집중식의 기술 관리의 효용성을 신뢰한다. 일반인은 행정적인 기술 통제를 그리 신뢰하지 않고, 분권적인 대응을 선호한다. 여기에 근원적 불일치가 존재하므로, 그 극복이 과제가 된다.

일반인의 일상적 관점에서는 원전 기술이 자신에게 주는 기술의 장단점에 초점을 맞춘다. 반면 전문가는 원자력의 손익에 대해서 경제적, 기술적인 측면에서 평가한다. 일반인은 사회 전체적인 차원에서 포괄적으로 보는 반면 전문가는 비용 지불과 이용의 관점을 중시한다. 최근에는 그동안 계속 시행착오를 겪은 끝에 전문가적 관점에서 벗어나 일반인의 문화적 관점을 수용하려는 시도가 이루어지고 있다. 예를 들어 기술영향평가제도에서 신기술 도입에 대해서 일반인이 참여하여 관점을 넓히는 것이 그런 사례이다. 두 집단 사이의 관점과 방식의 차이를 좁혀 사회적 갈등 비용을 줄이자는 것이다.

언론매체의 영향

원자력 찬반의 양 진영과 일반 국민에게 정보를 매개하는 매체는 주로 간접적인 성격을 띠게 된다. 그에 따라 착오가 생긴다는 점도 고려할 필요가 있다. 특히 매스 미디어를 통해서 양쪽의 극단적인 관점이 강조되는 경우 논쟁이 심화될 수도 있다. 원전 사고가 일어나는 경우, 원자력에 대한 불안과 불확실성에 대한 우려는 증폭되고 불신도 가중되고 이때 언론의 보도도 센세이셔널리즘에 치우쳐 편향된 보도가 되기 쉽다.

그리고 원자력계나 정부는 사고의 위기상황에서 정확한 정보를 적시에 제공하지 못함으로써, 정보의 부재로 인한 왜곡과 과장으로 혼란이 가중되기도 한다. 정보를 제공한다고 하더라도 불신으로 인해서 기능을 하지 못하는 것이다. 최근 일본 후쿠시마 원전 사고 이후 각 부문의 대응이 빚어낸 사회적 현상의 결과가 바로 그런 사례였다. 그렇다고 매스미디어를 대체할 수 있는 소통 수단이 마땅치 않으므로 언론매체와의 관계를 정립하는 것 또한 원자력 커뮤니케이션의 주요 과제이다.

거버넌스 체제의 실현

기본적으로 원자력처럼 거대 복합기술의 잠재적 기술위험은 개인이 통제할 수 없다는 데서 사회적 쟁점으로 번지게 된다. 기술위험을 통제할 수 있는가 여부에 대한 인식의 차이가 완전히 상반되는 원자력 이미지를 가지게 하고, 그로 인해서 갈등이 발생한다. 이런 조건에서 개인이 할 수 있는 일은 사회적인 통제 기능에 의존하여 원자력 전문가, 정치인에게 위임하는 것이다. 결국 안전을 위협하는 기술임을 알면서도 사회적 공동체 의식에 의해서 이성적으로 승인하는 선택을 해야 하는 상황이 되는 것이다.

기술위험에 대한 개인적 통제 불능으로 인해서 잠재적 위협이 된다고 보는 개인의 관점에서는 원전은 안전을 위협하는 시스템으로 인식된다. 이것이 원자력 소통에서 극복해야 할 과제인 것이다. 개인으로서는 잠재적인 기술위험을 인지할 수 있는 수단도 가지고 있지 못하고, 원전에서 무슨 일이 일어나는지도 모르고, 그 시설의 운영에 관여할 수 없다고 생각한다. 때문에 불안을 제어하기 어렵다.

일반적으로 사회는 다양한 관점을 수용하고, 때로는 관점을 바꾸면서 발전을 거듭한다. 이러한 과정에서 기술위험 관련 직접적인 이해당사자는 그렇지 않은 경우에 비해서 개인중심적인 사고를 하게 된다. 한편 기술 개발과 통제에서 책임과 영향력을 지닌 정부나 사업자는 사회 중심적인 관점이 강하다는 특성을 지닌다. 그리고 그들은 일반인보다 기술을 도구로 보는 기술 중심의 관점을 가진다. 이러한 차이가 원자력에 대한 인식에서 충돌하고 있는 것이 오늘날의 원자력 논쟁이다.

이러한 두 가지 관점은 나름대로의 타당성과 근거를 가지고 있다. 그리고 서로 간에 견제 기능을 하고 있다. 이는 국가와 개인이라는 관계가 가시는 특성과도 닮아 있다. 개인은 공동체의 요구를 수용하고 이행해야 한다. 한편 공동체는 개인의 요구를 수용해야 한다. 기술위험을 사회 중심적인 관점에서만 보고 정당하다고 고집하면서 개인의 관점을 경시해서는 거버넌스 체제로 전환할 수가 없다. 국가는 개인적, 사회적인 관점을 동시에 충족시킬 수 있도록 합의를 추구할 수 있어야 한다. 그러나 이것은 어디까지나 이론적 논의이다. 실제로 현장에서 원자력 갈등에서 어떻게 사회적 협상을 성사시킬 수 있을까는 실질적인 이슈로서 이론적 접근과는 거리가 있을 수 있다.

원자력 발전에 대한 일반 국민의 이해와 지역주민의 지지를 얻기 위해서는 오랜 시간 신뢰를 쌓는 노력이 무엇보다도 중요하며 신뢰를 얻는 것이 '원자력 소통'의 목표와 성과가 되어야 한다. 구체적으로 성공적인 원자력 소통을 위해서는 이해당사자가 누구인가를 규정하고, 그 대상에 맞는 맞춤형의 소통이 진행되는 것이 바람직하다. 이해당사자가 규정되면 이들 각 대상에 대한 개별적인 접근을 통해서 이해당사자를 참여시키는 것이 핵심이다.

그리고 이미 결정된 정책사안에 대한 동의를 얻는 수준에서 벗어나야 한다. 이들 이해당사자들은 원칙적으로 원전 관련 의사결정 과정에 공동의 주체로서 실질적으로 참여할 수 있어야 한다. 최근 원자력 참여의 동향은 이처럼 이해당사자가 의사결정의 여러 단계에 개입하여, 정보 공유, 자문, 대화, 의사결정 등에 전면적으로 참여하는 방향으로 범위가 확대되고 있다. 이른바 거버넌스 과정의 도입인데, 정책결정자들이 이를 원전 운영정책의 수립과 실행에 중요한 과정으로 보는 발상의 전환이 필요하다. 그리고 사업자 측도 그처럼 인식의 전환이 이루어질 때 사회적 수용성과 신뢰 확보의 과제는 해결의 가닥을 잡을 수 있을 것이다.

커뮤니케이션 역량 강화

한국처럼 복합 갈등을 빚고 있는 상황에서 합의를 도출하며 공동주체로서 운영에 참여하는 것은 쉽지 않은 과제이고 결국 우리 사회의 협상 능력을 어떻게 키울 수 있는지가 관건이 될 것이다. 관련 주체의 커뮤니케이션의 능력을 높이는 것이 열쇠이다. 대화 상대를 교육이나 훈련의 파트너로 볼 것이 아니라, 협력 파트너로 보는 발상의 전환이 이루어져야 한다. 찬반 양측의 대화 분위기 조성조차 여의치 않은 상황을 타개하기 위해서는 우선 관련 주체가 경청할 줄 아는 능력을 갖추어야 한다. 그리고 커뮤니케이션에 일방적 목적을 설정해서도 안 된다. '억지로 수용시키려고 하면 그 무엇도 수용하려고 하지 않는다'는 위험 커뮤니케이션의 원칙에 유의할 필요가 있다.

커뮤니케이터의 자세는 우선 메시지를 분명히 하고, 명확한 설명을 통해 이해도를 높이고, 그것을 뒷받침하는 충실한 논거를 제공할 수 있어야 한다. 그런데 그 요건이 충족되고 있는가는 커뮤니케이션의 상대방이 결정하는 것이다. 이렇게 본다면 원자력 커뮤니케이션의 최우선의 능력은 위험 커뮤니케이션의 성격과 원칙을 이해하는 일이라고 할 수 있다.

원자력 소통의 패러다임 전환

이렇듯 원자력 소통의 원칙과 절차를 새롭게 세우기 위해서는 패러다임의 변화가 불가피하다. 첫째, 이해당사자 모두에게 같은 기준과 원칙이 적용되어서는 소기의 성과를 거두기 어렵다는 것을 인식해야 한다. 따라서 같은 원칙과 방식으로 소통해서는 같은 효과를 기대하기 어렵다. 대상별로 특성과 요구사항 등을 세심하게 파악하고, 그 결과를 분석하여 소통의 방식과 절차 등을 차별화하는 이른바 맞춤형 소통 방식과 전략이 나와야 한다.

원자력 시설 설비의 설계수명 만료에 따라 후속조치를 취해야 하는 경우에도 원자력 소통이 중요하다. 객관적 정보를 투명하게 제공하는 것은 기본이고, 소통의 활성화 방안을 정교화해야 한다. 국제원자력기구 웹사이트에는 원자력 관련 이해관계자 참여의 필요성, 당위성, 주요 권고 사항 등에 대한 자료가 온라인 사례 연구를 통해서 제공되어 있는데, 이것이 참고가 될 것이다.

원자력 소통에서는 메시지를 어떻게 선택할 것인가도 매우 중요하다. 국가 에너지 안보를 이해하도록 하는 작업도 소홀히 할 수 없다. 이에 관하여 실상을 정확히 이해하기 위해서는 단순히 원자력 정보에만 의존하는 것에는 한계가 있다. 국가 에너지 믹스 선택의 당위성과 타당성을 확보한 상태에서 모든 에너지원 이용에 따르는 강점과 약점을 검증한 결과를 기초로 원자력이 최적의 대안임을 입증해야 할 것이다. 그렇게 할 때 신뢰를 줄 수 있을 것이다. 선진국 사례를 보면 이러한 논의를 위한 대중과의 소통에서 그 주체는 국민의 신뢰를 받을 수 있는 기관과 인사들이 맡아야 효과가 있다는 것이 정설이다. 그리고 소통 면에서는 난해한 공학적 전문용어 대신 일반인이 이해할 수 있는 평이한 일상용어로 번역되어야 한다는 점이 강조되고 있다.

그렇다면 원자력 신뢰는 어떤가. 독일의 연구 결과에 따르면, 원자력의 타당성을 강조하는 전문적 견해는 정보원으로서 별로 신뢰를 받지 못한다는 분석이다. 경제적인 이해관계에 초점을 맞추었다는 의구심 때문이다. 반대로 원전에 반대하는 정보원에 대해서는 국민의 복지와 안녕을 염려하는 도덕적 가치라고 보아 신뢰한다는 것이다.

따라서 전문가 그룹이 일방적인 커뮤니케이션 방법에 의존하는 경우 불리한 상황이 된다. 이를 극복하기 위해서는 시민단체처럼 사회의 안녕과 국민복지를 위하여 문제 해결을 하고 있다는 이미지를 만들어내는 것이 중요하다는 지적이다. 커뮤니케이션 과정에 개입되는 원자력 찬성 측과 반대 측의 이러한 비대칭성에 대해서 그 배경을 이해하고, 그로부터 위험 커뮤니케이션의 정책과 전략을 수립하고 실행하는 방향으로 바꾸어야 한다는 것이다.

결국 원자력을 둘러싼 사회적 갈등은 단순히 정보 부족에 기인하는 것이 아니라 기술위험에 대한 시각 차이에 근거를 두고 있는 것이다. 따라서 원자력 커뮤니케이션은 그로 이한 사회적 갈등을 합의를 거쳐 사전 조정하고 해결하기 위한 적극적 수단이 되어야 한다. 그 과정에서 신뢰의 미흡으로 인해서 시스템이 작동되지 않고 혼란한 상황이 지속되고 있는 것은 시급히 해결해야 할 과제이다. 소통의 준비가 되어 있다는 메시지가 상호 간에 전달되고, 어떠한 채널과 메커니즘을 통해서 실현될 수 있는가에 대한 합의가 이루어져야 한다.

이처럼 어려운 과제인 원자력 소통에서 가장 핵심이 되는 것은 원자력 커뮤니티와 정책결정권자들이 일반 국민과 지역주민을 어떻게 보느냐는 질문과 연관된다. 이해당사자와 국민을 원자력 홍보의 대상으로만 보는 한, 양측의 동반자 관계는 성립되기 어렵다. 결국 비상시 또는 정상적 시기에도 이해관계자의 새로운 역할과 참여 방안의 중요성에 대해서 깨달아 이해관계자 간의 신뢰를 회복할 수 있어야 한다는 것이다.

원자력 소통에 의해서 일반 국민의 지지를 얻고 지역주민의 동의를 얻는 데에 지름길이 없다는 것이 선진국의 경험에서 얻어진 결론이다. 따라서 원자력 정책을 결정하기 위해서는 원자력 소통을 조속히 시작해서, 지속적이고 정확하고 진실한 정보를 전달하고 함께 결정을 내리기 위한 최선의 노력을 기울이는 것이 궁극적으로 긍정적인 반응을 얻는 길이 될 것이다.

그리고 원자력 논쟁에서 찬반 논거 사이에는 가치관에 바탕을 둔 본질적인 차이가 있음을 이해해야 한다. 이들 차이의 간격을 좁히기 위해서는 기술적 전문성 이외에 인문학, 사회학, 사회심리학, 심리학, 안전, 환경, 커뮤니케이션 등 모든 분야의 전문성에 기초하여 합의 도출에 필요한 요건에 대한 융합적 연구가 이루어져야 한다.

사회적 통합을 위한 소통의 중요성은 시대를 불문하고 중요했다. 그러나 21세기의 다원화되고 열린사회에서는 그 중요성이 그 어느 때보다도 커지고 있음에도 관련주체들의 인식이 전환되지 못하는 것이 걸림돌이다. 대화와 소통의 선구적 정치인으로서 링컨 대통령은 대표적이다. 그의 연설문은 오늘의 이 시점에서도 시사하는 바가 크다. 치열한 남북 전쟁의 후유증으로 사회가 극도의 혼란과 분열로 갈라져 있을 때, 1865년 그는 이렇게 말했다. 국정 운영에서 "민심과 사회적 여론이 모든 것을 결정한다. 이것(민심)이 뒷받침되는 한 절대로 실패할 수 없고, 이것이 뒷받침되지 않으면 절대로 성공할 수 없다. 결과적으로 민심을 얻는 것이 법을 제정하거나 정책을 발표하는 것보다 사람들의 마음속 깊이 파고 들어갈 수 있다." 오늘날 우리에게 여러모로 시사하는 바가 큰 명언이다.

제3장

후쿠시마 사고 전후
국가별, 시기별 원자력 여론 동향 분석

1. 글로벌 원자력 여론조사 결과 추이

2011년 3월 후쿠시마 원전 사고는 체르노빌의 악몽을 되살렸다. 세계적으로 원전의 안전성에 대한 불안과 불신을 촉발시켰고, 반핵 운동에 힘을 실어주었다. 1986년 체르노빌 사고가 보여주듯이, 원전 사고는 원자력에 대한 사회적 여론을 악화시키고 각국의 원전 정책에 제동을 걸게 된다. 그렇다면 후쿠시마 사고 이후 각국의 원자력 여론은 어떻게 움직이고 있으며 정책에는 어느 정도 영향을 미칠 것인가. 여기서는 시간 변화에 따라 각국의 여론조사 결과가 어떻게 나타나고 있는가를 살피고, 원자력 발전이라는 기술위험에 대한 여론이 어떤 요인에 의해서 어떻게 바뀌고 있는지를 살피고자 한다.

1) 2005년 국제원자력기구의 원자력 인식조사

국제원자력기구(IAEA)는 2005년 5월 18개국(아르헨티나, 호주, 카메룬, 캐나다, 프랑스, 독일, 영국, 헝가리, 인도, 인도네시아, 일본, 요르단, 멕시코, 모로코, 러시아, 사우디아라비아, 대한민국, 미국)을 대상으로 원자력에 대한 일반인의 인식을 조사했다. 여론조사 기관(GlobalScan)에 의뢰하여, 각국에서 1,000여 명을 대상으로 국제원자력기구의 인지도와 사찰의 영향, 원자력 이슈에 관련된 의견 등에 대해서 물었다.

그중 원자력 기술의 평화적 이용에 관한 질문에서 원자력의 의료기술 이용에 대한 반응이 가장 우호적이었고(39퍼센트), 그 다음으로 발전용도(26퍼센트)가 꼽혔다. 그 밖에 식품안전(5퍼센트), 소독(해충박멸)(5퍼센트), 식량생산 증대(4퍼센트)의 순이었다.

일반적으로 원자력 에너지의 평화적 이용에서 특히 건강 부문에 관해서는 찬성하는 것으로 나타났다. 국가별로는 멕시코, 독일, 캐나다, 호주, 아르헨티나에서 의료기술 이용에 대해서 압도적인 지지도를 보였다. 한편 한국, 러시아, 인도네시아의 경우에는 발전용도로서의 원자력 기술을 중시했다.

원자력에 대한 찬반 의견은 팽팽했다. 전체 응답자 중 34퍼센트는 원전 보유 국가가 현재 가동되고 있는 원전은 이용하되 새로운 원전은 건설하지 말아야 한다고 답했다. 28퍼센트는 원전은 안전한 전력원이므로 추가 건설도 좋다고 답했다. 한편 25퍼센트는 원전의 전면 폐지를 지지했다. 결과적으로 62퍼센트의 응답자는 기존의 원전 이용에 긍정적이었고, 59퍼센트는 새로운 원전의 건설을 반대하는 것으로 나타났다. 국가별 원자력 지지 여론을 살펴보면, 한국이 52퍼센트의 신규 원전 지지로 가장 높은 지지율을 보였다. 다음으로 미국, 호주, 캐나다에서 원전의 추가 건설에 대한 지지도가 높았다. 반면 모로코, 요르단, 사우디아라비아에서는 40퍼센트 정도가 원전 폐지를 지지했다.

기후변화에 대한 대응 방안으로서 원전의 효용을 강조하는 답변은 10명 중 1명 정도였다. 기후변화 측면에서 원자력의 강점을 설명한 뒤에 원전 확대에 대한 견해를 물은 결과, 47퍼센트가 원전 확대에 반대했고, 38퍼센트는 찬성했다. 18개 국가 중 한국, 인도네시아, 멕시코, 인도의 4개국에서는 원전 추가 건설을 찬성하는 것으로 나타났다. 특히 한국과

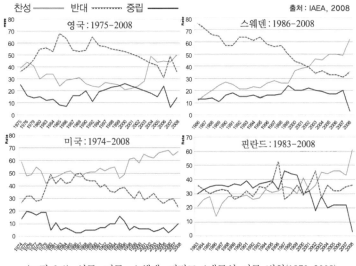

사회적 수용성, 영국, 스웨덴, 미국, 핀란드, 1970-1980년대-2008년

〈그림 3.1〉 영국, 미국, 스웨덴, 핀란드 4개국의 여론 변화(1970-2008)

인도네시아에서는 절반이 넘게, 멕시코와 인도에서는 상당수가 기후변화 대응 방안으로 원전 확대를 찬성했다. 위의 4개국을 제외한 14개국에서는 원전 추가 건설을 꺼려하는 것으로 나타났다. 기후변화 대응 방안으로서의 원전 이용을 강조하는 경우 18개국 중 14개국에서 원전 건설을 찬성하는 응답자의 비율이 10퍼센트 정도 높아졌다. 이 결과를 볼 때, 원자력을 기후변화에 대응할 수 있는 대체 에너지로 보는 시각이 원전에 대한 사회적 수용성에 일부 긍정적인 영향을 미치는 것으로 분석된다.

2) 2008년 국제원자력기구의 4개국 대상 여론조사 결과(1970-2008)

국제원자력기구(IAEA)는 1970년에서 2008년까지 영국, 미국, 스웨덴, 핀란드의 사회적 수용성 변화를 조사하여 2008년에 발표했다. 여기서 원전 사고와 원전에 대한 여론 변화 사이의 관계를 살펴보면, 두 가지 요인 사이에 상관성이 발견되는 한편으로 국가별로 상당히 차이가 난다는 것을 확인할 수 있다.

영국의 1975-2008년 사이의 사회적 수용성의 변동 추이를 살피면, 1979년 스리마일 섬 원전 사고를 계기로 반대 여론이 상승하고, 중립 여론과 찬성 여론이 감소했다. 1986년 체르노빌 원전 사고 이전까지도 영국의 여론은 원전 반대 비율이 높았는데, 사고 이후 오히려 반대 여론이 점차로 감소하다가 다시 높아지는 불규칙성을 보이고 있다. 그리고 2000년대 들어 반대 여론과 찬성 여론 간의 차이가 좁혀지고 찬성 여론이 약간 앞서는 변화를 보인 것이 특징이다.

미국의 경우 1974-2008년 동안 1979년 스리마일 섬 원전 사고와 1986년 체르노빌 원전 사고를 기점으로 반대 여론이 찬성 여론을 약간 앞지른 것을 제외하고는 내내 찬성 여론이 높다는 것이 상당히 특이하다. 특히 1990년대 중반 이후 찬성 비율이 반대 비율을 크게 앞지르며 차이가 벌어진 것이 주목된다.

핀란드의 경우에는 1983-2008년 사이에 찬성, 반대, 중립 여론 사이에 큰 차이가 없이 마구 섞이는 혼조세를 보였다. 2000년대 이후에는 핀란드 국민의 원자력 반대 여론이 점차 찬성 쪽으로 바뀌었다. 핀란드 에너지산업연맹(Finnish Energy Industries Federation)이 2004년 11월 TNS 갤럽에 의뢰한 여론조사 결과에 따르면, 46퍼센트가 원자력 이용에 찬성하고, 25퍼센트가 반대, 29퍼센트는 중립적이었다. 그리고 43퍼센트는 기후변화협약 준수를 위한 원자력의 이용을 지지했고, 28퍼센트는 원자력에 반대했다.

2006년 4월 국민 1,000명을 대상으로 실시한 갤럽의 핀란드 국민 여론조사 결과에서는 26퍼센트가 핀란드의 6번째 신규 원자로 건설에 찬성하고, 36퍼센트는 어느 정도 지지하는 것으로 나타났다. 한편 핀란드의「헬싱킨 사노마트(*Helsingin Sanomat*)」의 여론조사에서는 핀란드의 6번째 원자로 건설에 40퍼센트가 찬성하고 51퍼센트가 반대하고 있었다.

이처럼 여론조사 기관에 따라서 조사 결과에 차이가 나는 것은 여론조사의 한계일 수도 있고, 시기와 에너지 등 상황에 따라 원전 여론이 변화하고 있기 때문으로 풀이된다. 대체로 핀란드 국민은 2000년대 이후 종전의 원자력에 대한 반대 여론으로부터 점차 찬성하는 쪽으로 바뀌어갔다. 그 이유는 고유가에 따른 전력요금 상승과 온실가스 배출 삭감에 대한 부담 때문으로 분석된다.

한편 스웨덴은 오랜 기간 동안 원전 반대 여론이 높았다. 2002년 이후로는 시간이 갈수록 찬성 여론의 비율이 반대 여론을 추월하고 있다. 이들 4개국의 여론 변화를 비교해보면, 국가별로 에너지 환경의 변화와 에너지 정책 등이 사회적 여론의 조성에 큰 영향을 미치는 것으로 추정된다.

3) WIN-갤럽 인터내셔널의 47개국 대상 여론조사

WIN-갤럽 인터내셔널(WIN-Gallup International)은 후쿠시마 사고 직후(2011. 3. 21-4. 10) 47개국의 34,000명을 대상으로 여론조사를 실시했다.[1] 국가별로 평균 500-1,000명이 참여했으며, 갤럽 코리아를 비롯한 각국의 47개 기업이 공동으로 참여했다. 조사는 주로 전화나 직접 설문 방식으로 이루어졌다.

후쿠시마 원전 사고 뒤 "전력 공급원으로 원자력 에너지를 이용하는 것에 찬성하느냐, 반대하느냐"는 질문에 대한 반응을 보면, 동아시아와 동유럽에서는 원전에 우호적이었으며, 프랑스를 제외한 서유럽에서는 비우호적이었다. 자국 원전에서 사고가 일어날 가능성을 묻는 질문에 대해서 불안감을 표시한 응답은 중국이 81퍼센트로 가장 높았다. 반면 원

---

1) L. S. Gilani, R. Shahid, Japan Earthquake Jolts Global Views on Nuclear Energy, 2011. 4. 15

전 이용에 대해서 찬성한 비율이 가장 높았던 나라 역시 중국이었다는 사실이 흥미롭다.

국가별 원자력 에너지 지지율의 하락 정도는 서로 다르게 나타났다. 그 이유는 경제적, 사회문화적 요인이 작용한 것으로 분석된다. 예컨대, 프랑스나 동아시아에서 원자력은 국가적 긍지와 연결되어 있다는 해석이다. 구소련에서 독립한 동유럽 국가들은 대부분 러시아의 석유와 가스에 대한 의존도를 줄이기 위해서 원자력을 적극 추진하는 경향을 띤다.

후쿠시마 원전 사고 전후의 국가별 원전에 내한 찬반 여론 동향은 몇 가지 유형으로 분류할 수 있다.

첫째, 원자력 이용에 대해서 찬성 여론이었다가 사고 이후 반대 여론이 우세한 쪽으로 바뀐 나라들이다. 후쿠시마 원전 사고를 직접 겪은 일본 등이 여기에 포함된다. 둘째, 사고 후에도 원자력 찬성 여론이 우세하나, 그 비율이 10퍼센트 이상 감소한 국가들이다. 셋째, 사고 후에도 원전 찬성 입장이 우세하며, 그 감소폭도 10퍼센트 미만인 국가들이다. 우리나라의 경우 후쿠시마 원전 사고 이전 찬성 비율(65퍼센트)과 사고 이후 찬성 비율(64퍼센트)이 거의 차이가 없는 것으로 나타났다. 넷째, 사고 이전에도 원자력에 반대하는 입장이 우세했고, 사고 이후 반원전 여론이 더 높아진 국가들이다. 독일, 스위스 등 탈원전 입장을 발표하거나 원전을 운영하지 않는 국가들이 이 그룹에 포함된다. 다섯째, 여론이 반대에서 찬성으로 반전된 국가들이다. 스페인, 남아프리카 공화국 등이 여기 속한다. 이들 국가에서는 사고 이전보다 원자력 이용에 찬성하는 비율이 오히려 증가했다.

4) 2011년 「아사히신문」의 7개국 대상 여론조사

「아사히신문(朝日新聞)」은 후쿠시마 원전 사고 이전과 이후의 원전 찬성 여론의 변화를 조사했다. 첫 번째 조사는 사고 한 달 후인 2011년 4월 16-17일에 일본에서 실시되었다. 두 번째와 세 번째 여론조사는 각각 5월 14-15일, 21-22일에 일본, 독일, 미국, 한국 등 7개국을 대상으로 실시되었다. 설문에는 각국별로 1,000-2,000명이 참여했다.2)

7개국에 대한 조사 결과 원자력에 대한 반대 여론은 후쿠시마 사태 이후 급상승하는 양상을 보였다. 탈원전 정책을 강조한 독일(찬성 19퍼센트, 반대 81퍼센트), 사고 발생국인 일본(34퍼센트, 42퍼센트), 그리고 그 주변 국가들의 반대 여론이 크게 올랐다. 반면 원전 확대 정책을 펼치고 있는 미국(찬성 55퍼센트, 반대 31퍼센트)과 프랑스(51퍼센트, 44퍼센트)에서는 찬성 여론이 우세했다.

후쿠시마 사고 이후 일본의 원전 사고 관련 정보의 은폐에 대한 불만도 높았다. 특히 일본과 이웃한 한국에서는 89퍼센트가 "일본이 사고 관련 정보를 적절하게 내놓지 않고 있다"고 답했다. 그리고 원전 가동국에서 전반적으로 국내의 원전 사고를 우려하는 목소리가 높아졌다. 한국(82퍼센트), 러시아(80퍼센트), 프랑스, 독일, 중국(70퍼센트 이상) 등의 순으로 자국 내 원전 사고의 가능성을 우려하는 것으로 나타났다.

원전의 추가 건설에 대해서는 독일을 제외한 대부분의 국가에서 현 수준을 유지하는 것이 바람직하다고 답했다. 원전 확대 정책을 펼치고 있던 미국과 중국에서는 32퍼센트가 원전 건설을 계속해야 하는 것으로 보았다. 반면 일본에서는 원전 가동을 중지시키고 감축해야 한다는 여론이 1차 조사(4월 중순, 41퍼센트)에 비해서 2차 조사에서 11퍼센트 증가했다(52퍼센트).3)

---

2) "Nuclear power opponents increase in 7 countries", *The Asahi Shimbun English Web Edition*, 2011. 5. 27

3) "原発反対、日独中韓で増 日本は初めて多数に世論調査",「朝日新聞」, 2011. 5. 26

「아사히신문」은 6월 11-12일 재차 전화 조사로 일본 국민의 원전 정책에 대한 여론을 조사했다. 5월에 나왔던 원전 찬반 비율(찬성 34퍼센트, 반대 42퍼센트)과 마찬가지로 이번 조사에서도 원자력 발전의 이용을 찬성하는 쪽(37퍼센트)보다 반대하는 쪽(42퍼센트)이 우세했다. 주목할 점은 원자력의 이용을 찬성하는 이들 가운데서도 순차적인 원자력 정책 폐기를 지지하는 비율(63퍼센트)이 크게 앞섰다는 것이다.

5) 2011년 5월 입소스와 로이터 통신 공동의 24개국 대상 여론조사

2011년 4월 입소스(Ipsos)와 로이터 통신은 24개국의 일반인 1만8,787명을 대상으로 설문조사를 실시했다.

여기서 주목할 것은, 원전에 반대하는 사람 중 26퍼센트가 일본의 후쿠시마 원전 사고에 영향을 받았다고 답했다는 점이다. 특히 일본과 가까운 한국과 중국 등 아시아에서 이러한 답변의 비율이 높았다.

후쿠시마 사태로 인해서 원자력에 대한 지지도가 크게 떨어진 것으로 나타나서, 응답자의 38퍼센트가 원자력을 지지한다고 답했다. 이 수치는 다른 에너지원에 대한 지지율, 즉 태양광(97퍼센트), 풍력(93퍼센트), 수력(91퍼센트), 천연가스(80퍼센트), 석탄(48퍼센트)에 비해 크게 떨어지는 수치이다. 특히 독일(21퍼센트), 이탈리아(19퍼센트), 멕시코(18퍼센트)에서 지지도 하락 정도가 컸다. 그러나 설문조사에 참여한 사람이 재생 에너지의 특성에 대해서 얼마나 정확히 파악한 상태에서 원자력과 비교하여 답변을 했는가에 대해서는 정보가 없다.

설문조사에 참여한 사람 가운데 69퍼센트는 후쿠시마 원전 사고를 계기로 예측 불허의 사고에 원자력이 얼마나 취약한가를 깨닫게 되었다고 답했다. 그리고 73퍼센트가 원자력을 앞으로 사라질 에너지로 생각한다고 답했다. 27퍼센트는 원전의 한계에도 불구하고 장기적인 에너지 대안으로서 원자력이 지속될 가능성이 있다고 보았다.

이 조사에서 흥미로운 것은 후쿠시마 사태가 발발한 일본에서 45퍼센트의 비중으로 원전의 장기 운용을 지지하고, 71퍼센트가 원전 설비의 개선을 지지했다는 사실이다. 이는 에너지 부족 국가인 일본의 자원 환경에서 비롯된 현실적인 답변이라는 것이 입소스 부사장 H. 윌러드의 해석이다.

일본 정부의 사고 대처 능력에 대해서는 국가별로 반응이 다양했다. 시기가 적절했다(신속성 56퍼센트)는 의견과 정직했다(투명성 54퍼센트)는 의견이 지역에 따라 큰 차이를 보였다. 가장 비판적인 입장을 보인 국가는 신속성과 투명성 부문에서 한국(17퍼센트 : 17퍼센트)[4], 일본(28퍼센트 : 23퍼센트), 독일(36퍼센트 : 25퍼센트) 순이었다. 반면, 인도(87퍼센트 : 90퍼센트), 사우디아라비아(86퍼센트 : 80퍼센트), 인도네시아(89퍼센트 : 89퍼센트) 등은 일본 정부의 대처 능력을 우수했다고 평가했다.

이처럼 일본 정부의 대처 능력에 대해서 조사 대상 국가 간에 차이가 크게 벌어지는 현상에 대해서는 사회문화적인 분석이 필요하리라고 본다. 그리고 그로부터 원자력 PR 정책이 보완되어야 할 것이다. 한국에서 일본에 대한 평가가 가장 박했다는 조사 결과에 대해서는 한국과 일본의 과거사 때문에 한국인의 반일 감정이 작용한 것이라는 해석도 나왔다. 그러나 그 해석은 한국인 스스로 자국의 국정 운영에 대해서도 기준이 상당히 높다는 것을 알지 못하는 편견으로 보인다.

후쿠시마 사태는 일본산 식품에 대한 신뢰도도 떨어뜨렸다. 응답자의 80퍼센트가 일본산 식품을 기피하는 것으로 나타났다. 기피 항목은 생선

---

4) 이하 괄호는 (신속성 : 투명성)을 나타낸다.

(45퍼센트), 해조류(44퍼센트), 회(41퍼센트), 과일(40퍼센트), 쌀(38퍼센트), 면류(37퍼센트) 등의 순이었다. 일본산 수입품의 기피 경향은 일본과 가깝게 위치한 한국(89퍼센트)과 중국(87퍼센트), 그리고 원전 논란이 빚어진 터키(69퍼센트), 이탈리아(68퍼센트)에서 높았다. 그러나 거리가 멀리 떨어진 남아공(27퍼센트), 러시아(31퍼센트), 폴란드(35퍼센트)에서는 일본산 기피 경향이 낮았다.

6) BBC World Service Poll의 23개국 대상 여론조사

BBC는 2011년 7월, 23개국 23,231명을 대상으로 여론조사를 실시했다. 이 조사는 현존하는 원전 폐지에 대하여 원전 보유 국가와 미보유 국가 간 의견 차이에 초점을 두고 여론조사 설계를 진행한 것이 특징이다. 조사 결과 전반적으로, 현존하는 원전의 사용은 찬성하지만 신규 원전의 건설은 반대한다는 의견이 33퍼센트, 현존하는 원전의 운영과 신규 원전의 건설 모두 찬성 또는 반대한다는 의견이 각각 21퍼센트와 33퍼센트로 집계되었다.

국가별 차이를 보면, 원전 보유 국가인 프랑스, 일본, 브라질, 영국, 미국, 멕시코, 독일, 러시아, 중국, 스페인, 파키스탄, 인도 등 12개국은 현존하는 원전의 운영을 찬성하는 의견이 평균 61퍼센트로 나타나, 원전 건설 예정 국가나 원전 미보유 국가들에 비해서 지지율이 높았다.

그러나 멕시코, 독일, 러시아, 스페인의 경우 현존하는 원전, 신규 원전 건설계획을 모두 폐지해야 한다는 의견이 각각 43퍼센트, 52퍼센트, 43퍼센트, 55퍼센트로 높게 나왔다. 원전 건설계획을 가지고 있는 인도네시아, 터키, 이집트, 칠레 4개국의 경우에는 현존하는 원전, 신규 원전 건설계획을 모두 폐지해야 한다는 의견이 평균 42퍼센트로, 원전 보유 국가와 원전 미보유 국가에 비해서 높게 나온 것이 특이하다.

또한 원전 미보유 국가인 필리핀, 파나마, 나이지리아, 페루, 가나, 케냐, 에콰도르 7개국의 경우, 근소한 차이이지만 현존하는 원전의 가동, 신규 원전 건설계획 양쪽에 모두 찬성한다는 의견이 23퍼센트로 가장 높게 나왔다. 원전에 대해서 가장 우호적인 국가는 미국, 영국, 중국, 파키스탄, 나이지리아로 조사되었고, 가장 반대가 심한 국가는 칠레, 에콰도르, 스페인, 독일, 러시아, 멕시코, 터키로 조사되었다.

2005년도에 실시한 설문 결과와 2011년도에 조사한 결과를 비교해보면, 현존하는 원전 운영에는 찬성하지만 신규 원전 건설에는 반대한다는 의견이 프랑스, 인도네시아, 멕시코, 영국, 미국에서는 증가했다. 이는 원전을 보유한 국가들에서는 신규 원전 건설은 반대하지만, 현재의 전력 수요를 감당하기 위해서 현존하는 원전의 가동은 찬성하고 있음을 보여준다. 한편 원전을 보유하지 않은 국가와 신규 원전 건설을 계획하고 있는 나라에서는 두 안에 모두 반대한다는 의견이 가장 높았다. 이러한 결과는 갤럽의 여론조사 결과와도 비슷한 경향을 보이는 것으로서 사회문화적 심층 분석이 필요하다고 본다.

2. 국가별 원자력 여론조사 결과 추이

1) 원전 가동국의 사회적 여론과 정책 : 무엇이 변수인가

원전 정책은 대부분의 국가에서 사회적 여론의 영향을 받는다. 그러나 그 여론은 시기에 따라, 국가에 따라 상당한 차이를 보인다. 정치체제에 따라 사회적 여론과 상관없이 정책을 추진하는 경우도 있다. 원전 시설이 입지한 지역의 사회적 수용성과 일반 국민의 여론 사이에 현저한 차이가 생기기도 한다. 이렇듯 원전을 가동하는 31개 국가의 사회적 여론은 여러 가지 변수에 의해서 영향을 받고 있으므로, 그 변수와 사회적 여론과의 관계, 그리고 원자력 정책과의 관계를 살피는 것은 원자력에 대한 이해를 넓히는 데에 좋은 근거가 될 것이다.

원자력에 대한 사회적 여론에 영향을 미치는 변수로서 몇 가지를 추출하고 연관성을 살펴보기로 한다. 여기서는 원전 가동국의 국가별 1인당 GDP(GDP per capita), 인구밀도, 에너지 수입률, 가동 중인 원자로 기수, 총 전력 발전량 중 원자력의 비중, 원전 가동 시작 연도를 비교하고, 사회적 여론과 원전 정책 방향과의 상관성을 살펴보았다.

〈표 3.1〉은 2012년 9월 기준 원전 가동 31개국을 원전 발전량이 높은 순으로 정리한 도표이다.[5]

국민 1인당 GDP에 따른 국가별 원자력 여론 동향

국민 1인당 GDP가 4만 달러 이상인 10개 국가는 스위스, 스웨덴, 캐나다, 네덜란드, 핀란드, 미국, 벨기에, 일본, 독일, 프랑스이다. 이들 국가 중 에너지 해외 의존도가 50퍼센트 이상으로 높은 국가는 일본(81퍼센트), 벨기에(73퍼센트), 독일(61퍼센트), 스위스(52퍼센트), 핀란드(52퍼센트)이다. 위의 10개국 중 에너지 수출국은 캐나다가 유일하다. 이들 10개국 중 후쿠시마 사고 이후 원전 비중이 높은 벨기에(54퍼센트)와 스위스(41퍼센트)가 탈원전으로 방향을 잡았고, 독일(18퍼센트)이 가장 확실하게 탈원전 정책을 결정한 것이 주목된다. 다시 말해서 소득 수준이 높은 국가에서 탈원전 논의가 본격화된다는 논리를 실증하는 사례로 해석할 수 있다. 우리나라나 프랑스 같은 에너지 자원 빈국의 경우에는 에너지 자립도를 키우기 위해서 원자력 발전 의존도가 높은 것으로 해석된다.

---

[5] GDP per capita는 UN의 2011년 자료를 기준으로 정리했다. 타이완의 경우에 한해서 CIA World Factbook의 2012년 기준 GDP per capita를 사용했다.

<표 3.1> 원전 발전량이 높은 순으로 원전 가동 31개국

순위	국가	운영 원자로 (기)	원전 발전량 (GWh)	원전 발전 비중 (%)	Energy Import (%)	원전운영 개시연도	GDP per capita($)	인구밀도 (명/km²)	성향
1	미국	104	790,225	19.2	22	1958	47,882	32	O
2	프랑스	58	421,100	77.7	49	1959	42,642	102	O
3	러시아	33	161,709	17.6	−83	1954	13,006	8	O
4	일본	50	156,182	18.1	81	1965	46,407	337	X
5	한국	23	147,677	34.6	82	1978	23,067	490	O
6	독일	9	102,311	17.8	61	1962	43,865	228	X
7	캐나다	18	90,034	15.3	−55	1962	50,565	3	△
8	중국	16	87,400	1.9	8	1994	5,439	140	O
9	우크라이나	15	84,845	47.2	33	1978	3,657	74	
10	영국	16	62,700	17.8	27	1956	38,918	259	O
11	스웨덴	10	58,022	39.6	36	1964	57,134	22	△
12	스페인	8	55,064	19.5	74	1969	31,820	93	O
13	벨기에	7	45,942	54.0	73	1962	47,807	342	X
14	타이완	6	40,522	19.0	92.4	1978	20,100	646	X
15	인도	20	28,948	3.7	26	1973	1,528	367	
16	체코	6	26,708	33.0	26	1985	20,607	129	O
17	스위스	5	25,694	40.8	52	1969	85,794	192	X
18	핀란드	4	22,278	31.6	52	1977	48,887	16	O
19	불가리아	2	16,314	32.6	44	1974	7,187	63	
20	브라질	2	15,644	3.2	4	1985	12,594	23	△
21	헝가리	4	14,711	43.2	57	1983	13,919	107	
22	슬로바키아	4	14,342	54.0	64	1972	17,545	98	
23	남아공	2	12,924	5.2	−12	1984	8,090	40	
24	루마니아	2	11,747	19.0	18	1996	8,853	92	
25	멕시코	2	9,313	3.6	−28	1990	10,063	58	
26	슬로베니아	1	5,902	41.7	50	1983	24,709	99	
27	아르헨티나	2	5,892	5.0	−9	1974	10,994	15	
28	네덜란드	1	3,917	3.6	16	1969	50,215	403	△
29	파키스탄	3	3,830	3.8	24	1972	1,182	24	
30	아르메니아	1	2,357	33.2	1	1977	3,270	100	
31	이란	1	98	0.04	−62	2011	6,977	48	

에너지 수입 의존도에 따른 국가별 원자력 여론 동향

다음에는 세계의 원전 가동 31개국의 에너지 수입 의존도(2011년 기준)에 따르는 원전 정책과의 상관관계를 살펴본다. 에너지 해외 의존도가 70퍼센트 이상으로 높은 5개 국가는 타이완(92퍼센트), 한국(82퍼센트), 일본(81퍼센트), 스페인(74퍼센트), 벨기에(73퍼센트)이다. 후쿠시마 원전 사고 이전의 상황을 보면, 에너지 해외 의존도가 높은 나라에서 원전 비중이 높았다는 것을 알 수 있다. 그러나 후쿠시마 사고로 인해서 일본과 벨기에가 탈원전으로 가고 있나.

한편 에너지 해외 의존도를 기준으로 상위 10개 국가를 살펴보면, 위의 5개국 이외의 나머지 5개국은 독일(61퍼센트), 헝가리(57퍼센트), 스위스(52퍼센트), 핀란드(52퍼센트), 슬로베니아(50퍼센트)이다. 그중 탈원전을 추진하는 국가는 독일과 스위스이다. 헝가리의 경우에는 2011년 5월 여론조사(입소스와 로이터 통신 공동)에서 응답자의 41퍼센트가 원전 찬성, 59퍼센트가 원전 반대였다. 그러나 헝가리 에너지관리부는 원전 안전에 이상이 없으므로 건설계획을 계속 추진할 것이라고 밝혔다. 따라서 에너지 해외 의존도가 높은 10개국 가운데 친원전 국가는 6개국으로, 에너지 해외 의존도와 원자력 정책 추진 사이에는 상당한 상관성이 있다고 볼 수 있다.

브라질의 경우 에너지 수입 의존도(4퍼센트)가 매우 낮아 자급도가 높으면서도 원자력 정책을 적극 검토하는 국가라는 점에서 특이하다. 그 배경은 브라질의 발전원이 수력에 치우쳐 있는 상황에서 강우량에 따라 전력 공급의 안정성이 위협을 받고, 신흥경제국으로서 전력 수요 증가가 예상되고 있기 때문이다.

1인당 GDP와 원자력 정책의 상관관계

결론적으로 국가의 1인당 GDP와 원자력 발전 정책 사이의 관계를 살펴보면, 1인당 GDP가 5만 달러에 이르는 5개 국가인 스위스, 스웨덴, 캐나다, 네덜란드, 핀란드 중 캐나다는 에너지 수출국(55퍼센트)으로서 원자력 발전의 필요성이 매우 낮았고, 네덜란드는 가동 원자로도 1기밖에 없으며 원전 비중(4퍼센트)도 매우 낮은 국가였다. 네덜란드와 스웨덴은 원전에 대한 찬반의 입장을 분명히 하고 있지 않고, 핀란드는 친원전 정책을 추진하고 있다. 스위스가 탈원전으로 전환한 것이 가장 눈에 띄는 변화이다.

1인당 GDP가 4만 달러 수준의 상위 국가인 미국, 벨기에, 일본, 독일, 프랑스 중에서는 미국과 프랑스가 원전 정책을 지속하고 있다. 독일은 1986년 체르노빌 사고 이후, 그리고 2011년 후쿠시마 사고 이후에 재차 탈원전을 선언한다. 그리고 후쿠시마 사고 이후의 여론조사에서 스위스와 벨기에는 탈원전 쪽으로 기울었다. 그 밖의 국가들은 원전에 대해서 중립적 성향을 보이고 있다. 그러나 추가 신규 원전 건설계획에 대한 반응은 유보적이어서, 일단 장기적으로는 친원전에서 벗어나는 것으로 해석된다.

이러한 데이터를 기준으로 분석하면, 독일의 경우는 예외로 하더라도 스위스와 벨기에가 원전 가동국에서 벗어나고 있는 현상이 앞으로 선진국의 전력 정책에 미칠 영향이 주목된다. 그리고 그 배경에 대한 해석이 흥미를 끈다. 1인당 GDP가 높은 국가에서 국민 에너지 인식은 어떻게 변화하는 것일까. 국가 정책에서 지속 가능 발전을 위한 환경의식이 반영되고, 국민안전을 강조하는 복지정책이 강화되는 것과 맞물리는 것으로 볼 수 있다. 이런 배경에서 기술위험의 대표적 산업으로서 잠재적 사고의 위험성을 지닌 원자력으로부터 벗어나는 경향을 띠는 것으로 유추할 수 있다.

그러나 단순히 1인당 GDP를 기준으로 일부 선진국의 탈원전 정책과 국민의식의 경향성을 해석할 수는 없다. 이들 국가는 그동안 선진국으로의 발전과정에서 에너지 공급이 주요 국정과제였고, 높은 기술 수준을 바탕으로 원자력을 이용하고 있었기 때문이다. 그리고 선진국으로서 탈원전으로 전환하게 되는 주요 배경으로는 원자력을 대체할 수 있는 에너지원의 존재 여부, 인구증가율, 경제성장율, 1인당 에너지 소비의 정체, 산업구조의 특성 등 복합적 요인에 의해서 원전 정책이 결정된다는 점을 고려할 필요가 있다. 앞으로 이들 선진국이 탈원전으로 전력 수요를 어떻게 충당할 수 있을지, 지금까지 탈원전 정책이 순조롭게 추진되지 못했던 장애요인을 어떻게 극복할 수 있을지 주목된다.

신흥경제국과 개발도상국의 원전 정책 동향

이러한 일부 선진국의 탈원전 경향과는 대조적으로 신흥경제국과 개발도상국의 원전 정책 동향이 관심을 끌고 있다. 기술력을 갖춘 선진국의 자리를 후발 원전국가가 어느 정도로 자리매김하게 될지에 따라 글로벌 원전 시장의 판도가 결정될 것이기 때문이다. 국민 1인당 GDP가 21위에서 31위에 드는 국가군에는 중국, 인도 등 신흥경제대국이 포함되어 있고, 친원전 정책을 추진하는 국가들이 다수 분포되어 있다. 이들 국가는 비교적 최근에 원전 가동을 시작한 것이 특징이고, 급증하는 전력 수요로 인해서 원전 가동을 중지하기도 어려운 상황이다. 이들 국가의 신규 원진 건설계획이 차질 없이 진행될 수 있을지, 안전을 위한 기술력 확보와 사회적 수용성 확충에서 어떤 변수가 튀어나올지도 주목된다.

원자로 보유 기수와 원전 비중, 그리고 원전 정책 동향

한편 2011년 기준으로 원자로의 보유 기수 상위 10개국을 살펴보면 미국(104기), 프랑스(58기), 일본(50기), 러시아(33기), 한국(23기), 인도(20기), 캐나다(18기 CANDU형), 영국(16기), 중국(15기), 우크라이나(15기)이다. 미국은 원전의 원조로서 2013년 기준 전 세계에서 가동되는 435기 가운데 거의 4분의 1을 차지하고 있고, 프랑스는 58기를 운영하며 원전 비중에서는 세계 최고인 78퍼센트를 기록하고 있다. 2012년 7월 기준으로 이들 두 나라는 각각 1기씩의 원자로를 신규로 건설하고 있다.

일본은 50기 보유로 세계 3위였으나, 후쿠시마 원전 사고의 발생국으로서 국민의 여론을 반영하여 일단 탈원전을 선언했다. 그러나 정부로서는 대체 에너지원의 확보 등의 어려움이 있어 정책 결정을 전환하려는 움직임도 감지되고 있다. 우리나라는 원전 가동 5위국이고, 뒤를 이어 인도(20기), 영국(16기), 중국(15기)이 자리하고 있다. 특히 중국은 26기의 원전을 추가로 건설하고 있다. 후쿠시마 사고 이전의 계획에 의하면 세계 원전 확대의 4분의 1의 비중을 차지할 정도로 급격한 확장세를 보이고 있기 때문에 중국의 앞으로의 정책 추진에 관심이 쏠리고 있다.

이들 국가에 대해서 총 발전량 중 원자력 발전이 차지하는 비중을 비교하는 경우, 프랑스(78퍼센트)가 단연 1위를 차지하고 있다. 다음으로 벨기에(54퍼센트), 슬로바키아(54퍼센트), 우크라이나(47퍼센트), 헝가리(43퍼센트), 슬로베니아(42퍼센트), 스위스(41퍼센트), 스웨덴(40퍼센트), 한국(35퍼센트), 체코(33퍼센트), 아르메니아(33퍼센트), 핀란드(32퍼센트) 등으로 나타난다. 원전 비중이 높은 국가군에는 체르노빌 사고의 발생지인 우크라이나를 비롯하여 구소련에 속했던 나라들이 눈에 띈다.

발전량 중 원전 비중이 10위인 아르메니아는 최근 미국과 협약을 체결하여, 설계수명을 다한 원전의 계속운전을 위한 시설관리의 기술적인 지원을 받기로 했다. 원자로의 보유 기수와 원자력 발전의 비중 순위의 두 가지 지표를 기준으로 볼 때, 원전의 수가 많고 원전 비중이 높을수록 사회적 여론이 원자력 발전에 우호적인 편이고, 친원전 정책을 펼치는 경우가 많은 것으로 나타난다.

인구밀도와 원전 정책의 상관관계

인구밀도와 원전 정책 사이의 관계는 어떤가. 원전은 부지면적을 상대적으로 덜 차지한다는 점에서 인구밀도가 조밀한 국가에서 원전 정책이 더 중요시된다는 주장도 있었다. 원전을 가동 중인 31개국 가운데 단위 면적당 인구밀도가 높은 상위 10개국은 타이완(646), 한국(490), 네덜란드(403), 인도(367), 벨기에(342), 일본(337), 영국(259), 파키스탄(239), 독일(228), 스위스(192) 순이다. 이들 국가 중 네덜란드와 파키스탄을 제외하고는 대부분이 최근까지 원자력 발전을 선도하거나 활성화하고 있는 나라이다. 따라서 인구밀도와 원자력 발전 정책과의 상관성이 있었다고 볼 수 있으나, 후쿠시마 사고가 분수령이 되어 독일, 일본, 벨기에, 스위스가 탈원전으로 전환함으로써 인구밀도와 원전 산업과의 상관성이 약해진 것으로 볼 수 있다. 한편으로 여전히 친원전 성향을 보이는 국가는 타이완, 한국, 영국이다.

그러나 앞의 지표와 마찬가지로 인구밀도라는 변수만으로 원전 정책의 경향성을 파악하는 것은 무리가 있다. 인구밀도가 높은 국가는 좁은 국토 면적에 도시화 비율이 높은 경향을 띠게 되므로, 드넓은 부지를 필요로 하는 풍력, 태양광 등의 재생 에너지 도입의 공간이 부족할 것으로 추정된다. 따라서 원자력 도입의 필요성이 강조될 것이니, 다른 한편으로 인구밀집도가 높다는 것은 만일 원전 비상사태가 발생하는 경우 그 피해가 커질 것이라는 우려 때문에 사회적 수용성을 낮추는 방향으로 작용할 가능성도 배제하기 어렵다. 따라서 인구밀도와 원전 산업 정책과의 상관성은 양면적 성격을 띠는 것으로 볼 수 있다.

원자력 정책 동향과 사회적 여론 사이의 상관관계

결론적으로 원전 가동국가 31개국을 대상으로 국가별 에너지 해외 의존도, 전력생산에서의 원자력 발전 비중, 1인당 GDP, 원자로 기수, 단위면적당 인구밀도 등을 기준으로 원자력 정책과의 상관성을 살펴본 결과 어느 하나의 변수가 결정적으로 작용한다기보다는 복합적인 양상을 띠는 것으로 해석된다. 결국 국가별 원자력 정책의 결정은 이들 변수 이외에도 정량화하기가 어려운 사회적, 문화적, 정치적, 역사적, 지역적, 물리적 요인이 작용하는 복잡한 함수관계에 의해서 결정되는 것으로 볼 수 있다. 그리고 이 모든 변수 이외에 정부에 대한 신뢰가 어느 정도인가에 따라 정책 수립과 추진의 동력이 확보될 수 있는가 여부가 결정된다고 본다.

여론은 시간의 흐름에 따라 그 향방이 달라진다. 그리고 에너지 정책과 전력 정책도 여건에 따라 바뀌게 된다. 따라서 이러한 유동성을 고려할 때 국가별로 친원전과 반원전을 정확하게 구분하는 것에는 무리가 있다. 그러나 이러한 한계에도 불구하고, 후쿠시마 사고를 기점으로 원자력 정책에서 뚜렷한 움직임을 보이는 대표적인 국가에 대해서 원전 정책을 둘러싼 여러 가지 상황을 분석하는 것은 우리나라의 심각한 에너지 안보 상황에 어떻게 대처할 것인가에서 방향타가 될 수 있으리라고 생각된다.

이러한 한계를 염두에 두고, 후쿠시마 사고 이후 최근의 동향에서 편의상 친원전 국가, 반원전 국가, 그리고 친원전에서 중립으로 돌아선 국가 등으로 분류해 여론의 움직임과 정책 흐름을 정리하면 다음과 같다.

2) 친원전 국가

프랑스

앞에서 본 것처럼, 프랑스는 원자로 보유 기수에서 미국 다음의 세계

2위 국가이고, 발전량 중 원자력 비중으로는 세계 1위 국가이다. 1970년대 초 오일 쇼크 이후 원전 건설에 박차를 가했으며, 이른바 '원자력 올인 정책'의 전통을 고수하고 있다. 프랑스에서도 반핵 운동은 있었지만, 이를 무리 없이 극복했다. 2008년에는 남부 트리카스탱 원자력 발전소의 우라늄 저장시설에서 우라늄 용액이 누출되는 사고가 발생하기도 했다. 이 사고 직후 여론조사 기관(Ifop)이 실시한 조사 결과가 흥미롭다. 원전의 위험성(27퍼센트)보다 지구 온난화를 우려하는 의견(53퍼센트)이 더 높았기 때문이다. 원자력 정책에 찬성하는 비율은 2002년(52퍼센트)보다 2008년(67퍼센트)에 더 높아진 것으로 나타났다.

그러나 2012년 5월 대선에서 올랑드 대통령이 선출된 것과 연관지어 앞으로의 프랑스 원자력 정책에 관심을 가지는 시각도 있다. 올랑드는 공공부문의 일자리 창출과 더불어 원전 비중 축소를 대선공약으로 내걸었다. 구체적으로 2025년까지 원자로 24기를 폐쇄하여 원전 비중을 2012년 기준 75퍼센트에서 50퍼센트까지 낮추겠노라고 발표했다. 이러한 공약이 나온 배경에는 후쿠시마 원전 사고와 독일의 탈원전 정책이 영향을 주었다는 분석이다.

올랑드는 원래 원전을 옹호했던 것으로 알려졌다. 그러나 후쿠시마 사고로 인해서 국민여론이 탈원전 쪽으로 이동하자, 정책을 재검토하게 되었다는 것이다. 프랑스의 여론조사 결과는 다수가 사고 위험이 있는 원전은 폐쇄해야 한다는 견해에 찬성하는 것으로 나타났다. 후쿠시마 사고 이후, 프랑스 남부 마르쿨에 위치한 상트라코 핵폐기물 처리시설에서 발생한 사고(1명 사망, 4명 중경상)도 원전 안전에 대한 우려를 가중시킨 것으로 분석된다.

그렇다고 해서 대통령이 된 올랑드가 원전 폐쇄 정책을 밀고 가리라고 전망하는 분위기는 아니다. 2012년 겨울 한파로 심각한 전력난을 겪은 프랑스는 독일로부터 전력을 긴급 수입하여 위기를 넘겼다. 그리고 원전을 포기할 경우 예상되는 전기요금 상승은 소비 위축과 경기악화를 초래할 것이라는 우려가 적지 않다. 현재 재정 상황으로는 원전 폐쇄 비용과 재생 에너지 투자 확대를 감당할 여력이 없다는 것도 고려하지 않을 수 없기 때문이다.6)

미국

미국은 1957년에 원전 상업발전을 시작한 이후 세계 최다 기수인 104기 원자로를 가동시키고 있는 원자력 대국이다. 총 발전량에서 원전의 비중은 19퍼센트이다. 1979년 스리마일 섬 원전 사고의 충격이 매우 커서, 2012년에 이르기까지 자국 내에서 단 1기의 원자로도 건설하지 않았다. 부시 행정부 이후 적극적인 원자력 진흥정책을 펴고 있으나 다른 에너지원이 충분하고, 원전 산업이 민영화 체제라는 점 등에 비추어볼 때 앞으로 얼마나 적극적으로 밀고 나갈지는 확실하지 않다.

스리마일 섬 사고 이후의 원전 산업의 오랜 침체에도 불구하고, 미국 시민의 여론은 여전히 원자력에 우호적이다. 2007년 보수 성향의 헤리티지 재단은 원자력 발전을 적극 옹호하는 주장을 펴기도 했고, 같은 해 MIT 여론조사 결과에서는 응답자의 35퍼센트가 원자력 기술이 확대되기를 바란다고 답했다. 이는 2002년에 조사한 지지율 28퍼센트에 비해서 약간 높아진 수치이다.

미국 CBS는 1977년부터 2011년까지 여론 동향을 조사한 결과를 발표했다. 이 조사는 신규 원전 추가 건설에 대한 찬반 의견을 중심으로 진행했고, 원전 안전성과 미국 내 원전 사고 가능성에 대한 일반 국민의 반응

---

6) 이장훈, "올랑드 프랑스 대통령의 원전 정책 향방은…공약대로 원전 비중 축소할지 주목", 원자력국제협력통합정보시스템(http://www.icons.or.kr/boards/view/cooper481/5219/page:1)

을 조사했다.[7]

1979년 미국의 스리마일 섬 원전 사고 이후 잠시 동안 원자력 안전에 대한 우려가 커지면서 반대 여론이 앞섰으나, 곧 친원전 여론에 근접하는 경향을 보였다. 다시 1986년 체르노빌 사고를 계기로 반원전 여론이 일시적으로 올라갔다. 그러나 2011년 후쿠시마 원전 사고에도 불구하고, 미국의 여론은 다른 어느 나라보다도 원자력에 대해서 우호적이라는 것이 특이하다.

이 설문조사에서, 자신의 거주 지역에 원전을 추가로 신설하는 것에 대한 문항에서는 원전 사고 이후에 반대 여론이 두드러졌다. 1979년 스리마일 섬 원전 사고 이후 조사 결과에서는 주거 지역의 원전 건설에 대한 찬성 의견이 38퍼센트, 반대 의견이 56퍼센트였다. 1986년 체르노빌 원전 사고 이후에는 같은 질문에 대하여, 자신의 거주 지역에 원전 건설을 하는 데 대한 찬성 의견은 25퍼센트, 반대 의견은 70퍼센트에 달했다. 이후 2000년대 들어 원전 건설 지지 여론은 회복세를 보이다가, 후쿠시마 사고를 당하여 다시 일시적으로 반전되는 분위기였다.

미국 내의 원자력 발전의 안전성에 대한 설문에서는 69퍼센트가 자국 원전은 안전하다고 답변했다. 반면 사고의 가능성에 대해서 걱정하고 있다는 답변은 65퍼센트에 달했으며, 그중 31퍼센트는 사고 발생 가능성에 대해서 매우 우려한다고 답했다. 후쿠시마 사고가 미국 원전 사고에 대한 불안감을 증폭시켰는지 여부를 묻는 질문에서는 53퍼센트가 후쿠시마 사고와 관련이 없다고 답했다. 그리고 44퍼센트는 후쿠시마 사고로 인해서 불안감이 커졌다고 답했다.

다음의 그래프는 1994년부터 2012년까지 사이의 원자력 발전에 대한

---

7) CBS NEWS poll, Support for new nuclear plants drops. 2011. 3. 22

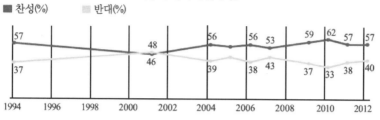

〈그림 3.2〉 원자력 발전에 대한 미국 시민의 여론 변화 : 1994-2012년

미국 시민의 여론 변화를 조사한 결과이다(갤럽).[8] 이 조사에 따르면, 미국 시민의 원자력 발전에 대한 의견은 2001년을 제외하고는 찬성이 반대보다 확실히 높은 것으로 나타난다. 모든 조사 결과가 약간의 높낮이를 보일 뿐, 후쿠시마 사고 이후에도 별다른 변화를 보이지 않았다. 후쿠시마 원전 사고에도 불구하고, 미국의 여론은 긍정적인 답변이 더 높게 나타난 이유는 무엇일까. 원전에 대한 미국인의 장기적인 태도가 대형 사고의 영향을 별로 받지 않은 이유가 무엇일까. 여기서 우리나라 원전 정책의 갈 길을 찾아야 할 것 같다.

한편 미국 원자력에너지협회(NEI)도 1983년부터 해마다 1,000여 명의 국민을 대상으로 전화 설문조사를 실시하고 있다. 그 조사를 근거로 1983년부터 여론 추이를 살펴보면, 미국 국민은 원자력에 대해서 상당히 우호적이라는 것을 알 수 있다. 1983년 이래로 원전 반대 여론이 찬성 여론을 앞지른 시기는 1986년 체르노빌 원전 사고 직후뿐이었다.

2000년대 중반과 후반에는 원전 찬성 의견이 70퍼센트를 넘나들 정도

---

8) 갤럽에서 2012년 3월 8일부터 11일까지 무작위로 뽑은 만 18세 이상의 미국 시민 1,024명을 대상으로 진행한 연례 환경 설문조사(신뢰도 : 95퍼센트, 오차범위 : +4퍼센트) http://www.gallup.com/poll/153452/americans-favor-nuclear-power-year-fukushima.aspx

로 우호적이었다. 후쿠시마 원전 사고 직후에 원전 찬성 여론은 9퍼센트 떨어졌고 반대 여론은 9퍼센트 상승했다. 이는 1983년 이래로 가장 가파른 하락세와 상승세이다. 그럼에도 불구하고 찬성은 62퍼센트에 달하여 미국 원자력 정책은 원전 안전에 대한 재점검과 안전성 강화에 대한 요구를 충족시킨다면 사회적 여론이 걸림돌이 될 소지는 적어 보인다.

그러나 2012년에 실시된 여론조사는 조사 기관에 따라 약간 다른 결과를 나타내고 있다. 해리슨 인터렉티브가 2012년 2월, 성인 2,045명을 대상으로 실시한 온라인 조사에서는 후쿠시마 원전 사고로 인해서 원자력 이용의 이익보다는 위험성을 고려하게 된 것으로 나타났다. 이는 온라인 조사였다는 점에서 조사 대상이 특정한 성향을 띠는 것과도 상관된다고 볼 수 있다.

2009년과 2011년 실시된 온라인 조사에서는 이익에 대한 인식이 위험성에 비해서 더 크게 작용한다고 답한 비율이 각각 44퍼센트, 42퍼센트였고, 2012년에는 긍정적 답변이 40퍼센트였다. 이 결과는 큰 차이라고는 볼 수 없으나 후쿠시마 사고로 인해서 약간의 하향세라는 정도의 분석은 가능할 것 같다. 한편 원자력의 위험성이 이익보다 크다고 답한 비율은 2009년 34퍼센트, 2011년 37퍼센트에서 2012년에는 41퍼센트로 증가했다. 즉 반대 의견의 일정한 상향 추세는 감지되고 있다고 볼 수 있다.

그러나 여기서 유의할 것은 설문조사가 온라인 방식에 의해서 진행되었다는 사실이다. 우리나라의 경우에도 온라인 조사 결과는 원전에 대한 반응이 부정적인 쪽으로 나타나는 경향을 띠는 것이 특징이다. 그 이유는 젊은 세대가 답변에 많이 응하기 때문으로 추정된다. 그렇다면 젊은 시대는 원자력에 대해서 비우호적이라는 결론이 된다.

이러한 조사 결과의 시사점은 여론조사 방식에 따라서 결과가 상당히 달라질 수 있고 실제로 달라진다는 점이다. 이런 측면에서 비슷한 시기에 다른 방식으로 조사한 여론조사 결과를 보자. 미국의 비스콘티 연구소가 미국 성인 1,000명을 대상으로 실시한 전화 조사에서는 원자력에 대한 지지도가 후쿠시마 원전 사고 이전보다는 약간 낮아졌으나 점차 증가하는 추세를 보였다. 응답자의 64퍼센트는 원자력에 우호적인 반응을 나타냈다.[9]

결론적으로 미국의 원자력 여론조사 결과는 장기적으로 거의 모든 조사에서 친원전 여론이 우세하다. 이 결과는 다른 나라와 구분되는 미국만의 특징이다. 그러나 후쿠시마 사고 이후 원자력 안전에 대해서 불안하다는 쪽의 답변이 늘어난 것은 사실이다. 이러한 상황에서 셰일가스 개발 등 새로운 에너지원의 보급 가능성이 가시화됨에 따라, 원자력을 반대하던 사람들이 천연가스를 지지하는 쪽으로 옮아가는 경향도 나타나고 있다.

미국의 원전에 대한 사회적 여론이 장기적이고 지속적으로 긍정적인 반응을 나타내고 있는 이유는 무엇일까. 여러 가지 요인들 가운데 정부 당국과 원자력 산업계에 대한 신뢰가 크게 작용한 것으로 해석된다. 원자력 선도국가로서 원자력 기술의 발전으로 표준화, 규격화에 앞서가고, 원전 운영의 노하우와 관행에서 안전절차와 규칙을 철저히 지킨다는 신뢰를 준 것이 주된 요인으로 보인다.

일례로 미국의 원자력 발전소 운전원은 분기별로 안전 관련 데이터를 공유함으로써 폐쇄적이라는 이미지를 개선하는 성과를 거두고 있다. 한편 9.11 테러의 영향이 하나의 요인으로 작용하는 것으로 보는 시각도 있다. 즉 화석연료의 중동 의존도가 높은 상황에서 9.11 테러 이후 에너

---

9) "원자력의 위험성에 대해 나누어진 미국 여론", *World Nuclear News*, 2012. 3. 22

지 자립도가 낮아지는 것을 우려하여 원자력을 수용하는 경향이 높아지는 쪽으로 반응하고 있다는 정치적 해석이다.[10]

영국

영국은 2011년 기준, 원자로 16기를 운전하여 2012년 기준, 총 전력생산의 18퍼센트를 원전에 의존하고 있다. 그러나 원자로 18기가 2023년까지 설계수명을 다하게 되어 있어 교체가 시급한 실정이다. 이에 영국 정부는 2012년 10월에 2025년까지 500억 파운드가 투입되는 8기 신규 원자로의 건설에 대한 계획을 발표했다. 그러나 환경단체와 일부 정당은 이 계획을 반대하고 나섰다. 후쿠시마 사고의 영향으로 안전 운영에 대한 불신이 이전에 비해서 높아져 결국 반핵 여론에 발목이 잡힌 형국이다.

그러나 현재로서 정부의 계획은 별다른 변화를 보이지 않고 있다. 2050년까지 1990년 대비 80퍼센트의 탄소 배출 감축을 목표로 하고 있는 상황에서, 화력발전소 허가를 금지하고 태양광, 해상풍력 발전에 집중 투자하고 있기 때문이다. 2005년 실시된 여론조사에서는 응답자의 25퍼센트가 신규 원전 건설을 지지하고, 원전보다 재생 가능 에너지 비율을 높여야 한다고 답했다.[11] 그러나 정부로서는 화력발전의 대안으로서 재생 에너지 보급으로 조기에 전환하는 것이 여건상 어렵다는 이유로 원자력 정책을 유지하는 것으로 해석된다.

영국의 「더 타임스」가 2007년 8월 발표한 여론조사 결과에 따르면, 응답자의 60퍼센트는 원자력 발전이 미래 에너지 수요를 충족하는 데 중요한 역할을 할 것이라고 답했다. 또한 20퍼센트는 원자력이 기후변화

---

10) "미국, 9.11 테러를 계기로 지지율 80퍼센트로 상승", 「일본전기신문(日本電氣新聞)」, 2006. 5. 16
11) "영국 공학협회, 원자력에 대한 국가적인 토론 촉구", 2005. 3. 15

방지를 위한 최선의 방법이라고 답했다. 2007년 입소스의 여론조사 결과에서도 영국 일반인의 65퍼센트는 영국이 원자력 발전과 재생 가능 에너지원을 포함하여 신뢰할 수 있는 전력 공급원을 확보하기 위해서 적절한 에너지 믹스가 필요하다고 답했다.[12) 후쿠시마 사고 이전에는 영국 국민의 절반 이상이 원자력 이용을 찬성했다.

2010년 12월 공개된 여론조사 결과에 따르면, 영국 국민 중 70퍼센트가 원자력 에너지를 포함한 균형 잡힌 에너지 믹스를 지지했다. 2011년 8월의 여론조사 결과는 68퍼센트였다. 원전 추가 건설에 대한 여론은 2011년 7월 잠시 내려가다가(47퍼센트에서 36퍼센트로) 곧 다시 회복세로 돌아섰다. 그리하여 2011년 12월의 여론조사에서는 오히려 후쿠시마 사고 이전보다 더 높은 수준인 50퍼센트를 기록했다. 이러한 변화의 원인에 대해서는 국내적 에너지 환경이 영향을 미친 것으로 보인다.

영국의 여론조사 기관(YouGov)이 2012년 1월 1,711명을 대상으로 실시한 조사에서는 신규 원전 건설에 대한 투자를 정부가 할 수 있는 최고의 인프라 투자라고 생각한다는 반응이 나오기도 했다. 노후 원전을 대체할 신규 원전의 건설을 지지하는 의견은 2010년 47퍼센트에서 후쿠시마 사고 이후인 2011년 6월에는 36퍼센트로 떨어졌다. 그러나 2012년 조사에서는 지지 의견이 50퍼센트로 나타나, 원전에 대한 지지도가 회복세를 보였다.[13)

이러한 우호적 여론에 힘입어 영국은 원전 확대 정책을 유지하고 있다. 후쿠시마 사고 이후 원전의 안전성 강화를 위해서 방사성 물질에 대한 관리 대책, 원전 기술, 원전 안전 강화를 위한 위기관리 대책 등을 검토했고, 그 결과에 기초하여 자국의 원전 시설 운영을 축소시킬 이유

---

12) 김종석, 「원자력과 국민이해」, 한국원자력문화재단, 2007
13) "영국 여론조사, 신규 원전 건설 선호도 최고", *World Nuclear News*, 2012. 1. 27

가 없다면서 기존의 원전 정책에 변경이 없음을 강조하고 있다.[14]

핀란드[15]

핀란드는 기후변화 대응을 위해서 재생 에너지 개발 보급을 추진한다는 의지를 보이고 있다. 그러나 실제로는 풍력발전이 1퍼센트도 안 될 정도로 취약하다. 이러한 상황에서 산업부문에서 발생하는 이산화탄소 감축이 큰 부담으로 작용하고 있어, 러시아로부터 전력을 수입하고 있는 실정이다. 이를 극복하기 위해서 국내 전력 공급의 자립도를 높이고, 나아가서 전력수출까지 가능케 할 전력생산 목표를 설정하고 있다.

이런 기조 아래 핀란드 정부는 원자력 발전에 주목하고, 그 확대 방안에 고심하고 있다. 이런 정책적 노력의 일환으로 핀란드는 신규 원전 도입의 사전 준비 단계로 원전 시설의 후보 지역의 주민을 대상으로 5년간 여론조사를 계속한 결과 65퍼센트 이상의 찬성률을 얻었다. 지역사회와의 지속적인 소통 노력을 통해서 국민여론이 정책을 뒷받침하는 성과를 거두고 있는 것이다.

러시아

러시아는 여론과 정책 사이의 상관성이 의미 있게 성립되지 않는 것이 특징이다. 러시아는 2007년에 원자력 산업체제를 대규모로 개편하여 국가 주도 방침을 강화하고 석유와 가스에 이어 제3의 에너지로 키우는 원자력 정책을 고수하고 있다.

러시아 국내에서는 33기의 원자로가 가동되고 있고, 11기의 원자로가 건설되고 있다. 2011년 기준, 원전 발전량 비중은 18퍼센트이다. 원전

---

14) http://attfile.konetic.or.kr/konetic/xml/MARKET/51Z1A1210191.pdf
15) "Finnish Attitudes Towards Energy Issues", TVO and Fortum

가동 31개국 가운데 인구밀도가 가장 낮은 캐나다(3인)에 뒤이어 두 번째로 인구밀도(8인)가 낮고, 에너지 수출은 83퍼센트에 달한다. 따라서 여러 가지 기준에 의해서 다른 나라와 비교하기에는 조건이 너무 차이가 나서 비교 대상이 되지 않는다.

한편 러시아는 계속 폴란드 등의 인근 국가로 전력수출을 확대한다는 계획이다. 또한 원자력 산업의 해외 진출에서 가장 활발한 움직임을 보이고 있다. 블라디미르 푸틴 총리는 후쿠시마 사고 후인 2011년 3월 14일, "일본 원전 사건의 교훈은 배워야 하겠으나, 러시아가 추진하는 원자력 계획을 중지할 계획은 없다"며, 원자력 비즈니스 확대 의향을 강조한 바 있다. 러시아국영원자력공사 로스아톰(RosAtom)의 총재도 원전 건설을 확대할 것이라고 밝히고 있다.16)

중국

세계에서 가장 빠르게 경제성장을 하고 있는 중국은 전력소비도 그에 비례해서 해마다 10퍼센트 정도로 증가하고 있다. 2011년 세계의 석탄 소비량 중 중국이 차지하는 비중은 47퍼센트 수준이다. 지난 10년간 석탄 소비가 평균 10퍼센트의 증가율을 보였다. 중국은 2007년에 미국을 제치고 세계 최대의 탄소 배출국이 되었고, 2011년에도 1위의 배출국이었다. 최근 발생한 심각한 대기오염 사태는 발전소, 공장, 차량 난방 등 과도한 석탄 소비가 복합적으로 작용한 결과로 분석된다.17)

체르노빌 사고 이후 중국 공산당 지도부는 원전 건설을 포기했다. 그 뒤 2002년 후진타오 주석이 집권하면서 정책 방향이 달라졌다. 전력 수요 급증으로 인해서 여름철 성수기에는 제한송전으로 산업체가 공장 가

---

16) http://attfile.konetic.or.kr/konetic/xml/MARKET/51Z1A1210191.pdf
17) "중국이 세계 석탄의 절반을 소비", 서울환경운동연합, 2013. 1. 31

동을 중단할 정도였기 때문이다. 이후 원전의 경제성과 온실가스를 배출하지 않는다는 점이 부각되며 각광을 받기 시작했고, 해안가 지방은 물론 내륙 지역에서도 원전을 짓겠다는 요청이 쇄도했다.

2011년 기준 중국의 원자력 발전용량은 총 전력생산의 2퍼센트에 불과하다. 한편 석탄 소비는 증가일로이다. 이런 배경에서 후쿠시마 사고 이전에는 중국 정부의 원전 확대 정책이 큰 힘을 받고 있었다. 후쿠시마 사고 이후에도 원전의 안전성을 강화하면서 원전 확장을 계속할 것으로 보인다. 이를 위해서 중국은 '원전 안전확보 국가전략'을 단기, 중기, 장기 방안으로 구분하여 준비하고 있다. 그러나 원래 계획이 차질 없이 속도를 내게 될지는 확실하지 않다.

체코

체코는 에너지 해외 의존도가 26퍼센트이고, 석탄 의존도가 높아서 총 에너지 생산의 3분의 2를 차지한다. 전력은 러시아로부터 수입하고 있다. 원전의 도입은 1985년 듀코바니 1호기를 시작으로 1987년부터 4호기를 가동시켰다. 2001년에는 테멜린 1, 2호기를 건설하여, 현재 6기의 원자로를 운영하고 있다. 원전의 비중은 총 전력의 33퍼센트이다. 앞으로 테멜린 3호기와 4호기의 추가 건설계획을 추진하고 있다. 2009년 산업통상부 장관은 원자력 비중을 2005년 15퍼센트에서 2050년 25퍼센트까지 확대한다는 내용의 에너지 전략 초안을 공개했다. 이를 위해서 원전 추가 건설과 설비 현대화를 추진하여, 탄소 배출량을 2002년까지 35퍼센트, 2050년까지 50퍼센트 감축할 수 있으리라고 전망했다.

이와 관련하여 2009년 실시된 여론조사 결과에 따르면, 77퍼센트의 응답자가 테멜린 원전 추가 건설을 지지하는 것으로 나타났다.[18] 2004년과 2005년에 실시된 여론조사 결과에서도 원자력 지지도가 각각 52퍼센트, 54퍼센트로 나타났다. 이들 조사 결과에 의하면, 체코 국민은 대체로 원자력에 우호적인 입장을 보이고 있다.[19]

원전에 대한 긍정적 여론은 후쿠시마 사고 이후에도 이어졌다. 예컨대 윈-갤럽 인터내셔널이 실시한 설문조사 결과, 체코인의 61퍼센트가 원자력 발전에 긍정적인 결과를 보였다. 그 이유는 다음의 상황으로 설명된다. 첫째, 후쿠시마 사고 이후 체코가 전력을 수출하여 예상 밖의 수익을 창출했다. 후쿠시마 이후 독일이 탈원전을 선언하면서 전기요금이 일주일 만에 20퍼센트 상승했기 때문이다. 이 상승률은 2009년 8월 이후 가장 높은 수치였다. 유럽의 전기요금 상승으로 인해서 체코 에너지 업계가 이득을 보게 되었고 이런 기회를 놓치기 어렵다는 것이다.

둘째, 만일 체코가 원전을 축소할 경우, 석유, 석탄, 천연가스 등의 화석연료로 대체해야 하는데, 체코는 화석연료 자원을 수입에 의존하고 있다. 그리고 태양광, 풍력 등 재생 에너지는 단기간 내에 보급되기가 어렵다. 따라서 원전 확대의 현실론에 힘을 실어주는 것으로 해석된다. 이러한 이유로 체코는 다른 유럽 국가와는 달리 원자력 발전 정책을 고수하고 있고, 테멜린 원전의 확장계획도 그대로 추진될 것으로 예상된다.

3) 반원전 국가

반원전 국가들은 대부분 유럽 국가이다. 이는 유럽연합이 재생 에너지 확대 정책을 촉진하는 것과도 관련된다. 유럽연합은 2020년까지 유럽 내 에너지 소비의 20퍼센트를 재생 에너지로 충당한다는 목표를 세웠다. 그 목표 달성을 위해서 유럽 투자은행은 2011년에 재생 에너지 개발 보급

---

18) "체코-원자력현황", 원자력국제협력통합정보시스템(http://www.icons.or.kr/pages/view/287/cooper)
19) "체코, 국민의 원자력 여론 호전", 한국과학기술정보연구원, 2005. 7. 29(http://www.konetic.or.kr/?p_name=env_news&query=view&sub_page=ALL&unique_num=71717)

에 55억 유로를 지원했다. 이는 2008년의 22억 유로 대비 2.5배로 늘린 것이고, 2011년 유럽 투자은행이 에너지 분야에 투자한 총액의 30퍼센트 수준이다.

GDP 순위 10위 내에서 원전을 축소하는 국가는 스위스, 벨기에, 독일이다. 이들 국가는 에너지 수입률과 원자력 의존도가 높았음에도 불구하고 탈원전으로 돌아서고 있다. 그 배경은 GDP가 높아 재생 에너지 등의 연구개발을 할 여유가 있고, 기술 자립도가 높고, 국민의식이 안전과 환경의 가치를 존중하는 사회적 분위기 탓으로 풀이된다.

독일

독일은 1999년 사민당-녹색당의 연정 출범으로 2000년 탈원전 정책을 선언한 적이 있었다. 그러나 2010년 기독교민주당(CDU, 이하 기민당)과 자유민주당(FDP, 이하 자민당) 등 연정 참여 정당들은 원전을 모두 폐쇄한다는 기존 법률을 폐기하고 원전의 가동 시한을 평균 12년 연장했다.

그러나 후쿠시마 사고로 독일 곳곳에서는 원전 반대 시위가 잇따랐으며 독일 녹색당의 지지율은 고공 행진을 거듭해 2013년 총선에서 사상 최초로 녹색당 출신 연방 총리가 탄생할 것이라는 기대가 높아졌다. 특히 기민당의 우세가 점쳐졌던 3월 말 바덴-뷔르템부르크 주 선거에서는 오랜 전통을 깨고 녹색당이 승리했다.

2012년 3월까지만 해도 독일은 17기의 원자로를 가동해 전력 수요의 약 4분의 1을 생산하고 있었다. 독일의 원자력 의존율은 23퍼센트에 달했고 에너지 관련 산업계에서도 원전의 조기 폐쇄는 독일의 산업 기반을 위태롭게 할 것이라는 의견을 내놓았다. 그러나 메르켈 총리도 여론의 압력 앞에서 원전 정책의 방향을 재수정하게 되었다.

결국 독일이 보유한 17기의 원전은 장차 가동을 멈추게 될 것으로 전망된다. 17기 중 8기는 이미 가동이 중단되었고, 나머지 9기는 2022년까지 순차적으로 중단하는 계획을 밝혔다. 그리고 재생 에너지 비중을 현재 20퍼센트에서 2020년까지 35퍼센트, 2050년까지 80퍼센트로 늘린다는 계획이다. 이러한 계획에 따라 2011년 독일의 친환경전기 생산 비중은 20퍼센트로 원전(18퍼센트)을 넘어섰다.

2008년 여론조사(TNS Emind)에 따르면, 독일 국민의 49퍼센트가 독일 원전의 수명 연장을 지지하는 것으로 나타났다. 그러나 후쿠시마 사고 이후 2011년 6월의 조사에서는 57퍼센트가 원전 폐쇄 정책이 가능할 것으로 믿는다고 답한 바 있다.

이런 상황에서 '원전 탈출'에 드는 막대한 비용을 누가 부담할지에 대한 논란도 커지고 있다. 일간지(*Suddeutsche Zeitung*)의 보도에 의하면, 정부 내의 전망치를 인용해 연간 30억 유로가 소요될 것이라고 보았다. 독일 경제장관은 "정확한 수치를 예측하기는 어렵지만 10억-20억 유로가 소요될 것"이라고 했다. 연정의 에너지 전문가들은 향후 4년간 160억 유로가 필요할 것이라고 보았다. 과연 독일의 탈원전이 소기의 목표를 달성할 수 있을지 메르켈의 결정에 의구심을 제기하는 시각도 있다.

확실하게 원전 축소 정책을 취한 독일은 단기적으로는 화석연료를 통한 전력 공급을 강화하고, 장기적으로는 재생 에너지의 발전 단가를 낮춰 대체하는 방향으로 정책을 수립하고 있다. 그러나 에너지 공급의 불안정성과 경제적 손실 등으로 인해서 자국 내에서도 원전 대폭 축소에 대한 여론은 엇갈리고 있어 앞으로 정부의 에너지 확보 방침이 주목된다.

스위스

스위스는 후쿠시마 사고가 일어나기 한 달 전인 2011년 2월까지 신규 원전 건설계획을 추진하던 나라였다. 2010년 2월 전화 설문조사[20] 결과에 따르면, 응답자의 55퍼센트가 원자로의 신규 교체에 찬성했고, 41퍼센트가 반대했다. 2011년 2월 스위스 칸톤 베른에서 실시된 주민투표에서는 노후 원전을 대체하는 신규 원전 건설에 51퍼센트가 찬성하고, 49퍼센트가 반대했다. 따라서 노후 원전 교체 안건이 통과되었고, 스위스의 전력 정책이 결정되는 것으로 보였다. 스위스 인구는 2010년 770만 명이나 2060년이면 900만 명으로 늘어날 것으로 예상되고 있고, 사회적 여론도 온실가스 감축과 더불어 전력 수요에 대처할 수 있는 대안으로 원선을 택하고 있었던 탓에 낙관적으로 보았던 것이다.[21]

스위스의 에너지 수입률은 52퍼센트이고, 원전 의존도는 40퍼센트가 넘는다. 그러나 후쿠시마 사고로 인해서 여론이 급반전됨에 따라 정부는 2034년까지 탈원전을 추진할 것을 선언하고, 이에 대비하여 에너지 효율 향상과 재생 에너지 보급 대책을 강화하는 방향으로 선회했다.

스위스가 탈원전으로 전환할 수 있는 배경으로는 태양광, 바이오매스 등의 기술 수준이 높기 때문으로 풀이된다. 특히 태양광 연구는 25년의 역사를 기록하며, 태양전지, 박막(薄膜) 분야 연구에 지원이 강화되면서 각광을 받고 있다. 그리고 바이오매스의 가격 경쟁력을 높이기 위해서 신기술 개발과 상용화에 박차를 가하고 있다.[22]

벨기에

2003년 벨기에 의회는 모든 원전을 2015년부터 2025년까지 단계적으로 폐쇄하기로 의결한 바 있었다. 2011년에는 2015년에 3개 원전, 2025

20) Demoscope 주관 설문조사
21) 이민호, "스위스 에너지대책, 원자력발전소 건립으로 방향 잡아", KOTRA, 2011. 2. 16
22) 신순재, "[녹색산업기술] 스위스의 최근 재생에너지 신기술 프로젝트를 살핀다!", KOTRA, 2011. 8. 25

년에 나머지 4개 원전을 폐쇄하는 결정에 합의를 했다. 이를 토대로 벨기에 정부는 재생 에너지 확대 정책, 특히 비용 대비 효과가 큰 녹색 에너지 기술에 대하여 인센티브를 강화하고 있다.[23]

벨기에는 재생 에너지 비중을 2020년까지 13퍼센트로 올린다는 목표를 추진하고 있다. 바이오매스 부문에서는 원래 우위였고, 최근에는 수력과 풍력발전에도 투자를 늘리고 있다. 2013년 1월에는 해상풍력 에너지를 저장할 수 있는 인공 섬을 건설하기로 하고, 2020년까지 총 풍력발전 용량(4,000메가와트)을 높인다는 계획을 추진하고 있다.

이탈리아

이탈리아는 체르노빌 사고 이후 1987년에 국민투표를 실시했다. 그 결과 원전 반대 여론이 압도적으로 높게 나오자, 1988년에 모든 원전 건설을 중지하고 1990년부터 원전 폐쇄를 시작했다. 1960년대까지만 하더라도 이탈리아는 세계 4대 원전 보유 국가였다. 체르노빌 사고가 가장 큰 영향을 미친 나라가 이탈리아인 셈이다. 그 이후로 원전 폐쇄 정책을 계속해서 2009년 당시 G8 국가 중 유일하게 자체 원전을 보유하지 않는 국가로 기록되었다.

그로 인해서 이탈리아가 치른 대가는 만만치 않았다. 세계에서 전력 수입량이 가장 높은 국가가 되었기 때문이다. 그 결과 이탈리아의 전기 요금은 유럽 국가의 평균치에 비해서 30퍼센트가 높고, 프랑스에 비해서는 60퍼센트가 비싸졌다.[24]

이런 정책 변화 속에서 2003년 9월 이탈리아는 정전 사태를 겪게 된다. 당시 일부에서는 전력부문의 자유화가 불완전하고 제대로 관리되지

---

23) "벨기에 신재생에너지 현황", 한국환경산업기술원, 2009. 12
24) 이장훈, "이탈리아, 원자력 르네상스 시대 도래", 원자력국제협력정보서비스, 2009. 11.19

않은 탓이라고 했고, 또 다른 쪽에서는 원전 정책을 포기한 탓이라고 했다. 결국 복합적 요인이 작용한 결과로 보이나, 대안이 없는 원전 폐지로 인한 전력수급 정책의 미숙함이 근본적 원인이었음을 부정하기는 어려워 보인다.[25]

전력수급이 국정의 주요 과제가 되자, 이탈리아는 2009년 프랑스와 정상회담을 열고, 원자력 에너지 협력 협정을 체결한다. 그로써 22년 만에 탈원전의 원칙을 깨고 원자력으로 회귀하는 국가가 된다. 그동안 2006년과 2009년에 러시아의 천연가스 공급 중단으로 심각한 에너지 위기를 겪고, 국제유가 급등으로 에너지 수입을 감당하기 어려운 상황이 되자, 에너지 수급이 국가안보와 경제의 핵심이라는 다급함이 작용한 결과였다. 한때 이탈리아 정부는 본토에 원전 건설이 어려울 경우 인근 국가에 원전을 세우는 계획에 대해서도 검토한 적이 있다.

전력수급 정책의 난관을 겪으면서 이탈리아의 사회적 여론도 점차 원전에 호의적으로 바뀐다. 그리하여 2009년 여론조사에 따르면, 국민의 54퍼센트가 원전 건설을 지지하고, 36퍼센트가 반대하는 것으로 나타났다. 특히 2008년 총선에서 그동안 강력하게 원전 건설을 주장하면서 공약으로 원전 건설 재개를 내세웠던 실비오 베를루스코니가 당선되어 총리에 취임한 것도 이러한 여론 동향과 맞아떨어진 것으로 보인다.[26]

그러나 후쿠시마 사고는 이탈리아의 원전 정책에 찬물을 끼얹는다. 후쿠시마 사고 이후에 실시된 국민투표에서 원전 지지 여론이 반대 여론에 밀리는 결과가 나왔기 때문이다. 실은 이 투표에서는 정부의 원자력 발전 재개계획과 수자원 관리 민영화 방안 등 여러 가지 현안이 한데 묶여

---

25) Paolo Fornaciari, "이탈리아 정전 사태와 원전", 원자력산업, 2003. 11. 6
26) 이장훈, "이탈리아, 원자력 르네상스 시대 도래", 원자력국제협력정보서비스, 2009. 11. 19

투표에 부쳐졌고, 결과는 94퍼센트의 반대로 나타났다. 그 결과 당시 베를루스코니의 원전 재도입계획은 무산되고 이탈리아의 원자력 정책은 탈원전을 고수하게 되었다. 그러나 이 투표 결과는 오로지 원전 정책 자체에 대한 부결이라기보다는 총리의 스캔들 등 정치적 요인이 복합되어 빚어진 사태로 분석되기도 한다.

그런데 여기서 한 가지 고려요인이 있다. 국민투표에 의해서 주요 정책의 향방을 결정하는 것이 타당한가의 물음이다. 일견 민주적으로 보이는 것은 확실하나, 이렇듯 민감하고 복합적인 중대 사안의 정책결정을 두고 일반 국민을 대상으로 가부를 묻는 방식이 국가 차원에서 현명한 결정을 내릴 수 있는가의 문제 제기가 가능하기 때문이다. 투표에 의해서 가부를 결정짓는 방식은 우선 정책내용의 총체적 성격과 정책 간의 전후 상관관계 등에 대한 충분한 지식과 이해가 부족한 판단의 경우 오류를 범하기 쉽고, 가부 간 결정의 흑백논리가 아니라 절충적 대안의 모색을 봉쇄한다는 의미에서 재고할 여지가 있다는 것이 해외 연구 결과에서도 나오고 있는 지적이다.

또한 정책결정에서 전문가 그룹과 일반인이 보는 시각에는 상당한 차이가 발생하는 경우가 비일비재하다. 그런 의미에서 일반 국민이 충분히 이해할 수 있도록 정보를 정확하게 전달하는 정부의 역할이 중요하고, 이러한 이슈에 대한 정책결정에서 사회적 협상 방식과 절차를 어떻게 개선할 수 있는가가 중요한 과제로 부상했다고 할 수 있다.

타이완

타이완과 우리나라는 1978년 원전 가동을 시작했고, 에너지 해외 의존도가 매우 높다는 공통점을 가지고 있다. 2010년 기준, 타이 전력(Taipower)은 타이완 내 진산, 궈셩, 마안산 등 3개 부지에서 6기의 원자로를 운영하고 있었다. 여기서 생산하는 전력은 타이완 전력 수요의 20 퍼센트를 충당하고 있었다. 그 밖에 추가로 룽먼 지역에 2기의 원전을 건설하고 있었고, 2025년까지 신규 원자로 3기를 추가할 계획을 가지고 있었다.[27] 그러던 중 후쿠시마 사고가 발생했다.

후쿠시마 사고 직후에도 당시 마잉주 총통은 원자력 에너지 정책에는 변화가 없을 것이고, 건설 중이던 4호기의 가동을 예정대로 2012년에 시작할 것이라고 발표했다. 이에 환경단체는 원전 4호기 건설 중단과 가장 오래된 1호기의 폐쇄를 요구하고 나섰다. 타이완 「빈괴일보(蘋果日報)」가 2011년 3월 실시한 여론조사 결과에 의하면, 응답자의 50퍼센트가 타이완 제4원전의 건설을 중단해야 한다고 답했다. 35퍼센트는 계속 건설해야 한다고 답했다. 타이완 해양대학교 교수(리자오싱)는 건설 중인 4호기 원전의 반경 80킬로미터 내에 해저화산이 있으며, 강진과 쓰나미가 닥칠 경우 큰 피해를 입을 것이므로 원전 건설을 중단해야 한다고 주장했다. 타이베이 도심에서는 원전 건설의 즉각 중지를 요구하는 시위가 벌어지기도 했다.

이렇듯 원자력에 대한 부정적인 여론이 과열되자 타이완 발전공사는 원자력 발전을 줄이고 대체 에너지를 활용하는 방안을 검토하겠다고 밝혔다. 타이완 정부는 앞으로 신규 원전을 증설하지 않고, 현재 운영 중인 원전 내에서도 원자로를 추가 건설하지 않고, 운영 중인 원전의 만료 기한을 앞당겨 감축할 계획이며, 대체 에너지원을 확보하는 대안을 검토 중이라고 밝혔다.[28]

최근에는 건설 중인 신규 원전에 대해서 공사를 전면 중단하고, 향후 추진 여부를 국민투표에 부치기로 했다. 원전에 대한 여론이 악화되자

---

27) "Capacity expansion planned for Taiwan", *World Nuclear News*, 2010. 1. 19
28) 유기차, "대만, 원전 버리고 녹색 에너지 살린다", KOTRA, 2011. 5. 24

국민의 의견을 따르겠다는 의지를 보인 것으로 해석된다. 그러나 원전 건설을 중단하는 데 대한 전력 공급 대안이 마련되어 있지 않다는 것이 과제로 남아 있다.

일본(2011년 기준)

일본은 전통적으로 친원전 여론이 우세했으나, 자국에서 발생한 후쿠시마 사고의 여파로 원자력 지지도가 급감했다. 2011년 4월부터 10월까지 NHK, 요미우리(読売), 닛케이(日経), 아사히(朝日), 산케이(産経)/FNN 등 일본 유력 언론사에서 실시한 설문조사 결과를 시기별로 분석하면 다음과 같다.

2011년 4월 16일과 17일에 조사된 NHK의 조사 결과, 원전을 확대해야 한다는 의견이 7퍼센트, 현재 상태를 유지해야 한다는 의견이 42퍼센트, 축소해야 한다는 의견이 32퍼센트, 완전 폐지해야 한다는 의견이 12퍼센트로 나타났다. 원전 사고 직후에 조사된 결과임에도 불구하고, 원전 수를 늘리거나 유지해야 한다는 의견이 축소하거나 폐지해야 한다는 의견보다 더 높다는 것이 흥미롭다.

「아사히신문」의 조사 결과에서도 원자력 발전에 찬성한다는 의견이 50퍼센트인 것에 반하여 반대 의견은 32퍼센트였다. 5퍼센트는 원전 개수를 늘려야 한다고 답했다. 51퍼센트는 현 수준 유지, 30퍼센트는 원전 축소, 11퍼센트는 원전 완전 폐지를 지지했다. 이 결과에서도 원전을 늘리거나 현재 수준을 유지해야 한다는 의견이 과반이다.

2011년 4월 26일에 발표된 「산케이신문」과 「FNN」의 합동 설문조사에서는 원전을 늘려야 한다가 4퍼센트, 현재 수준을 유지해야 한다가 48퍼센트, 줄여야 한다가 33퍼센트, 전면 폐지해야 한다가 1퍼센트 미만으로, 위의 결과와 비슷한 양상을 보였다.

2011년 5월 14일에서 15일 사이에 진행된 「마이니치신문(每日新聞)」의 여론조사에서는 원자력 발전을 축소시켜야 한다는 의견이 47퍼센트로 4월의 41퍼센트보다 6퍼센트 올라갔다. 원전을 전면 폐지해야 한다는 의견은 12퍼센트로 4월의 13퍼센트와 비슷했다. 같은 기간 진행된 「아사히신문」의 결과에서는 원자력 발전에 찬성하는 의견이 43퍼센트, 반대 의견이 36퍼센트였다. 따라서 4월의 찬성 의견 50퍼센트, 반대 의견 32퍼센트와 비교할 때 여론이 더 악화된 것을 알 수 있다.

「요미우리신문」의 조사 결과도 크게 다르지 않다. 원전을 확대해야 한다는 의견이 4퍼센트, 현 상태를 유지해야 한다는 의견이 34퍼센트, 축소해야 한다는 의견이 44퍼센트, 폐지해야 한다는 의견이 15퍼센트였다. 4월의 동일한 여론조사 결과와 비교하면, 찬성 의견(확대, 유지)이 56퍼센트에서 38퍼센트로 감소했으며, 반대 의견(축소, 폐지)은 41퍼센트에서 59퍼센트로 증가한 것을 볼 수 있다. NHK의 조사 결과에서도 원전 확대 의견이 3퍼센트, 유지 의견이 32퍼센트, 축소 의견이 43퍼센트, 폐지 의견이 14퍼센트로 비슷한 양상을 보이고 있다.

6월의 여론조사에서는 원자력에 대한 지지 의견이 더 낮아진다. 2011년 6월 11일과 12일에 「아사히신문」의 조사에서는 원자력 발전 찬성이 37퍼센트, 반대가 42퍼센트였다. 4월과 비교해서 찬성은 13퍼센트가 감소했고, 반대는 10퍼센트가 증가했다.

정기조사를 통한 안전기준이 충족된다면 원전을 지지할 것인가 하는 질문에 대해서는 지지한다가 51피센트, 지지하지 않는다기 35퍼센트였다. 즉 확고한 안전기준을 지키고, 정기적으로 철저한 검사를 한다면 원자력에 대한 여론이 보다 호의적으로 된다는 해석이 가능하다. 또한 향후 원전 폐지 정책에 대한 반대가 14퍼센트인 것에 비해, 폐지에 대한 찬성은 무려 74퍼센트에 달했다. NHK 결과에서도 원자력 발전을 늘려야 한다는 답변은 고작 1퍼센트인 것에 비해 원전 축소와 폐지 쪽은 63퍼센트에 달했다.

이러한 설문조사 결과에서 볼 수 있듯이, 후쿠시마 사고 이후 시간이 지날수록 자국 내의 원전을 늘리거나 유지해야 한다는 응답 비율이 줄어들고 있음을 볼 수 있다. 반대로 원전을 줄이거나 완전히 없애야 한다고 생각하는 사람의 숫자가 점차 늘어났다. 후쿠시마 사고가 일본 국민의 원자력 인식에 큰 영향을 끼쳤고, 방사능 유출 등의 후유증과 트라우마가 2011년 사고 이후 시간이 지남에 따라 더 커진 것으로 볼 수 있다.

4) 후쿠시마 사고 이후 친원전에서 중립으로 바뀐 국가군

전통적으로 원전에 우호적이었으나 후쿠시마 사고 이후 찬반 여론이 대립되고 있는 사례로서 스웨덴과 네덜란드를 꼽을 수 있다.

스웨덴

스웨덴 정부는 스리마일 섬 사고와 체르노빌 사고를 계기로 신규 원전 건설을 금하고 기존 원전을 단계적으로 폐쇄하기로 결정한 바 있었다. 그러나 이에 대해서 산업계와 노조는 막대한 폐쇄 비용(34조 원)과 전기요금 상승 등을 이유로 강력히 반대하고 나섰다. 2009년 들어 스웨덴 정부는 30년간 유지해온 원전 정책에서 단계적인 폐쇄 정책을 포기하고, 가동 중인 원전의 수명이 다하면 신규 원전으로 대체한다는 결정을 내렸다.

스웨덴의 원자력 발전은 총 전력생산량의 40퍼센트를 차지한다. 스웨덴의 경우, 기후변화 대응을 위해서 화력발전소 건설을 제한하고 대체에너지를 개발하는 등의 정책이 현실적으로 어렵다는 판단을 내렸다. 실제로 설비를 갖추고 발전단가의 경쟁력을 갖추는 데에 한계가 있다고 보아 원전을 유지하는 정책으로 회귀한 것으로 볼 수 있다.

2006년 스웨덴 괴테보르그 대학교 부설 연구소(Society, Opinion and Media Institute)의 조사에 따르면, 스웨덴 국민의 50퍼센트는 원자력 에너지의 지속적인 이용을 지지하는 것으로 나타났다. 이는 1999년의 조사에서 대다수 국민이 원자력을 배제해야 한다고 답한 것에 비하면 크게 달라진 결과이다. 그리고 2009년 12월 원자력안전훈련센터(KSU)의 의뢰로 실시한 여론조사(TEMO)에서도 65퍼센트가 원전 폐쇄에 동의하지 않는다고 답했다.

이러한 조사 결과는 대체로 원자력 발전에 대한 국민의 긍정적 인식을 반영하는 것으로 볼 수 있다. 1980년 실시된 국민투표 이후 거의 30년이 지난 시점에서 얻어진 이러한 긍정적 반응은 기후변화 대응의 시대적 필요성에 대한 절박한 인식이 국민여론에 영향을 미친 것으로 분석된다.[29]

그러나 이렇듯 우호적이었던 여론도 후쿠시마 사고의 영향권을 벗어나지는 못했다. 국내 원전 안전성에 대한 논란이 일게 되면서, 스웨덴 방사선안전청(SSM)은 원자로의 안전성을 분석하는 스트레스 테스트를 실시했다. 그 결과 스웨덴 내 원전은 심각한 재난 사태에도 견딜 정도로 견고하기 때문에 원전 운전을 중단할 이유가 없다고 발표했다.

네덜란드

1986년 체르노빌 원전 사고 이후 유럽이 탈원전 정책으로 기우는 가운데, 네덜란드도 1994년 보르셀 원전을 2004년에 폐쇄하도록 결정했다. 그러나 2006년 보수 여당은 2013년까지 운영하도록 정책 방향을 바꿨고,

---

29) "스웨덴, 미래 유망에너지로 원자력에 주목", WNO, 2006. 5. 3

다시 2033년으로 연장하는 계획을 세웠다. 이는 에너지 수요가 계속 증가할 것으로 예상되는 상황에서 유가 상승으로 전기료가 올라감에 따라 기업 경쟁력이 떨어지고 있음을 고려한 조치였다. 2005년 여론조사에 의하면, 추가적인 원전 건설을 지지하는 비율이 40퍼센트로 나타났다.[30]

그러나 후쿠시마 사고 이후 네덜란드의 여론도 바뀌었다. 사고 직후인 2011년 3월 윈-갤럽 인터내셔널의 조사 결과를 보면, 사고 이전에는 찬성 여론이 51퍼센트였으나 사고 이후에는 반대 여론이 50퍼센트로 반전되었다.

친원전 여론으로부터 중립 쪽으로 옮겨가기는 했으나, 네덜란드는 앞으로 1개 원전을 추가 건설하는 방안을 검토하고 있다. 또한 2013년 3월, 네덜란드, 영국, 핀란드, 프랑스를 포함하는 유럽연합 12개국이 원자력 확대 협약을 체결함에 따라 네덜란드가 친원전 정책을 유지할 것이라는 전망이 나오고 있다.

브라질

브라질은 총 발전량 중 수력이 90퍼센트를 넘을 정도로 수력발전 위주의 특징을 띠고 있다. 그러나 지역적 불균형과 강우량에 따른 수급 불안정으로 예측 불허의 전력난을 겪고 있다. 또한 신흥경제국으로서 막대한 전력을 소비하고 있어, 수력발전의 비중을 줄이고 원자력과 재생 에너지의 비중을 높이는 계획을 추진하고 있었다. 후쿠시마 사고 이후에도 기존의 원전 정책을 고수하는 상황이다.

2011년 7월 글로브스캔(GlobeScan)이 23개국 23,000여 명을 대상으로 조사한 결과, 원전의 추가 건설에 대해서 브라질 국민의 79퍼센트가 반

---

30) "새로운 원전 계획의 네덜란드", 「유로포커스」, 2006. 2. 25

대하는 것으로 나타났다. 윈-갤럽 인터내셔널의 설문조사에서도 브라질 국민의 이러한 부정적 인식은 후쿠시마 사고 이전의 49퍼센트에서 54퍼센트로 올라갔다. 그린피스 회원들은 후쿠시마 사고 직후 브라질리아의 대통령궁 앞에서 반핵 시위를 벌였고, 앙그라 3호 원전 건설에 지원(4조 2,000억 원)하기로 한 국영 경제사회개발은행(BNDES) 앞에서 금융 지원 중단을 촉구하는 시위를 벌이기도 했다.

이처럼 부정적 여론이 확산됨에 따라, 브라질 국영전력회사인 엘레트로브라스(Eletrobras) 산하 일렉트로누클레아르(Elcctronuclear)는 원전 추가 건설계획이 늦춰질 가능성이 있다고 보고 있다. 브라질 정부의 원전 건설계획이 차질을 빚게 됨으로써 2030년까지 건설 예정이던 4기의 원전 추가 건설도 유보될 것이라는 전망이 나오고 있다.

캐나다

캐나다 원자력협회(The Canadian Nuclear Association)는 1987년부터 입소스에 의뢰하여 해마다 캐나다 국민여론을 모니터하고 있다. 설문조사는 매해 18세 이상 성인 1,000명 이상을 대상으로 시행된다. 1987-2010년 사이 찬반 의견의 변화 추이를 살핀 결과, 캐나다의 원전 지지 의견은 1987년에 51퍼센트로 가장 높았다가 1990년대 초반에 급격히 하락했다.

이는 1990년부터 1993년까지 캐나다에서 발생한 크고 작은 원전 사고 탓으로 유추되며, 잇따른 고장이나 사고는 국민의 원전 신뢰도에 큰 영향을 미친다는 것을 보여준다.

1990년대에 원자력에 대하여 비판적이던 여론은 2000년대에 들어 회복세를 보인다. 그러나 2005년 다시 원전 지지 의견이 급격히 하락하고 원전 반대 의견이 64퍼센트까지 치솟는다. 그 이유는 노후 원전의 가동을 둘러싼 논쟁 때문으로 추정된다. 온타리오 주는 4개의 노후 원전을 점검하고 수리 후에 재가동하겠다는 뜻을 밝혔다. 뉴브런즈윅 주도 포인트 레프로 원전을 수리한 후 가동하겠다는 의사를 밝혔다. 급격한 여론 악화에도 불구하고 5기 원전의 수리 후 재가동 결정은 모두 동의를 얻었다. 온타리오 주는 당시 전력 부족을 겪고 있었고, 포인트 레프로 원전에서 생산되는 전기는 뉴브런즈윅 주 전력의 25퍼센트를 공급하고 있었다. 이 때문에 여론의 악화에도 불구하고 노후 원전 재가동을 추진할 수밖에 없었던 것으로 분석된다.[31]

2009년에도 원전 지지 의견은 하락하고 반대 여론이 거세졌다. 이는 2009년 일어난 달링턴 원전 사고 탓이었다. 이 사고는 원전 직원의 실수로 삼중수소와 하이드라진(hydrazine)이 포함된 20만 리터 이상의 물이 온타리오 호로 유출된 사고였다. 다행히 인근 지역주민에게 피해를 미칠 정도는 아니었으나, 여론에는 부정적인 영향을 미쳤다.[32]

후쿠시마 사고 이후 캐나다 원자력협회는 2011년과 2012년 1,000명 이상의 18세 이상 캐나다 국민을 대상으로 원자력 인식조사를 전화로 실시했다.[33]

후쿠시마 사고 직후 원자력에 대한 찬성 여론은 38퍼센트, 반대 여론은 56퍼센트로 나타났다. 2010년 조사 결과에서는 찬성 43퍼센트, 반대 54퍼센트로, 지지자가 약간 감소하는 결과를 보였다. 2012년에는 찬성 37퍼센트, 반대 53퍼센트였다. 후쿠시마 사고 1년이 지난 시점에서 캐나다 국민의 원자력 인식은 크게 변하지 않은 것으로 나타났다. 신규 원전 건설에 대해서도 2011년에는 찬성 35퍼센트, 반대 61퍼센트로서, 2012

---

31) World Nuclear Association
32) "Nuclear plant spills tritium into lake", *The Star News*, 2009. 12. 23
33) National Nuclear Attitude Survey, Innovative Research Group, 2012. 6

년의 찬성 33퍼센트, 반대 63퍼센트와 비교할 때 시간의 경과에 상관없이 반대 의견이 30퍼센트 정도 우세한 것으로 나타났다.

캐나다의 원자력 여론에서 흥미로운 점은 온타리오 주와 퀘벡 주를 대상으로 하는 여론조사가 극단적인 차이를 보인다는 사실이다. 프랑스계 주민이 많이 거주하고 중앙정부로부터 독립되어 독점적인 입법권을 지닌 퀘벡 주는 전력의 95퍼센트가량을 수력발전으로 충당하고 있다. 따라서 원전 의존도가 매우 낮다. 반면에 온타리오 주에는 캐나다 최대의 중공업 지대와 자동차 생산 라인이 밀집되어 있어, 국내에서 가장 많은 원자로가 작동되고 있다.

이러한 배경으로 두 개 주의 원자력 여론에 큰 차이가 나는 것으로 해석된다. 퀘벡 주에서는 찬성 비율이 18퍼센트이고, 온타리오 주에서는 찬성 비율이 56퍼센트로서, 양쪽의 차이가 38퍼센트이다. 이는 대체로 원전이 많이 입지한 지역의 찬성 여론이 더 높게 나타난다는 일반적인 여론조사 결과와도 일치한다. 그리고 이미 원전이 다수 가동되고 있다는 사실은 그 지역의 전력생산에서의 원자력의 필요성이 크다는 요인과도 관련되는 것으로 해석된다.

스페인

스페인은 2012년 기준 총 8기의 원전을 운영하고 있다. 2010년에 총 10기의 원자로 중 2기의 운영을 중단하고 해체한 결과이다. 현재 원자력은 총 전력생산의 20퍼센트를 차지하나, 이는 2009년에 비하여 약 3퍼센트 상승한 수치이다. 스페인의 에너지원을 보면 원자력이 3위를 차지한다. 재생 에너지가 2위일 정도로 그 비중이 높다. 풍력발전으로는 세계 4위, 태양력발전으로는 세계 2위 수준이다. 그리고 2009년에는 스페인의 알마라즈 2호기가 전 세계 가압경수로(PWR, Pressurizes Water Reactor)

중 2위, 가로나 원전이 비등경수로(BWR, Boiling Water Reactor) 중 31위로 평가되어, 각각 세계 50대 우수 원전으로 선정될 정도로 기술 수준을 인정받고 있다.[34]

스페인의 원자력 정책에 대한 정부의 의지는 아직 불확실하다. 그러나 스페인 원자력 산업계는 지속적인 전력 공급을 위해서 8기 원전의 면허 갱신과 더불어 2035년까지 3기의 신규 원전을 건설해야 한다고 강조하고 있다. 그리고 스페인 원자력규제위원회는 2010년 4월 알마라즈 1, 2호기의 운영을 10년간 연장했다. 과거 유럽 지역 내의 반핵 운동의 영향이 완화되는 것과 이웃나라들의 원자력 정책도 스페인의 원자력 정책에 영향을 끼칠 것이라는 전망도 나오고 있다.[35]

5) 신규 원전 도입 국가

우크라이나

우크라이나의 원전 산업은 1970년 체르노빌 원전의 시운전에서 비롯된다. 원자력과 석탄 화력에 의존하던 우크라이나는 체르노빌 사고 이후 원전 건설을 중단했다. 이후 발전설비의 증설은 이루어지지 않았으나, 원전 의존도가 47퍼센트인 우크라이나는 2030년까지 원전 의존도를 계속 높인다는 계획이었고, 후쿠시마 사고 이후에도 스트레스 테스트를 포함하여 중장기 원전 안전조치를 강화하면서 확대 정책을 이어가고 있다.

우크라이나 대통령 빅토르 야누코비치는 2012년 인터뷰에서 이렇게 밝혔다. "장기적으로는 녹색 에너지 개발을 추구하는 방향으로 가야 하나, 당장 원전을 포기하는 것은 불가능하다. 후쿠시마 사고 이후 원자력

---

34) "Nuclear electricity Generation for January 2009", *Nucleonics Week*, 2009. 3
35) "스페인-원자력현황", 원자력국제협력통합정보시스템, 2012.01.11.(http://www.icons.or.kr/pages/view/262/cooper)

에너지를 포기해야 한다는 여론이 확산되고 있으나, 조기에 녹색 에너지로 이행해야 한다는 주장은 근거가 부족하다.” 이런 정책 기조와 함께 2011년 4개의 원전 부지에서 15기의 원자로를 가동하고 있는 상태에서 앞으로 원전을 추가로 건설할 계획은 없다고 밝혔다.[36]

우크라이나는 새로운 원전 사업으로 22억 달러를 투입하여 체르노빌 원전을 거대한 철재 격납용기에 묻는 사업을 진행하고 있다. 새로운 격리사업(New Safe Confinement Project)으로 알려진 이 사업은 체르노빌 사고 이후 발전소 터에 어지럽게 널린 흉물스러운 콘크리트를 대체하는 격리시설을 건설하는 것으로, 2013년에 완료한다는 계획이다. 이는 100년 이상 유지해야 할 최대이자 최초의 이동식 구조물이다.[37]

불가리아

불가리아는 1950년대 이후 발칸 반도의 주요 전력생산국으로서 인근 국가로 전력을 수출하고 있었다. 2008년 말 기준 불가리아의 총 전력생산은 증가세를 보이면서 그리스로 수출(5,000기가와트시)하고 있었다. 전력원 믹스는 화력 56퍼센트, 수력 8퍼센트, 원자력 36퍼센트이다. 원전 비중은 2011년 기준으로 33퍼센트이고, 화력 발전설비는 노후하여 교체해야 할 상황이다.

불가리아는 1974년에 최초로 원전의 상업발전을 시작한 이래, 1990년대에는 러시아의 지원으로 신규 원전 건설을 추진했다. 그러나 정치적, 사회적 여건과 재원 조달의 어려움으로 중단되있다. 2000년대에는 노후 원전의 개보수와 신규 건설 논의가 본격화되고, 2007년 유럽연합 가입 조건으로 원자로 2기를 폐쇄하는 동시에 신규 원전 건설 지원을 약속받

---

36) “[인터뷰] 우크라이나 야누코비치 대통령”, 2012. 3. 19
37) “[특집] 우크라이나의 원전산업 현황”, 한국원전수출산업협회, 2012. 7. 18

았다. 2013년 기준 불가리아는 2기의 원자로를 가동하고 있으며 신규 원전 2기를 건설하고 있다.[38]

2008년에 발표된 불가리아의 「에너지 전략 보고서」에 따르면, 2014년까지 벨레느에 원전(2000메가와트)을 신규 건설하기로 되어 있다.[39] 그러나 2012년 보수계 정당 연합이 100억 유로의 재원을 조달할 수 없다는 이유로 계획을 포기하고, 이에 대해서 야당인 불가리아 사회당(BSP)은 원전 건설이 필요하다며 국민투표를 청원했다. 이에 2013년 1월 불가리아 정부는 국민투표를 실시했고, 결국 좌우파의 정치적 대결에서 유권자의 외면으로 국민투표는 무효화되었다. 불가리아는 유럽연합 가입 조건의 하나로 2020년까지 총 에너지원의 16퍼센트를 재생 에너지로 충당하기로 되어 있다. 따라서 수력, 풍력, 태양광을 중점 개발하고 있다. 이 분야에 국내외 투자 재원을 조달하고 있으나, 정책 방향이나 구체적인 실천계획이 제시되지 않아 추진 여부는 불확실하다.

아르메니아

아르메니아는 1980년 최초의 원전 건설에 착수했으나, 정치적인 이유로 1989년 3월에 중단되었다. 이후 심각한 에너지난으로 1995년 11월에 원전 건설을 다시 추진한다. 2007년 정부는 2008-2010년 사업계획을 발표하고, 신규 원전 건설이 반드시 필요하나, 재원 조달, 투자 규모, 건설 기술 등의 불확실성으로 인해서 구체적인 계획은 추후 발표할 것이라고 했다.

아르메니아의 멧사모어 원전은 2011년 기준 전력생산의 40퍼센트를 담당하고 있다. 조지아, 터키, 아제르바이잔 등의 구소련 연방국가는 멧사모어 원전의 노후화 때문에 사고를 우려하고 있다. 노후 원전 시설을

---

38) 정순혁, "불가리아의 원자력 발전소 건설 프로젝트 현황", KOTRA, 2010. 2. 24
39) 이병우, "불가리아, 전력생산 대폭 늘린다", KOTRA, 2008. 8. 31

폐쇄하는 데 드는 비용이나 대안이 없고 위험을 감수하면서 계속 가동하고 있는 상황을 우려하고 있는 것이다. 유럽연합은 멧사모어 원전을 동유럽과 이전 소련 연방에 건설된 66기의 구소련 원자로 중 가장 노후하고 위험하다고 평가했다.[40] 멧사모어 원전은 2011년까지 러시아 회사가 관리했으나, 시설관리를 거부함으로써 손을 뗀 시설이다.

아르메니아는 2012년 10월 미국과 에너지 분야의 협력 각서에 서명하고, '미국과 아르메니아의 합동 태스크포스(USATF)'를 출범시켰다. 미국이 2016년까지 연장된 멧사모어 원전의 수명을 10년 연장하여 시설의 안전관리를 위한 기술적 지원을 제공한다는 것이 양국 협력의 주요 내용이다.[41]

파키스탄

파키스탄의 전력 사정은 해마다 악화되어 발전량이 수요의 절반 수준이다. 따라서 전국적으로 제한 송전이 이루어지고 있다. 2007년에는 잦은 정전에 항의하여 시민들이 카라치 전력회사(KESC)를 상대로 전기료 납부를 거부하고 항의 시위를 벌였다. 이에 2008년 새로 들어선 정부는 2011년까지 만성적인 전력난을 해소하겠다면서, 2008년 7월 독립 발전 사업자(IPP) 참여 제안서를 공모했다. 그리하여 2009년 9월까지 1500메가와트 발전소를 긴급 건설하는 계획을 추진하고 있다.[42]

2004년 중국과 파키스탄은 파키스탄의 원전 건설을 위해서 협력하고 양국 간 자유무역협정(FTA) 체결을 추진하기로 합의한다. 중국은 이 사업에 상당액(1억5,000만 달러)의 수출 신용을 제공하기로 했다. 파키스

---

40) "Armenia's aging Metsamor Nuclear power plant Alarms Caucasian Neighbors", OilPrice.com, 2011. 10. 3

41) '아르메니아, 에너지 분야에서 미국과 협력 시작', Armenianow.com, 2012.10.19

42) 정영화, "파키스탄, 내년 9월까지 1500MW 발전소 건설 추진", KOTRA, 2008. 7. 17

탄은 차슈마 원전 1호기를 2005년에 완공했고, 차슈마 원전 2호기도 가동하고 있다. 심각한 전력난 해소를 위해서 2025년까지 원전(8,000메가와트)을 건설하고, 중국 정부로부터 적극 지원을 받는 협력관계를 구축하고 있다.[43]

이란

이란은 2010년부터 부셰르에 1기의 원전을 가동하고 있다. 1975년 서독 정부와 원전 건설에 협력하기로 하고 2기의 원자로를 건설했다. 그러나 1979년 이슬람 혁명으로 건설이 중단되었다. 이후 이란-이라크 전쟁 중 이라크 공군부대의 공습으로 방치되었던 건설 중단된 원자로 시설이 크게 파괴된다. 이로 인해서 이란은 상당한 부채를 안게 된다. 이후 1995년 러시아와 원전 건설계약을 체결하고, 부셰르 원전 건설이 재개되어 2010년 가동을 시작할 수 있었다.

이란은 전력 수요 증가에 대비하여 앞으로 15년간 총 20기의 대규모 원전(2만 메가와트)을 짓는다는 계획을 추진하고 있다. 최근 이란 원자력에너지기구(AEOI) 전문가는 원전 건설을 위한 후보지 16곳을 최종 선정했다고 발표했다.

리투아니아

리투아니아는 2009년까지 유럽 주변국에 전기를 수출하는 에너지 수출국이었다. 원자력 전기는 구소련 시절에 건설된 이그나리나 원전에서 생산되는 것이었다. 그러나 이 원전은 체르노빌 원전 사고를 일으킨 원자로와 같은 RBMK 노형이었다. 이런 이유로 리투아니아가 유럽연합에

---

43) "파키스탄 원자력 발전소, 중국 지원", 한국환경산업기술원, 2011. 5. 13

가입할 당시 유럽연합은 가입 조건으로 이그나리나 원전의 폐쇄를 요구했다. 그러나 전기수요를 대체할 발전원이 부족하다는 이유로 당분간 유지할 것을 협상하다가 결국 리투아니아가 포기한다.

그리하여 리투아니아는 2004년과 2009년에 2개의 원자로 가동을 중지하는 조건으로 2004년 유럽연합에 가입하게 되었다. 이후 리투아니아의 전기료는 공업용이 20퍼센트, 가정용이 30퍼센트 상승했다. 2009년 에너지 가격 상승과 글로벌 경제위기가 복합되면서 리투아니아의 GDP는 15퍼센트 내려갔다. 이후 리투아니아는 총 에너지 소비량의 60퍼센트를 외국에서 수입하는 처지가 되었고, 그중 천연가스는 전량 러시아에서 수입하고 있다.

에너지 공급이 국정 현안 과제로 부상하자, 리투아니아 정부는 2006년 2월 라트비아, 에스토니아의 다른 발트 해 국가들과 새로 원전을 건설하기로 합의하고 사업을 추진했다. 그리하여 후쿠시마 사고에도 불구하고 2011년 12월에는 일본의 히타치 기업과 원전 건설계약을 맺고 추진하고 있었다.

그러나 2012년 10월 실시된 국민투표에서 원전 신규 건설에 대해서 유권자의 64퍼센트가 반대하고, 36퍼센트가 찬성한다는 결과가 나왔다. 투표 결과의 강제적 구속력이 있는 것은 아니나, 총선에서 원전 건설에 비판적인 야당이 승리함으로써 원전 신규 건설계획이 변경될 가능성이 제기되고 있는 상황이다.

3. 국내 원자력 여론조사 결과는 어떤가

1) 과학기술정책연구원 여론조사(2011. 12)

과학기술정책연구원(STEPI)은 2011년 11월, 원자력 관련 전문가 160

명, 일반 국민 335명을 대상으로 여론조사를 실시하여, 전문가 집단과 일반 국민(혹은 일반인)의 인식 차이를 조사했다.

후쿠시마 원전 사고 이후 우리나라 원전 안전에 대해서 조사한 결과, 일반 국민은 절반(50퍼센트)이, 전문가 집단은 그보다 1.5배 높은 76퍼센트가 "안전하다"고 보았다. "불안하다"고 답한 일반인은 28퍼센트였다.

일반인은 원전에 대한 불안의 가장 큰 원인으로 "지진, 해일 등 자연재해로 인한 중대 사고의 가능성"(34퍼센트)과 "안전규칙 소홀 등 인위적 사고로 인한 사고의 가능성"(34퍼센트)을 꼽았다. 뒤이어 "방사성 폐기물에 의한 2차 오염 가능성"(26퍼센트)이라고 답했다. 반면 전문가 집단은 불안 요인으로 "안전규칙 소홀 등 인위적 사고로 인한 사고의 가능성"(47퍼센트)을 최우선으로 꼽았다.

후쿠시마 사고 이후 정부의 안전진단과 안전성 향상을 위한 대응 조치에 대해서 물은 결과, 일반인은 "미흡했다"(38퍼센트)는 답이 "적절했다"(36퍼센트)와 비슷했다. 그러나 전문가 그룹은 "적절했다"(54퍼센트)는 의견이 과반수였다.

정부의 안전진단 결과에 대해서도 일반인과 전문가 사이에 시각 차이가 컸다. 일반인은 "신뢰한다"(35퍼센트)와 "불신한다"(31퍼센트)가 비슷한 데 비해서, 전문가 집단은 "신뢰한다"(61퍼센트)가 훨씬 높았다.

정부가 원전 비중을 높이는 계획에 대해서도 동의한다는 답에서 일반인(47퍼센트)과 전문가(70퍼센트)의 차이가 컸다. 반면 원전 확대를 반대하는 의견에서도 일반인(35퍼센트)이 전문가(24퍼센트)보다 반대가 많았다.

위의 조사 결과에 의하면, 일반인과 전문가의 원전 안전 체감도가 크게 차이가 난다. 원자력 전문가의 경우 원자력에 대한 이해가 큰 만큼 원자력과 정부에 대한 신뢰가 높으나, 일반인의 경우는 원전 안전성에 대한 우려가 큰 것으로 보인다. 그러나 무엇보다도 일반 대중으로서는 안전하다는 홍보에 익숙해진 터에 체르노빌 이후 다시 후쿠시마 사고를 겪으면서 원전의 '안전신화'를 믿을 수 없게 되고, 사업자와 정책 당국자에 대한 신뢰를 할 수 없기 때문으로 풀이된다.

2) 한국원자력문화재단 여론조사(2012. 5)

한국원자력문화재단은 (주)한국리서치와 함께 지속적으로 원자력 국민 인식조사를 시행하고 있다. '2012년 5월 원자력 국민 인식 추이 조사'를 중심으로 시기별 원자력문화재단 여론조사 결과의 변화 추이를 분석한 결과, 후쿠시마 사고에도 불구하고 일반 국민의 원전의 필요성에 관한 인식은 77퍼센트로 나타났다. 그러나 이러한 필요성 인식이 원전 시설이 입지되는 지역의 정서와 부합되는지, 필요성 인식이 곧바로 원전 정책 추진의 동력이 될 수 있을지는 추가적 분석이 필요하다. 또한 후쿠시마 사고 이전인 2010년 12월의 조사에서는 필요성 답변이 91퍼센트였으므로 상당한 차이를 보이고 있다.

원전의 이득과 위험에 대한 인식조사에서, 2012년 5월, 원전의 이득이 더 크다는 답변은 64퍼센트를 넘었다. 그러나 반핵 논리에서는 후쿠시마 사고 이후 원전의 경제성이 떨어지게 되었으므로 원전의 이득이 위험보다 크다는 논거가 재평가되는 상황이다.

따라서 원자력 발전의 경제성에 대해서 이 시점에서 다시 평가를 내리는 작업이 선행되어야 할 것이다. 이때 유의할 것은 원전의 경제성 평가는 국가마다 시기마다 여건에 따라서 상당히 차이가 난다는 것이다. 그리고 재생 가능 에너지 대비 경제성 비교도 상당히 차이가 난다. 원전의 경제성에 대한 인식과 원전의 필요성에 대한 인식 사이의 관계에 대한 심층 연구도 필요하다.

시기별 원전 안전성에 대한 우리나라 국민인식의 변화 추이를 살피면,

2012년 5월 기준, 48퍼센트는 "원자력 발전소가 안전하다"고 답했다. 이는 같은 해 3월 조사 결과인 13퍼센트에 비해서 높아진 것이다. 그러나 사고 이전인 2010년에 안전하다는 반응이 71퍼센트였던 것에 비하면 사고로 인해서 안전성에 대한 인식이 크게 떨어진 것을 알 수 있다.

또한 사고 직후보다도 2012년 3월에 오히려 안전하지 않다는 여론이 안전하다는 인식을 크게 웃도는 변화를 보였다. 이는 국내 원전 고장과 비리 사건 등의 영향을 받은 것으로 추정된다. 원전이 필요하다고 대답한 비율이 70퍼센트 이상인 것을 고려하면 원전의 필요성을 인식하는 것과 안전성을 인식하는 것 사이에는 상당한 격차가 있는 것으로 분석된다.

한편 최근 원전 운영과 관련된 비리 사건이 자주 보도되고 있었음에도 원전 운영 주체를 신뢰한다는 답변이 60퍼센트대로 나타났다. 이는 언론 보도 등에 나타난 여론 동향과는 차이가 있는 것이다. 한편 정부에 대한 신뢰는 낮게 나타나서 원전 운영상의 문제에 대한 최종 책임이 정부에 귀결되는 것으로 해석된다. 또한 원전 관련 정보 공개에 대한 신뢰성이 매우 낮게 나타나고 있어, 이 대목에서 신뢰성 회복이 가장 중요한 이슈임을 알 수 있다.

3) 「동아일보」 원자력 인식 설문조사(2012. 3)

다음은 「동아일보」가 실시한 '후쿠시마 사고 이후 우리 국민의 원자력 인식 설문' 결과를 살펴본다. 이 조사는 전국 만 19세 이상 성인 남녀 4,000명의 온라인 패널을 대상으로 진행한 것이다.[44]

설문 내용은 안전성과 필요성 등 원자력 발전에 대한 일반 인식, 후쿠시마 사고 전후 일본 여행과 식품에 대한 호감도, 원전 관계자와 전문가

---

44) 표본오차는 95퍼센트 신뢰 수준에서 ±1.54퍼센트이다.

에 대한 신뢰도, 국내 원전 안전을 위한 대책 방안 등으로 나누어 총 14문항으로 구성되었다.

후쿠시마 사고 1년 후 우리 국민의 원자력 인식은 사고 이전의 수준으로 되돌아가는 양상과 동시에 여전히 불안해하는 양상을 보였다. 66퍼센트가 원전의 필요성에 긍정적으로 답했으며, 12퍼센트는 원전이 불필요하다고 답했다. 2011년의 결과와 비교하면, 원전이 필요하다는 의견은 감소하고 불필요하다는 의견은 늘어났다. 이는 후쿠시마 사고 이후 1년 동안 언론, 서적 등의 매체를 통해서 원자력에 대한 부정적인 정보를 사고 이전보다 훨씬 더 많이 접했기 때문으로 풀이된다.

원전 추가 건설에 대해서는 "줄여야 한다"(44퍼센트)가 "늘려야 한다"(22퍼센트)는 쪽보다 2배 높았다. 원전 운영과 건설에서 가장 중시할 요소로는 78퍼센트가 "안전성"을 꼽았다. 원전의 대안으로는 84퍼센트가 태양광, 풍력, 조력 등 대체 에너지라고 답했다.

후쿠시마 사고 이후 일본산 농수산물과 공산품 구입 패턴에 변화가 있었느냐는 질문에는 63퍼센트가 "일본산 제품 구입 횟수가 줄었다"고 답했다. 방사능 검역을 마친 일본 농수산물을 섭취할 의향이 있느냐는 질문에도 62퍼센트가 "섭취할 의향이 없다"고 답했다.

이 조사에서 나타난 후쿠시마 사고 이후 1년 지난 시점에서 여론의 회복은 두 가지로 분류할 수 있다. 원전의 혜택이나 필요성 등에 대한 의견은 사고 이전 수준으로 돌아가는 경향을 보이고 있다. 이는 대중이 원전이 자신의 삶과 긴밀하게 엮여 있다고 느끼지 않기 때문에 보다 이성적으로 판단하기 때문으로 풀이된다. 반면 실생활과 관련 있는 식품 구입, 여행 등 생활 관련 방사능 오염에 대한 불안감은 떨치지 못한 것으로 나타났다.

4) 현대경제연구원 원자력 에너지 안정성에 대한 대국민 조사[45] (2012. 3)

현대경제연구원의 원자력 에너지 인식조사에 따르면, 우리 국민 10명 중 9명이 원자력 에너지의 필요성을 인정하고 있는 것으로 나타났다.

안전기술 수준에 관해서 우리 수준이 높다는 답은 67퍼센트로서, 낮다는 답보다 2배 이상 높았다. 같은 맥락에서 국내 원전 관련 사고의 가능성도 상대적으로 낮은 편으로 보고 있었다. 우리나라에서 원자력 발전 관련 방사능 유출 사고가 일어날 가능성이 낮다는 답은 58퍼센트, 높다는 답은 42퍼센트였다. 그러나 40퍼센트 이상이 사고 가능성이 높다고 본 것은 간과할 수 없는 대목이다.

국내 원전 확대 여부에 대한 설문에서는 현재 수준을 유지해야 한다는 답변이 53퍼센트로 가장 많았다. 확대해야 한다는 의견은 30퍼센트, 축소해야 한다는 의견은 17퍼센트였다.

자신의 거주 지역 내에 원전 관련시설이 건설되는 것에 대해서는 충분한 보상이 이루어져도 반대한다는 의견이 46퍼센트로 높게 나타났다. 또한 여성, 40대, 고소득층에서 거주 지역 내 원전 관련시설 건설에 대한 반대 의견이 높았다는 점도 원자력 홍보에 관련하여 주목해야 할 대목이다.

조사 결과, 우리나라 국민은 원자력 에너지의 이미지로서 안정적 전력 공급이나 저탄소 에너지 등의 긍정적인 측면보다는 방사능 사고로 인한 공포나 막연한 두려움 등의 부정적인 이미지를 더 의식하는 것으로 나타났다. 특히 원자력의 부정적 이미지에 관한 키워드 중 방사능 사고와 막연한 두려움을 선택한 응답자가 40퍼센트에 달했다. 이 또한 원자력 홍보 정책에 심층적으로 반영되어야 할 대목이다. 후쿠시마 사고와 비슷한

---

45) "원자력 에너지 안정성에 대한 대국민 조사", 현대경제연구원, 2012. 3. 26

사태가 우리나라에서 일어날 가능성을 묻는 질문에서는 그런 사고가 일어날 수 있으므로 원전 안전성 강화에 더욱 노력해야 한다는 의견이 87퍼센트로 압도적이었다.

5) 국회의원 홍의락 의원실 에너지 인식조사(2012. 10)

2012년 10월 홍의락 국회의원실에서 조사한 "에너지 분야에 대한 정책 현안 조사"는 전국 유효표본 1,000명을 대상으로 ARS 휴대전화로 조사한 결과이다.

이 조사에 따르면, 우리 국민의 탈핵과 탈원전 정책에 대한 견해는 매우 찬성(40퍼센트)과 대체로 찬성(34퍼센트)을 합하여 72퍼센트가 지지하는 것으로 나타났다. 반면 탈원전 정책에 대체로 반대하는 응답(15퍼센트)과 매우 반대하는 응답(7퍼센트)은 적었다.

가장 적합한 탈핵 및 탈원전 시기에 대해서는 가동 중인 원전 수명이 끝나는 2051년에 전면 폐쇄하자는 의견(46퍼센트)과 최대한 빠른 시일 내에 원전을 폐쇄하자는 의견(32퍼센트)의 순으로 나타났다. 건설 중인 원전 수명이 끝나는 2077년에 원전을 폐쇄하자는 의견(10퍼센트)과 건설계획 중인 원전 수명이 끝나는 2084년에 폐쇄하자는 의견(3퍼센트)은 적었다.

최근 논란이 되고 있는 노후 원전의 설계수명 연장에 관한 안전도를 묻는 설문에서는 대체로 불안전하다는 의견(46퍼센트)과 매우 불안전하다는 의견(22퍼센드)이 거의 70퍼센드에 달했다. 30년 이상 된 원전의 연장 가동에 대한 설문에서도 대체로 반대한다는 의견(36퍼센트)과 매우 반대한다는 의견(24퍼센트)이 60퍼센트에 달했다.

홍의락 의원실은 이 조사를 바탕으로 후쿠시마 사고 이후 우리 국민은 원전의 안전에 대해서 불안해하고, 대다수 국민이 탈원전 정책에 찬성한다고 결론지었다. 또한 탈원전 시기에 대해서도 현재 가동 중인 원전 수명이 다하는 시점을 기준으로 탈원전을 해야 한다는 결론을 내렸다. 이런 관점에서 앞으로 기존의 원전 확대 정책을 유지하는 경우 여론과 상당한 마찰을 빚을 것으로 예상했다.

6) 시민단체 여론조사

서울환경운동연합 여론조사(2012. 2)

서울환경운동연합은 후쿠시마 사고 1주년을 맞아 2012년 2월 13-23일, 전국 15세 이상 남녀 1,100명을 대상으로 원자력 의식을 온라인 방식으로 조사했다.

이 조사에 따르면 원자력에 대한 인식과 신뢰 수준 항목에서 정부의 원전 확대계획에 관해서 35퍼센트는 찬성, 65퍼센트는 반대한다고 답했다. 반대 비율이 찬성에 비해서 훨씬 더 높은 것으로 조사된 것은 후쿠시마 원전 사고로 인한 부정적 인식이 확산된 결과로 보인다.

방사능 오염과 원자력 안전에 관해서 누구의 정보를 신뢰하는지에 관한 설문에서는 환경단체(47퍼센트), 원자력 전문가(40퍼센트), 언론(10퍼센트), 정부(4퍼센트)순이었다. 정부에 대한 신뢰가 최하위이고, 환경단체에 대한 신뢰가 최상위인 것은 어떻게 해석해야 할까. 언론과 정부에 대한 신뢰 수준이 매우 낮다는 사실은 원자력 정책의 추진에서 시급하게 해결해야 할 과제이다. 이러한 불신을 해결하기 위해서는 정보 공개의 투명성과 사업 추진의 개방성 등의 실현에 특단의 대책이 필요할 것이다.

한편, 대체 에너지원에 대한 선호도는 태양광, 풍력, 수력, 천연가스의 순으로 높게 나타났다. 석탄과 원자력의 선호도는 매우 낮게 조사되었다. 그러나 여론조사에서 선호하는 에너지원의 순서에 원자력이 최하위(35퍼센트)로 나타난 것이 과연 다른 에너지원의 보급 가능성에 대한 상세한 정보를 파악한 상황에서 나온 답변인지가 문제이다. 태양광과 풍력이 가장 바람직한 발전원으로 꼽히면서 긍정적인 평가를 받고 있다고 해서 그것이 현실적으로 단기간에 주요 발전원이 될 수 있다는 의미는 아니기 때문이다. 따라서 에너지원에 대한 보다 상세하고 정확한 정보를 제공할 필요성이 있다.

서울환경운동연합의 조사 결과는 원자력 발전의 비중 확대에 대해서 국민이 매우 부정적으로 보고 있고, 국내 기술에 대한 신뢰도도 낮은 수준이며, 정부와 언론을 불신하고 있고, 국민 스스로 원전으로부터 탈피하겠다는 의지가 높다는 것으로 요약할 수 있다. 여기서 짚어볼 것은 이 조사 결과는 다른 기관에서 얻은 결론과는 상반되거나 큰 차이가 난다는 점이다.46) 다른 시민단체에서 실시한 비교 대조군의 여론조사 결과가 별로 없는 상황에서 비슷한 유형의 여론조사 결과를 상호 비교할 수 없다는 것이 한계로 지적된다.

이 조사는 설문조사를 하면서 고려해야 할 요소가 무엇인가에 대한 시사점을 제시하고 있다. 여론조사에서 원자력 발전 찬반의 어느 입장에서 질문 문항을 작성하는가에 따라 응답자의 의견 제시가 영향을 받을 수 있다는 점이다. 따라서 설문 문항의 가치중립성을 확보하는 노력은 원자력의 찬성이건 반대이건 간에 조사 주체로서 각별히 유념해야 할 사안이라고 본다.

설문조사에서 원자력의 필요성을 가장 앞세워 질문을 시작하는 경우와 방사능의 위험성에 대한 질문으로부터 시작하는 설문의 경우 분명히 응답자의 답변에 심리적으로 영향을 미치게 될 것이기 때문이다. 어느

---

46) 비슷한 시기(2012. 3. 26)에 현대경제연구원에서 발표한 "원자력 에너지 안정성에 대한 대국민 조사"에서는 89.9퍼센트가 전력 공급원으로서 원자력 에너지가 필요하다는 응답을 했다.

쪽이 옳은가를 따지기에 앞서 설문조사의 객관성과 중립성을 확보하려는 노력이 더욱 강화되어야 할 것이다.

부산 지역 원자력 발전소에 대한 시민 여론조사(2012. 6)

부산환경운동연합은 부산광역시 16개 구군 시민 500여 명을 대상으로 직접 면접조사를 거쳐 원전에 대한 시민 여론을 조사했다.

원자력 발전소의 안전성에 대한 질문에서 2011년[47])에는 위험하다는 답이 60퍼센트 정도였으나, 2012년에는 78퍼센트로 나타났다. 특히 "매우 위험하다"는 응답이 2011년 13퍼센트에서 2012년 35퍼센트로 상승했다. 이는 해당 시설이 가까이 있다는 점이 사회적 수용성에 심각한 장애 요인이 될 수 있다는 것을 보여준다. 후쿠시마 사고 이후 우리 정부와 원전 산업계가 신뢰 회복을 위한 발상의 전환을 하지 않고서는 지역주민의 불안을 해소하기가 어렵다는 점을 보여주는 자료라고 할 수 있다.

정부의 원전 확대계획에 대해서는 "원전을 폐쇄하고 재생 에너지로 대체해야 한다"(52퍼센트)와 "기존 원전은 가동하되 추가 건설은 중지해야 한다"(26퍼센트)가 78퍼센트로서 원전의 추가 건설을 반대하는 것으로 나타났다. 이는 2011년에 비해서 18퍼센트 상승한 수치로서, 후쿠시마 사고의 영향으로 볼 수 있다.

부산 지역에는 현재 5기의 원전이 가동되고 있고, 3기가 건설 중이고, 4기가 추가 건설될 예정이다. 이 계획에 대한 의견을 묻는 질문에서는 불안하다는 반응이 2011년 44퍼센트에서 2012년도에는 75퍼센트로 크게 높아졌다. 원자력 발전소가 위험하다고 느끼는 응답자가 늘어남과 동시에 해당 시설의 인근 지역 원전에 대해서도 불안하게 느끼는 것으

---

47) 2011년 5월에도 동 연구소에서 부산 지역 시민 1,000명을 대상으로 동일 문항에 대해서 조사한 바 있다.

로 나타났다.

설계수명을 연장해서 계속운전되고 있는 고리 1호기에 대해서는 부산 지역 응답자의 72퍼센트가 원전 폐쇄에 찬성하고, 11퍼센트가 계속 가동에 찬성했다. 고리 원전 1호기의 폐쇄를 주장한 비율은 2011년 대비 30퍼센트 증가했다. 즉 원자력 기술위험에 대한 우려가 높아지고 안전 운영에 대한 불신이 깊어진 것으로 볼 수 있다.

이 조사 결과를 통해서 후쿠시마 사고 이후 원자력 발전소의 안전에 대해서 불신하는 부산 지역 시민이 늘어나고, 원전 확대 정책에 대한 지역주민의 우려가 커지고 있음을 알 수 있다. 탈원전을 지지하는 비율이 절반을 넘고 그 대안으로 재생 가능 에너지에 대한 기대가 높은 반면, 재생 가능 에너지원을 확보할 때까지는 원전을 이용해야 한다는 의견도 혼재하고 있다.

그렇다면 이 결과를 어떻게 볼 것인가. 이런 불신과 불안의 지역주민의 심리를 단순히 님비 현상으로 볼 수 있겠는가. 원자력에 대해서 당장의 필요성은 인정하고 안전운영을 해야 한다는 관점은 일반 국민의 시각에서는 합리적으로 보인다. 그러나 해당 시설이 입지한 지역과 그 인근 지역주민으로서는 방사능 오염에 대한 불안과 공포를 떨치기가 어렵고 그것은 실체이다. 원전 운영에 대한 불안을 해소할 만한 신뢰가 확립되지 못한 것이 걸림돌이 되고 있다.

위의 분석 결과에서는 공통적으로 "잘 모르겠다"는 응답 비율이 후쿠시마 사고 이전에 비해서 현저하게 감소한 것으로 나타났다. 이는 다양한 매체를 통해서 후쿠시마 사고 이후의 사회적 파장과 원전 운영에 대한 불신을 가중시키는 정보가 유통됨으로써 일반 시민과 지역주민의 원자력 안전인식이 높아지고 그에 따라 원자력 정책에 대한 관심이 높아진 결과로 볼 수 있다.

이는 곧 원자력 정보 제공에서 신문, 방송, SNS 등의 언론매체의 역할이 더 커지고 있음을 보여주는 근거이기도 하다. 그리고 원자력 PR이 정확한 과학적 근거를 토대로 하되 일반인이 알아들을 수 있는 일상적 언어로 투명하고 진실하게 전달되어야 할 필요성을 부각시키고 있다.

경주 지역 월성 원전 주변 주민 대상 설문조사(2011. 8)

경주 시내권과 시외권(감포, 양북, 양남)의 20세 이상 남녀 주민 500명을 대상으로 일대일 방문조사를 실시한 결과는 다음과 같다.

원자력 발전의 안전성에 대한 후쿠시마 사고 전후 인식의 변화를 5점 척도 점수로 환산한 결과, 사고 이전에는 2.47점이었으나 사고 이후에는 1.68점으로 낮아졌다.

국내 원전의 안전성에 대한 인식을 5점 척도 점수로 환산하면 2.43점이었다. 안전하다고 답한 이유로는 충분한 안전장치, 무사고, 정부의 안전규제 등으로 답했다.

안전하지 않은 이유로는 "원전은 원래 위험하므로"가 45퍼센트로서 원자력 자체를 위험하다고 인지하는 응답자가 많음을 알 수 있다. 따라서 정부 정책과 안전운영에 대한 신뢰가 원자력은 원래 위험하다는 인식을 얼마나 불식시킬 수 있는가가 앞으로의 과제라고 할 수 있다.

원자력의 필요성에 관해서, 응답자의 81퍼센트는 국내의 에너지 자원을 고려할 때 원자력이 필요하다고 답한 반면, 추가 원전 건설에는 부정적으로 답했다. 앞에서 살펴본 바와 같이, 원전 안전운영에 대한 불안감, 사고로 인한 방사성 누출 등의 위협요인이 작용한 것으로 풀이된다.

불안감 해소 방안에 관련된 질문에서 지역주민의 불안감과 불신을 해소하기 위해서 가장 중요한 것은 안전확보라고 답했다. 또한 전문가에 의한 안전성 평가와 지역과의 약속을 지켜 신뢰를 얻는 것이 가장 중요하다고 꼽았다.

주민을 안전관리에 참여시키는 방안을 강조한 것도 눈에 띈다. 대체로 경주 시민들은 원자력 에너지를 필요하다고 인식하고 있으며, 추가 원전에 대해서도 반대 의견이 심각하지 않았다. 또한 국내 원전 기술에 대한 부정적 인식이 그리 심각한 수준은 아닌 것으로 해석된다.

안전관리를 불신과 불안 해소 방안 중 1순위로 꼽은 것은 사업자와 규제기관이 시행해온 안전규제와 홍보에 대한 전면적인 검토가 필요함을 말해준다. 지역주민의 체감 안전도는 기술적 안전조치를 일방적으로 전달하는 것만으로 해결될 수 없으므로 심리적, 문화적, 사회적 측면의 다각적 접근이 필요하다.

원자력 발전소 추가 건설 관련 울진군민 여론조사(2011. 4. 4)

'핵으로부터 안전하게 살고 싶은 울진 사람들'은 울진군 10개 읍면 만 19세 이상 성인 남녀 1,095명을 대상으로 전화 면접조사를 통해서 여론을 조사했다.

이 조사에서 울진 지역주민은 후쿠시마 사고의 영향으로 73퍼센트가 원전이 안전하지 않다고 답했다. 특히 응답자의 지역, 성별, 연령대에 상관없이 "안전하지 않다"는 응답이 더 많이 나왔다. 울진에서의 원전 가동이 가정 경제에 미치는 영향에 대해서 묻는 질문에서는 도움이 되지 않는다는 주민이 10퍼센트 정도 더 많았다. 특히 여성, 그리고 40-50대 연령층에서 부정적 답변이 많았다.

원전 유치의 기대 효과로서 경제적 혜택과 농어업, 환경, 생태관광 등의 생태가치 중에서 더 중요하게 생각하는 항목을 묻는 질문에서는 생태가치를 택한 응답자는 54퍼센트, 경제적 효과를 택한 응답자는 46퍼센트였다. 성별로는 여성이, 연령대로는 30대가 생태가치를 더 중요하게 여기는 것으로 나타났다. 울진군에는 현재 북면에 6기의 원전이 가동되고 있으며 4기는 부지를 조성하는 중이다. 앞으로 건설될 4기의 신규 원전 건설에 대해서는 응답자의 절반이 찬성했다.

그러나 설문 구성에서 "세계 최고의 안전성을 자랑하는 일본 원전의 사고와 방사능 오염을 보면서, 원전에 대해서 어떻게 생각하십니까?"라는 질문은 가치중립적이라고 보기 힘들다. 설문 문항의 객관성을 확보하는 것은 원자력 찬반의 어느 쪽에서 질문하건 간에 중요한 요소이다.

4. 한국여성과학기술단체총연합회 주관 전문가 여론조사

1) 과학기술계 원자력 인식조사(2012. 8)

2012년 8월 과학기술계(원자력계 포함) 대상의 원자력 인식조사는 507명을 대상으로, 여성이 191명(38퍼센트), 남성이 316명(62퍼센트)이었다. 연령별 분포는 20대 이하가 125명(25퍼센트), 30대가 94명(18퍼센트)으로 20-30대가 43퍼센트, 40대가 121명(24퍼센트), 50대 이상이 141명(28퍼센트)이었다.

원자력계를 비롯한 과학기술계의 원자력 인식을 조사한 결과 우호적 반응이 매우 높았다. 유의미한 몇 가지 결과를 추려보면, 원자력 발전의 필요성에 대해서는 전문가 남성의 96퍼센트, 전문가 여성의 86퍼센트가 필요성을 인정했다. 즉 과학기술 전문가 남성과 여성의 인식 차이는 10퍼센트였다.

그러나 원전 수를 증가시켜야 한다는 답변에서 전문가 여성은 38퍼센트, 남성은 68퍼센트가 긍정함으로써 여성과 남성의 답변이 30퍼센트의 차이를 보였다. 즉 여성 전문가가 남성에 비해서 원전에 대하여 훨씬 더 부정적이라는 결론이다.

원자력 발전의 안전성에 대한 물음에서도 여성의 46퍼센트, 남성의 85퍼센트가 긍정적으로 답하여 매우 큰 차이를 드러냈다. 원자력 발전과 방사성 폐기물의 안전성에 대한 인식을 묻는 항목에서는 원자력 발전이 위험하다고 생각하는 과학기술계 여성 비율이 45퍼센트, 남성의 비율이 11퍼센트로서, 가장 큰 차이를 보였다. 여성이 남성에 비해서 4배 정도로 원자력의 위험성을 높게 본 것이다.

원자력 발전소에 대한 신뢰도를 조사한 문항에서는, 모든 비교군이 50퍼센트 이상의 신뢰도를 보였다. 그중 기술력에 대한 신뢰가 가장 높게 나타났고, 공개되는 정보, 한국수력원자력, 정부에 대한 신뢰도 순으로 신뢰도가 점차 낮아졌다.

원자력과 관련하여 신뢰하는 정보원에 관한 문항에서는 연령별 차이는 거의 없고, 남녀의 차이가 다소 나타났다. 여성의 경우 관련 전공자를 신뢰하는 비율이 42퍼센트로 가장 높고, 그 다음으로 원자력 규제기관, 환경단체를 꼽았다. 전문가 남성의 경우 원자력 규제기관이 1순위로서 38퍼센트, 그 다음으로 전공자에 대한 신뢰가 30퍼센트였다. 이러한 결과는 성별에 따른 원자력 인식의 다양한 심리적 요인도 작용하는 것으로 해석된다. 상대적으로 관심도가 높은 남성의 경우 원전의 이용에 보다 긍정적으로 반응하고 있는 것으로 볼 수 있다.

이 조사 결과에서 나타난 가장 두드러진 특징은 과학기술계 내에서 여성과 남성 간의 인식 차이가 크게 벌어진다는 점이다. 여성이 남성에 비하여 원전의 위험성에 대한 인식이 높게 나타났다. 그리고 20-40대의 연령 집단이 50대 이상의 연령 집단에 비해서 원전 위험성에 대한 인식이 높았다. 이러한 차이의 원인과 대응 방안에 대한 후속 연구가 필요하다. 나아가 원자력 국민 이해사업의 방향과 원칙을 설정하는 데에서 성별, 연령 집단별 차별성을 고려한 맞춤형 접근이 필요함을 알 수 있다.

2) 과학기술계 원자력 인식조사(2012. 12)

이 설문조사는 원자력 발전의 필요성, 국내 시설의 안전성, 기술과 정책에 대한 신뢰 수준 등 인식 수준과 북핵 문제, 원전 수출 등의 이슈에 대한 의견을 물은 것이다. 대상은 원자력을 비롯한 과학기술계 등 전문가 그룹이었다.

응답자 198명 중 남성은 109명(55퍼센트), 여성은 89명(45퍼센트)이었다. 연령별 분포는 30대부터 고령층을 포함했고, 전공은 원자력을 비롯한 과학기술계가 주류를 이루었다(비과학기술계 9퍼센트).

이 조사는 성별, 연령, 전문분야별로 분석한 뒤 그 결과를 일반인 대상의 조사 결과와 비교했다. 결과를 요약하면 다음과 같다.

우선 '원자력'이라는 단어를 들을 때 가장 먼저 떠오르는 것을 묻는 질문에서 대부분이 '발전소', '에너지', '전기/전력'을 떠올렸다. 국내외에서 크고 작은 사고가 발생하고 이로 인해서 반핵 운동이 활발함에도 불구하고 전문가 그룹은 여전히 원자력을 주요 에너지원으로 인식하는 것으로 볼 수 있다.

원자력 발전의 필요성에 대해서는 남성의 96퍼센트, 여성의 87퍼센트가 필요하다고 답했다. 원자력을 이용한 전력생산에 대해서는 남성의 96퍼센트, 여성의 78퍼센트가 찬성한다고 답했다. 그러나 국내에 원자력 발전소를 추가로 건설하는 것에 대해서는 남성은 87퍼센트, 여성은 50퍼센트가 찬성한다고 답했다.

또한 자신의 거주 지역에 원전이 건설되는 것에 대해서는 남성은 70퍼센트, 여성은 30퍼센트만이 찬성하여 차이가 크게 벌어졌다. 이 결과는 여성이 남성보다 원자력 발전과 방사성 폐기물의 위험을 심각하게 인식하고 있다는 결과를 얻은 기존 조사 결과와도 일치한다. 원자력의 필요성은 실감하지만 국내, 그리고 자신의 거주 지역에는 원전이 들어서는 것은 꺼려하는 현상이 전문가 집단에서도 현저하게 나타난 것이다.

원자력 발전소의 안전성, 국내 방사성 폐기물 처리장의 안전성에 대해서는 남녀 각각 70퍼센트가 안전한 편이라고 답했다. 원자력 안전과 관련된 국내 기술력, 발전 사업자, 정부 정책에 대한 신뢰 수준을 묻는 질문에서는 절반 이상의 응답자가 신뢰한다고 답했다. 특히 국내 기술력에 대해서는 75퍼센트가 신뢰한다고 밝혔다. 최근 납품 비리 사건으로 주목받는 발전 사업자(한국수력원자력)에 대해서도 55퍼센트가 신뢰한다고 답했다.

그러나 이러한 신뢰 수준에도 불구하고 국내 원전의 수명 연장을 반대한 응답자에게 반대하는 이유를 물은 결과 기술력을 믿을 수 없다는 의견이 35퍼센트, 정책을 믿을 수 없다는 의견이 46퍼센트, 운전원을 믿을 수 없다는 의견이 4퍼센트로 조사되어 신뢰 수준을 더욱 높여야 할 필요성을 보여주고 있다. 원자력을 이용한 전력생산에 대한 의견이 후쿠시마 사고로 인해서 바뀌었는지 여부를 묻는 질문에서는 답변자의 절반이 바뀌지 않았다고 답했고, 47퍼센트는 부정적으로 바뀌었다고 답했다. 특히 여성은 부정적으로 바뀌었다는 응답자가 67퍼센트였다. 이러한 조사 결과는 원전 사고가 원자력의 지속 가능성에 결정적 영향을 미치고 있음을 잘 보여준다. 이들 조사 결과는 원자력 발전을 지속하기 위해서는 가장 심각한 기술위험을 통제할 수 있는 기술과 운영의 신뢰도를 확보할 수 있는지의 여부가 핵심요건임을 일러주고 있다.

5. 원자력 언론보도 메타 분석 : 후쿠시마 사고 이전과 이후에 어떻게 달라졌나

1) 미디어 담론과 분석 프레임

여기서는 일반 대중의 원자력 기술위험 인식에 영향을 미치고, 사회적 수용성에 영향을 미치고 있는 언론보도에 대해서 구체적 내용을 검색하고, 메타 분석한 결과를 요약하고자 한다. 그리고 최근의 분석 결과를 종전의 선행연구와 비교하여 시대 변화에 따르는 언론보도 성격의 차이를 분석하고자 한다. 이러한 비교를 통해서 후쿠시마 사고 이후 중대 현안으로 부상된 원자력 PR과 원자력 커뮤니케이션 전략에 대해서 시사점을 찾고자 한다.

일반적으로 미디어 담론 연구에서는 프레임 분석이 주된 분석적, 방법적 틀을 제공한다. 특히 원자력처럼 사회적으로 첨예한 갈등이 빚어지는 쟁점 사안에 대한 언론보도에서는 현안에 관련되는 다양한 구성요소 중 특정한 해석에 초점을 맞추어 특정 프레임을 적용하는 경향을 띤다. 예를 들어 원자력 발전에 대해서 '에너지 안보(energy security)'의 수단이라는 프레임으로 볼 수도 있고, 그와 정반대로 방사능 오염의 환경적 위협에 초점을 맞추는 '사고 위험'의 프레임으로 보도할 수도 있다. 이렇듯 양극단의 프레임을 사용하는 경향은 특정 시점에서의 사회적, 문화적, 정치적 맥락에 따라 달라진다.

2011년 3월 후쿠시마 원전 사고 이후, 엎친 데 덮친 격으로 2012년 2월의 고리 원전 사고 등이 이어지면서 원자력 안전에 관한 언론보도는 방사능 오염에 대한 불안을 증폭시켰다. 그러나 이러한 현상에 대해서 원자력계는 원전에서의 경미한 사고(incident)는 기계적 고장의 수준이므로 충분히 다스릴 수 있는 범위 내에서 설계되었다고 본다. 마찬가지로 원자력 전문가 입장에서는 허용치 범위 내의 방사능 피폭량에 민감한 반응을 보이는 것은 과잉 반응이라고 보는 경향이 있다. 그러나 대중의 원자력 기술위험에 대한 인식은 전문가들의 인식과는 거리가 있다.

일반인의 체감 안전성은 수용자가 처해 있는 사회문화적 맥락과 연관되고, 얼마만큼의 통제 능력이 바람직한가에 대한 가치 판단과도 연관된다. 때문에 기술적으로 위험통제가 충분히 가능하다는 식의 홍보로는 사회적 수용성을 높이기 어렵다. 이 경우 미디어 담론은 특정한 위험의 성격에 초점을 맞추는 프레임을 제공함으로써 대중에게 영향을 미치게 된다.

이를테면 사회적으로 중요한 원자력 의제로서 원전 부지를 둘러싼 사회적 갈등, 원자력 기술에 내포된 방사능 오염에 대한 공포, 원전 운영과 관련된 제도 개선의 필요성 등에 독자가 선택적으로 주목하게 만드는 결과를 초래한다. 상황이 이러하다면, 원자력 발전에 관한 공공담론 형성과 소통의 핵심적 역할을 하는 언론매체가 어떠한 해석적 틀을 적용하여 독자에게 전달하고 있는가에 따라 그 영향이 달라질 것이다. 따라서 여기서는 원자력 언론보도 패턴을 시기별로 일간지별로 분석함으로써 시사점을 도출하고자 한다.

「언론보도의 프레임 유형화 선행연구」[48] 결과

여기서는 「조선일보」, 「중앙일보」, 「한겨레」의 3개 언론보도를 분석한 결과를 선행연구 비교 대상으로 했다. 전반적인 보도 경향은 다음과 같다. 1980년대 후반부터 핵폐기물 처분장 선정에 대한 사회적 논쟁이 본격화되면서, 위의 신문 모두에서 보도 분량이 크게 늘어났다. 1980년대 후반은 반핵 활동이 본격화되고 우리 사회의 환경담론이 공론화된 시기였다. 2000년대 들어서는 세 언론보도 모두에서 부안군 핵폐기장 사태 등 사회적 갈등 보도가 늘어났다. 선행연구의 연구자들은 원자력 관련 기사를 분류하는 1차적인 프레임을 책임규명, 갈등대치, 폭력난동, 환경안전, 경제효용, 민주합의, 대체개발, 기술진보, 정책의지로 구분했다.

---

48) 김원용, 이동훈, 2005

「생태환경운동과 언론(1987-2002) : 반핵 운동을 중심으로」[49] 연구 결과

이 연구는 반핵 담론이 본격적으로 등장한 1987년부터 2002년에 이르는 15년 동안 반핵 운동에 대한 보도 시각과 변화 양상을 분석한 것이다. 기사 분석은 「조선일보」, 「중앙일보」, 「한겨레」, 「광주일보」의 기사를 대상으로 했고, 보도 프레임은 경제적 이해관계, 생태적 이해관계, 정치적 이해관계로 분류했다.

경제적 이해관계 프레임에는 원전 주변 지역주민의 경제적 이익을 둘러싼 대립, 경제적 인센티브 지원, 원전 경제성 관련 보도가 중심을 이루었다. 생태적 이해관계 프레임에는 환경단체 활동, 생태계 훼손 이슈, 핵폐기물 처리 보도가 포함되었다. 정치적 이해관계 프레임에는 원전 정책과 관련법규 비판, 중앙정부와 지자체 간의 갈등 보도가 주류를 이루었다.

2) 후쿠시마 사고 이후 한 달간 언론보도 패턴 분석

이 연구는 2011년 3월 12일 후쿠시마 원전 사고 발생 이후 한 달 동안 언론에 나타난 보도 패턴을 프레임 이론을 이용하여 분석한 것이다. 「조선일보」, 「중앙일보」, 「동아일보」, 「한겨레」, 「경향신문」, 그리고 「프레시안」을 대상으로 원자력 기사를 거의 모두 검색한 뒤, 그중 524개의 원전 관련 기사를 분석 대상으로 추출했다. 그러나 후쿠시마 이후 한 달간의 기사 분석에서 사고 자체에 관련된 속보와 단신은 보도 프레임 분석에서 제외시켰다. 후쿠시마 비상사태에 대한 사실 보도는 원자력에 관련된 포괄적, 사회적 맥락을 담은 텍스트로 간주하지 않았다.

이렇게 추출된 검색 기사에 대해서 2명의 연구원이 독자적으로 언론 보도의 프레임을 구분하고 기사를 분류했다. 사전 협의 없이 독립적으로

---

49) 김영기, 2003

분류했음에도 일치도가 매우 높은 유의미한 분류 결과를 도출한 것으로 보아 신뢰도가 높은 것으로 볼 수 있다.

후쿠시마 사고 이후의 이러한 특정 시기와 다른 시기에 대한 분류 결과를 동일 기준에서 비교하기 위해서, 위에 언급한 선행연구 결과와 비교했다. 그리하여 위에 예시한 1980년대, 1990년대, 2000년대 기사에 대한 전수 분석 결과를 사용하되, 9개 프레임을 모두 사용하는 대신 상호 배타적이며 기사의 빈도가 높은 프레임을 대표적으로 선정하고 유형화하여 분석에 이용했다.

이 연구에서 전수조사를 통해서 유형화한 언론보도 프레임은 다음과 같다.

첫째, 원전 운영 관련 문제 제기 프레임이다. 이는 원자력 운영에 대해서 부정적 이미지를 주고 있는 안전사고 등 사건의 책임소재를 추궁하고 비판하는 내용에 초점을 둔 것이다. 예를 들면 원자력 안전사고나 핵폐기장 사태로 인한 사회적 갈등의 책임소재(정부, 지자체, 지역사회)를 다루고 그것에 대해서 비판하는 보도가 이 프레임에 해당된다.

둘째, 원자력 이해관계자 간의 대립 프레임이다. 이는 원자력 발전으로 인한 이해당사자 간의 대립에 초점을 맞춘 것이나, 물리적 충돌 등은 포함시키지 않았다. 그 대신 정부와 지역사회 간의 입장 충돌이나 협상 과정의 난항에 초점을 맞춘 보도, 그리고 국제사회와 어느 국가 사이의 의견 대립에 관한 사회적 담론이 포함된다.

셋째, 안전성과 생태성 프레임이다. 이는 원자력 안전사고나 방사능 오염에 대한 우려를 다룬 프레임이다. 특히 방사능의 잠재적 위험성과 공포에 대한 기사가 여기에 속한다.

넷째, 원전 찬반 논쟁 프레임이다. 이는 원자력 에너지 정책 추진에 대한 정부나 지자체의 정책 의지나 그에 관련되는 반응을 강조한 것이다. 정책 집행 과정에 대한 제도적 개선에 의한 신뢰성 제고를 촉구하는 기사, 에너지 수급과 소비체계의 개선을 강조하는 기사, 경제적 효용성에 기초하여 원전 정책을 강조하는 사설 등이 여기에 속한다. 또한 원전에 대한 찬성과 반대를 다룬 기사도 포함된다.

이러한 방식의 프레임 분류 기준에 따라, 1980년대의 원자력 기사 총 119건 가운데 원전 운영에 대한 문제 제기, 이해관계자 대립 보도, 원전 안전성과 생태성 보도, 원전 찬반 논쟁 보도 기사가 각각 34건(29퍼센트), 13건(11퍼센트), 44건(37퍼센트), 28건(23퍼센트)으로 나뉘어졌다.

1990년대에는 총 88건 기사 중 원전 운영 문제 기사 29건(33퍼센트), 이해관계자 대립 기사 9건(10퍼센트), 안전성과 생태성 관련 기사 39건(44퍼센트), 원전 찬반 논쟁 기사 11건(13퍼센트)으로 분류되었다.

2000년대에는 총 414건 기사 중 위의 프레임 분류상 각각 164건(40퍼센트), 180건(45퍼센트), 40건(10퍼센트), 30건(7퍼센트)으로 구분되었다.

2011년은 3월 11일부터 4월 11일 사이의 한 달간은 총 524건의 원자력 기사가 실렸는데, 원전 운영 문제 기사 58건(11퍼센트), 이해관계자 대립 기사 80건(15퍼센트), 안전성과 생태성 기사 231건(44퍼센트), 원전 찬반 논쟁 기사 155건(30퍼센트)이었다.

후쿠시마 사고 이전 1980년대, 1990년대, 2000년대의 원자력 언론보도 프레임을 비교 분석한 결과를 보면, 우리 언론은 시기별로 뚜렷하게 구별되는 보도 성향을 나타내고 있었음을 알 수 있다. 요약하면 1980년대와 1990년대의 언론보도에서는 원자력 관련 안전사고의 책임을 추궁하는 보도 프레임과 원자력이 환경에 미치는 우려를 강조하는 보도 프레임이 주로 사용된 것으로 집계된다.

이에 반해서 2000년대 원자력 언론보도는 이해관계자 간의 대립에 주목하는 프레임이 주로 사용된 것으로 나타난다. 주로 방폐장과 관련된

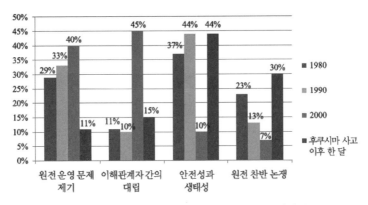

〈그림 3.3〉 기사의 프레임 분류의 시기적 분포(퍼센트)

사회적 갈등을 쟁점화한 것이 시기적 특성이었다. 2000년대 언론보도에서는 원자력이 환경과 안전에 미치는 영향에 대한 우려는 감소한 것으로 나타난다. 즉 1980년대와 1990년대의 원자력 언론보도에서는 주로 안전성과 생태성 프레임이 주축을 이루었고, 2000년대 들어서는 주로 이해관계자 대립 프레임이 기조가 된 것으로 요약할 수 있다.

2011년 3월 12일에 발생한 후쿠시마 사고 이후 한 달간의 언론보도 패턴은 크게 세 가지 특징을 보였다.

환경과 안전에 대한 우려 강조

첫째, 언론의 주요 원자력 보도 프레임이 2000년대 패턴의 특성인 이해관계자 간의 대립으로부터 이동하여 환경과 안전에 대한 우려로 바뀌었다는 것이다. 말하자면 나시 1980-1990년대의 보도 패턴으로 옮겨감으로써 복고적 특성을 띤 것으로 풀이된다.

환경과 안전에 대한 우려를 강조하는 보도 프레임이 2000년대 이후 지속적으로 증가하는 추세에 있었던 것인지, 아니면 이런 변화가 후쿠시마 사고가 언론에 미친 단기적 결과로 나타난 것인지에 대해서는 추가적

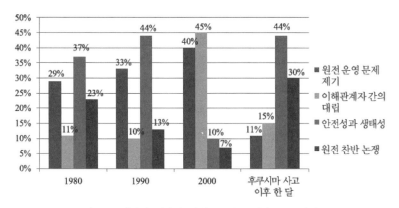

〈그림 3.4〉 시기별 원자력 관련보도의 프레임 분포(퍼센트)

인 연구가 필요하리라고 생각된다.

원전 찬반 논쟁 프레임의 등장

둘째, 최근 들어 에너지 정책 추진에 대한 정부나 지자체의 정책 의지를 강조하는 기조와 원전 찬반 논쟁 프레임이 처음으로 언론보도의 주된 프레임으로 등장한 것이 눈여겨볼 대목이다. 원전 찬반 논쟁 프레임은 이전 시기에는 미미했기 때문이다. 원전 찬반 논쟁은 1990년대에는 13퍼센트, 2000년대에는 7퍼센트 정도에 그쳤다.

그러나 후쿠시마 사고 이후 한 달간의 기사에서는 안전성과 생태성 프레임 다음으로 원전 찬반 논쟁이 높은 비율로 나타나서, 전체 기사의 약 30퍼센트를 차지했다. 이는 정부나 지자체의 에너지 정책 의지를 강조하는 기사가 후쿠시마 사고 이후 찬핵과 탈핵 진영에서 모두 크게 늘어난 것과 관련되는 것으로 보인다.

원전 운영에 대한 비판 보도 증가

셋째, 특정한 원자력 안전사고와 사건의 책임소재를 추궁하고 비판하는 데 초점을 맞춘 원전 운영 문제 제기 프레임은 상대적으로 낮은 비율로 나타났다. 원전 운영 문제 제기 프레임은 1980년대에 29퍼센트, 1990년대에 33퍼센트, 2000년대에 40퍼센트로 지속적으로 증가하는 추세에 있었다. 그러나 후쿠시마 사고 이후 한 달 동안은 11퍼센트 수준으로 낮아졌다. 이는 상대적으로 환경과 안전에 대한 우려를 강조하는 보도 프레임, 원전 찬반 논쟁 프레임의 포괄적 쟁점에 주목하는 기사가 늘어난 것과 연관되는 것으로 볼 수 있다.

위에서 본 것처럼, 후쿠시마 사고 이후 한 달간의 국내 언론보도 패턴은 이전 시대의 것과는 차별화되는 특성을 나타냈다. 이러한 변화가 더 장기적인 차원의 언론보도 패턴의 변화와 연관되고 있는지를 알아보기 위해서, 다시 분석 기간을 한 달에서 2년 이상으로 늘려 위와 같은 방식으로 분석했다.

3) 후쿠시마 사고 전후 1년간 언론보도 패턴 분석

위의 분석에 이어, 여기서는 후쿠시마 사고의 전후시기를 선정하여 2010년 1월 1일부터 2012년 8월 7일까지 언론기사에 나타난 보도 패턴에 대해서 프레임 이론을 도구로 이용해서 분석했다. 시기적으로 후쿠시마 사고 이전의 14개월과 사고 이후의 17개월을 대상으로 언론보도 내용의 경향성을 분석함으로써, 그 장기적인 영향력을 관찰하여 한국 사회의 원자력 관련 사회적 담론의 방향을 추적하고자 했다. 카이스트 학생인 인턴 연구원들이 총 2,747건의 기사를 검색하고, 두 사람의 연구원이 보도에 대한 프레임 분석을 시행했다.

그 분석 결과는 2010년 1월 1일부터 2010년 12월 31일까지의 1년간, 2011년 1월 1일부터 2011년 12월 31일까지의 1년, 그리고 2012년 1월부터 2012년 8월 7일까지의 7개월의 세 단계로 구분하여 결과를 요약했다.

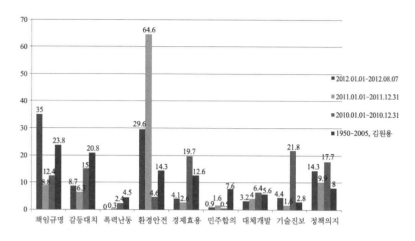

<그림 3.5> 「언론보도의 프레임 유형화 연구」 논문과
후쿠시마 원전 사고 이후 언론보도 분석 비교 결과

이 과정에서 후쿠시마 원전 사고 자체에 관한 속보와 단신은 제외시켰다. 그 이유는, 앞에서와 마찬가지로, 우리가 주목하는 원자력에 관련된 포괄적, 사회적 맥락을 담은 언론보도에 포함시킬 만한 근거가 충분하지 않다고 보았기 때문이다. 이렇게 이루어진 연구 결과를 그래프로 정리한 결과 다섯 가지 주목할 만한 유형이 추출되었다.

원자력의 기술적, 경제적 가치의 재평가

첫째, 원자력 에너지의 기술적, 경제적 가치를 긍정적으로 평가하는 보도가 후쿠시마 사고 이후 급격히 감소한 것으로 나타났다. 짐작할 수 있듯이, 후쿠시마 사고 1년 전이며 아랍에미리트 원전 수출이 결정된 이후인 2010년에는 기술진보 프레임과 경제효용 프레임에 의해서 원자력 관련 기술의 개발과 발전 양상을 소개하거나 원자력 에너지의 경제적 가치와 지역경제 활성화 필요성을 강조한 보도가 높은 비율을 차지해서 각각 22퍼센트와 20퍼센트였다.

이 결과는 1980년대부터 2005년까지의 원자력 전체 기사에서 기술진보 프레임이 3퍼센트, 경제효용 프레임이 13퍼센트 사용된 것에 비해서 크게 증가한 것이다. 그러나 이 두 가지 프레임의 적용 비율은 2011년에 각각 2퍼센트와 3퍼센트, 2012년에 모두 4퍼센트 수준으로 감소함으로써 과거 어느 시기보다도 원자력 에너지의 기술진보와 경제적 가치에 주목하는 기사가 낮은 비율로 보도된 것을 확인할 수 있다.

환경안전 중심의 보도 패턴 증가

둘째, 환경안전 프레임의 적용 비율이 언론보도에서 늘어나고 있었던 현상은 후쿠시마 사고 이후 1년에 국한된 것으로 2010년 이후 지속적으로 나타난 추세는 아닌 것으로 조사되었다. 후쿠시마 사고가 일어난 2011년에는 환경안전 프레임을 적용한 보도가 급격히 증가했다. 1년 동안 원자력 전체 기사 중에서 65퍼센트가 환경안전 프레임을 적용함으로써, 다수의 기사가 원자력 관련 안전사고와 그로 인한 방사능 오염에 대한 우려에 초점을 맞추었음을 알 수 있다.

한편 환경안전 프레임의 적용 비율은 후쿠시마 사고 이전 해인 2010년에는 5퍼센트로, 1980년대부터 2005년까지의 적용 비율인 14퍼센트보다 훨씬 더 낮았고, 사고 이듬해인 2012년 30퍼센트에 비해서는 더욱 더 낮았던 것을 볼 수 있다. 다시 말해서, 원자력 안전사고가 환경에 미치는 영향에 대한 우려가 장기적으로 언론의 담론을 구성하고 있지는 않은 것으로 해석되는 대목이다.

폭력적 사회갈등 보도 패턴 대폭 감소

셋째, 최근 들어서는 방폐장 부지 등을 둘러싼 폭력적 사회갈등은 언론의 주목을 더 이상 끌지 못하고 있는 것으로 나타난다. 실제로 갈등대치와 폭력난동 프레임은 2010년 이후 지속적인 감소 추세이다. 앞의 선행연구에서 분석된 바와 같이, 1950년부터 2005년까지의 기사에서는 원자력 시설 관련 지역사회 중심의 집단 폭력시위가 부각되는 폭력시위 프레임이 4퍼센트 이상으로 나타났으나, 2010년 이후의 기사에서 그런 프레임은 거의 사라지고 있다.

이는 폭력시위를 유발하는 상황이 줄어든 것과도 일부 관련되는 것으로 보이나, 반핵 단체 등의 저지로 인해서 토론회나 공청회가 무산되는 경우 중앙 일간지에는 거의 보도되지 않는 경향이 뚜렷하게 나타나고 있어 분명한 변화라고 할 수 있다.

장기적 쟁점과 책임규명 관련 보도 패턴 증가

넷째, 단기적 쟁점에 주목하는 갈등대치와 폭력난동 프레임의 적용 비율이 줄어들면서, 장기적이고 포괄적 쟁점에 주목하는 언론보도는 증가한 것으로 나타난다. 특히 원자력 정책 추진에 대한 정부와 지자체의 공적 행위를 강조하는 정책의지 프레임이 크게 늘고 있다. 구체적으로 2005년 이전에는 8퍼센트였던 것에 비해 2010년 이후에는 각각 2010년 18퍼센트, 2012년 14퍼센트의 비중으로 높아졌다.

다섯째, 후쿠시마 사고 이듬해인 2012년에는 책임규명 프레임을 적용하여 사건과 사고에 대한 비판과 책임소재를 규명하라는 것에 초점을 맞추는 기사가 다시 증가하는 양상을 보였다. 2012년에 책임규명 프레임 적용이 늘어나게 된 사회적 배경은 2012년 3월 13일부터 보도되기 시작한 고리 원자력 사고와도 무관하지 않을 것으로 보인다. 본 연구에서는 이 가설을 검증하기 위해서 더 자세한 분석을 시행했다.

4) 고리 원전 사고 이후 한 달간 언론보도 패턴 분석

여기서는 고리 원전의 정전 사고가 언론에 보도되기 시작한 2012년 3월 13일부터 4월 13일까지 한 달간 언론보도의 경향을 분석했다. 기사 분석에 사용된 관련 기사는 230건이었고, 조사 대상 언론사는 「조선일보」, 「중앙일보」, 「동아일보」, 「한겨레」, 「경향신문」이었다. 이 검색 결과를 분석하여 앞의 선행연구, 즉 1987년부터 2005년까지에 걸쳐 언론의 원자력 담론을 분석한 연구(김영기[2003]) 결과와 비교했다. 그러나 반핵 운동 기사에 초점을 맞춘 기존의 연구와는 차별화하여, 원전의 필요성을 강조하는 기사도 분석 대상에 포함시켰다.

이런 조건에서 선행연구에 사용한 프레임 분석 방식을 이용하여 정리한 결과, 몇 가지 특성을 볼 수 있었다.

첫째, 고리 정전 사고 이후 반핵 단체의 활동, 생태계 훼손 우려, 핵폐기물 처리 등에 초점을 맞추는 생태적 이해관계 프레임에 해당하는 기사가 크게 줄어든 것으로 나타났다.

이러한 생태적 이해관계 프레임의 급격한 감소는 언론사의 보수 또는 진보 성향과 관계없이 일관되게 「조선일보」, 「중앙일보」, 「한겨레」에서 공통적으로 관찰되었다. 2003년의 분석과 비교한 결과 「조선일보」는 65퍼센트에서 2퍼센트로, 「중앙일보」는 68퍼센트에서 7퍼센트로, 「한겨레」는 76퍼센트에서 15퍼센트 수준으로 감소세를 보였다. 이는 후쿠시마 사고 이후 한 달, 그리고 1년 동안 원자력 관련 안전사고와 그로 인한 방사능 오염에 대한 우려에 초점을 맞춘 기사가 대폭 늘어난 것과는 대비되는 결과이다.

둘째, 원전 정책이나 관련법규에 관한 비판 또는 중앙정부와 지자체 간의 대결을 중점적으로 다룬 정치적 이해관계 프레임에 해당하는 기사는 급격히 늘어났다. 이러한 기조의 변화도 언론사의 보수 또는 진보 성

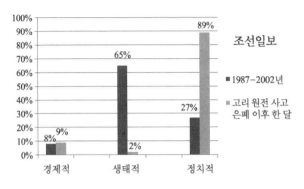

〈그림 3.6〉「조선일보」의 시기별 프레임 분포

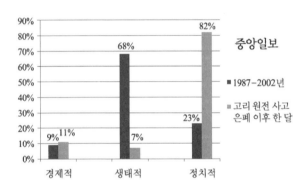

〈그림 3.7〉「중앙일보」의 시기별 프레임 분포

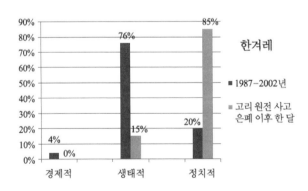

〈그림 3.8〉「한겨레」 시기별 프레임 분포

향과 관계없이 「조선일보」, 「중앙일보」, 「한겨레」에서 모두 공통적으로 나타났다. 구체적으로 2003년과 비교할 때 「조선일보」는 27퍼센트에서 89퍼센트로, 「중앙일보」는 23퍼센트에서 82퍼센트로, 「한겨레」는 20퍼센트에서 85퍼센트로 늘어났다.

셋째, 원자력 발전소 주변 지역주민의 경제적 혜택을 둘러싼 대립, 경제적 인센티브 지원, 원전의 경제성 논란에 초점을 맞춘 경제적 이해관계 프레임의 변화 추이는 언론사에 따라서 다른 양상을 보인 것이 특징이다. 2012년 고리 원전 사고 이후 경제적 프레임은 거의 「한겨레」에서는 다루어지지 않은 반면, 「조선일보」와 「중앙일보」에서는 소폭 상승한 것으로 나타났다. 구체적으로 경제적 이해관계 프레임은 「조선일보」에서는 8퍼센트에서 9퍼센트로, 「중앙일보」에서는 9퍼센트에서 11퍼센트로, 「한겨레」에서는 4퍼센트에서 0퍼센트로 변화되었다.

원전 정책과 관련법규 중심 보도 증가

앞에서 살펴본 선행연구 결과, 반핵 운동이 활발해진 1987년부터 2000년까지의 원자력 보도에서는 각각 찬핵과 반핵의 경향을 띤 언론사의 보도 프레임 사이에는 큰 차이가 있음을 지적한 바 있다. 1987-2000년 기간에 대한 기존 연구에서는 주로 반핵 시각의 기사를 실은 「한겨레」의 경우 경제적 이해관계 프레임에 해당하는 보도의 비중이 낮았고, 정치적 이해관계와 생태적 이해관계 프레임을 이용한 기사가 많았던 것으로 분석되었다. 한편 찬핵의 관점에 가까운 것으로 볼 수 있는 「조선일보」와 「중앙일보」에서는 경제적 이해관계 프레임에 해당하는 기사의 분량이 많았다는 결과를 얻었다.

그러나 이러한 예전의 보도 경향과는 달리, 2012년 2월 고리 발전소 정전 사고 이후 한 달간은 진보와 보수 언론의 원자력 보도 패턴이 모두

변화하면서 비교적 유사해지는 양상이 되었다는 것이 주목할 만하다. 이러한 변화는 원전의 투명하고 공개적인 운영을 촉구하는 정치적 이해관계 프레임이 언론사의 찬핵 또는 반핵 성향과 상관없이 증가하고 있음을 보여주는 결과라고 할 수 있다. 다시 말해서 보수 언론에서도 원전 정책이나 관련법규에 대한 비판에 초점을 맞춘 기사를 비교적 높은 비중으로 보도하는 변화가 있었다.

그러나 언론사별로 경제적 이해관계 프레임의 적용 빈도 측면에서는 각각 찬핵과 반핵의 성향을 띤 언론사의 위험 보도 패턴에서 여전히 차이가 있는 것으로 분석된다. 「조선일보」와 「중앙일보」의 원자력 보도에서 경제적 이해관계 프레임의 비중이 소폭 상승했는데, 이는 보도 기조가 원전 운영의 개선 필요성을 강조하는 한편으로 여전히 경제적 이해관계 프레임을 통해서 원자력 발전의 경제적 효율성을 중요하게 본 것으로 해석할 수 있다.

또한 방사능 오염 등 원전이 생태계에 미치는 영향에 대한 우려를 표현한 언론보도는 고리 원전 정전 사고 이후 한 달간 「조선일보」, 「중앙일보」, 「한겨레」에서 모두 큰 폭으로 감소했다. 이러한 변화는 원자력이 생태계에 미치는 영향에 관한 부정적인 여론이 원전 사고를 계기로 언론에 의해서 증폭될 것이라는 상식적인 예상과는 반대되는 결과라고 할 수 있다.

고리 원전 사고 이후에 언론은 오히려 원자력 기술 자체에 내포된 환경적 위협에 대한 보도를 줄이고, 원전 운영에 관련된 제도적, 행정적 개선의 필요성과 비판을 담은 기사를 크게 늘린 것으로 분석된다. 이와 같은 보도 성격의 변화는 후쿠시마 사고 이후의 언론보도의 변화 패턴과는 차별화되는 것이다. 이런 변화는 국민의 원자력 수용성에 중요한 영향을 미칠 것으로 추정되므로 그 상관관계에 대해서 더 세밀하게 장기간의 자료를 기준으로 분석할 필요가 있을 것이다.

위의 분석에서 대상 언론사를 편의상 보수와 진보의 구도로 나누어 비교한 것은 나름대로의 근거가 있다. 역사적으로 서구에서도 원자력은 대체로 보수와 진보의 양 진영 사이에서 지지와 반대로 대결하는 양상을 띠고 있었다. 반핵 운동의 반백년의 역사 속에서도 진보 진영은 원자력을 거대과학(Big Science)의 전형으로 보고 현대 산업문명이 빚은 부정적 폐해의 속죄양으로 비판했다.

이처럼 원자력은 이데올로기나 가치관과 결부되어 찬반으로 갈리는 성격이 강했다는 것이 다른 산업 분야와 다른 특징이기도 하다. 그러나 시대 변화에 따라서 전반적으로 이데올로기의 영향이 감소되는 추세이고, 또한 원전 사고 발생으로 안전에 대한 관심이 증폭됨에 따라, 위의 분석에서 보듯이, 보수와 진보 사이의 원자력을 둘러싼 대립의 성격이 줄어드는 것으로 풀이된다.

6. 원자력 여론조사와 정책의 상관관계 : 원자력을 보는 세 가지 시각

국내외의 원자력 여론에 대해서 장기간에 걸쳐 분석한 것은 나라마다 원자력 여론이 어떻게 다른가, 무엇이 그 차이를 만드는가, 사회적 여론이 정책 결정에는 어떤 영향을 미치는가, 사회적 여론 형성에 홍보활동의 성격이 어떤 영향을 미치는가 등에 대한 이해를 넓히기 위한 것이었다. 나라마다 이들 활동 사이에 차이가 나는 사회, 문화, 경제, 정치, 역사적 요인이 무엇인가를 살펴서 미래지향적 정책 방향을 모색하기 위한 것이었다. 이를 통해서 여론-정책-홍보 사이의 관계성을 살피고 원자력 PR의 새로운 패러다임을 찾을 수 있기를 기대한다.

원자력 발전에 대한 국내외 여론조사를 분석하면, 원자력 여론은 국가별, 시기별로 상당한 차이를 보이고 있음이 드러난다. 또한 조사 기관별로, 조사 대상별로 원자력 인식에 대한 격차가 드러난다. 이러한 차이가 나는 요인에 대해서 심층 연구가 이루어진다면, 원자력 커뮤니케이션의 노하우를 터득할 수 있을 것이다.

후쿠시마 이후 국가별, 지역별 원자력 여론 동향 분석

앞에서 본 바와 같이, 후쿠시마 사태 이후 원전에 대한 사회적 여론은 국가별로 상당한 차이를 보이고 있고, 시간이 흐르면서 변하기도 한다. 그러나 원전에 대한 국가별 인식 차이에도 불구하고, 대체로 원전을 가동하고 있는 국가와 해당 시설이 위치한 지역사회에서 오히려 원자력에 대해서 우호적인 경향을 보이는 것이 특이하다. 이런 현상에 대해서는 사회심리학적 해석이 가능한데, 이미 원전의 잠재적 기술위험에 익숙해진 탓으로 분석되기도 한다.

또한 거의 모든 조사 대상 국가들에서 후쿠시마 사고 이전에 비해 친원전의 입장이 줄고, 반대하는 목소리가 높아졌다. 이는 방사능 오염의 공포를 겪은 뒤에 나타나는 지극히 자연스러운 사회심리적 현상으로 보인다. 시간이 경과함에 따라 부정적 반응이 점차 줄어드는 경향을 보이고 있으나, 대부분의 경우 사고 이전의 수준으로 회복되지는 않고 있다. 다만 특이한 것은 미국, 영국 등 일부 국가에서는 원자력 여론이 후쿠시마 사고의 영향을 별로 받지 않았고, 미국의 경우 장기간에 걸쳐 원자력에 우호적인 반응이 우세한 것으로 기록되고 있다는 사실이다. 이런 현상에 대해서는 정부의 원자력 정책과 운영에 대한 국민적 신뢰가 있기 때문으로 풀이된다.

한편 후쿠시마 사고 이후 세계적으로 원자력 정책은 대체로 관망하는 가운데서도 탈원전과 친원전으로 나뉘고 있다. 프랑스를 제외한 서유럽 국가에서 사회적 반응이 부정적이고, 그에 따라 탈원전 국가가 나오고 있었다. 독일, 스위스, 벨기에, 이탈리아 등이 대표적 국가이다. 그러나 실상 이들 국가는 1986년 체르노빌 사고 이후 탈원전 정책을 천명했다가 당초 계획대로 추진하지 못하고 원전 건설 쪽으로 돌아서다가 후쿠시마 사고를 계기로 탈원전을 재천명한 국가라는 것이 특징이다.

여기서 주목할 것은 에너지 해외 의존도가 높음에도 불구하고, 스위스, 벨기에 등 일인당 국민소득이 가장 높은 선진국에서 탈원전 정책이 천명되고 있다는 사실이다. 고소득 국가가 되면 탈원진 논의가 단력을 받는다는 가설을 증명하는 사례로 볼 수 있을 것이다. 어느 정도 수준의 경제성장을 달성하면 국민의 안전과 생태적 자연관 등 가치관이 산업 정책의 결정에 영향을 미치기 때문으로 풀이된다.

다만 사고 발생 당사국인 일본의 경우에는 사회적 여론에 따라 사고 이후 탈원전 정책을 밝혔으나, 실제로는 주춤하고 재고하는 분위기가 감지되고 있어 앞으로의 정책 추이가 주목된다. 그러나 러시아의 경우는 여론의 향방과 상관없이 원자력 정책을 추진하고 있다. 원자력 정책 결정이 정치적 체제에 의해서도 영향을 받는다는 것을 볼 수 있는 사례이다. 그리고 독일의 탈원전 정책 또한 시작부터 녹색당과의 연정이 낳은 정치적 소산의 성격이 크다. 또한 국민의식도 환경적 가치를 중시하는 성향이고, 세계적으로 재생 에너지 기술을 선도한다는 국가의 전략적 접근과도 맞물린 결과로 풀이된다.

후쿠시마 이후 원전 정책 방향 : 안전성 강화

원전 가동국 31개국 가운데 다수는 원전 안전성을 강화하는 것을 전제로 원자력 정책의 틀을 유지하는 방향을 모색하는 것으로 보인다. 앞으로 주목되는 것은 후쿠시마 사고 이전에 신생 원전 국가가 되려고 했던 국가들의 동향이다. 원전 시장에 신규로 진입한다는 정책을 그대로 추진하고 있는 폴란드, 카자흐스탄 등의 원전 도입이 어떻게 진행될지 관심을 끈다. 그리고 중국, 인도 등 엄청난 원전 확장세를 보이고 있던 신흥경제국의 원전 정책이 어떻게 추진될지 주목된다. 이들 국가에서 사회적 여론이 어떻게 작용할지도 아울러 관심을 끈다.

후쿠시마 사고로 인해서 사회적 여론이 악화되었음에도 불구하고, 원전 정책을 그대로 유지하는 방향으로 가고 있는 국가군은 대부분 에너지 해외 의존도가 높은 상황에서 에너지 안보 요인의 압박이 큰 국가이다. 예를 들어 한국을 비롯하여 동유럽의 여러 나라들이 여기에 속한다. 또한 경제적, 산업적인 이유로 원전 정책을 유지하는 국가군에는 프랑스, 러시아, 인도, 브라질 등이 속하고, 한국의 경우는 여기에도 해당된다. 이들 국가는 국내 여론을 주시하되 기존의 원전 정책 방향을 바꾸지 않는 경우로 구분되고 있다.

한국의 발전 지향성과 친원전 여론 경향

세계적으로 원전 정책이 재검토되고 탈원전과 반핵 움직임이 거세진 상황에서, 우리의 국내 여론조사 결과는 원자력 에너지와 원전 증설에 대해서 비교적 지지를 보이는 것으로 분석된다. 바로 이웃나라에서 발생한 원전의 대규모 비상사태로 인해서 충격이 가장 컸던 국가로서, 원전 안전에 대한 불안과 불신이 가시지 않고 있고, 반핵 운동이 전문화되어 영향력이 큰 상황에서도 부정적 반응이 그리 크지 않은 것으로 여론조사 결과가 나오는 이유는 무엇일까.

한국 사회는 근대화 이후 특히 발전 지향성이 강한 것이 특징이다. 근대화 과정에서 경제성장이 최우선의 국가 목표가 된 이래 민주주의가 확대되면서 역동적인 발전을 거듭하고 있다. 그 과정에서 권위주의 정부하에서 원자력 기술의 자립도를 확충했다. 그리고 에너지 안보 차원에서 가장 여건이 나쁜 국가 중의 하나라는 사실에는 변화가 없다. 더욱이 최근 들어서는 삶의 질 향상에 대한 사회적 요구도 증대되고 있어 발전 지향적 욕구와 더불어 에너지 확보에 대한 관심도 여전히 크다. 이런 인식이 기저에 깔려 있는 것으로 보인다.

일반 국민의 원자력에 대한 태도는 에너지의 필요성과 긴밀하게 연결되어 있는 듯하다. 원자력 재난이 발생한 일본과 지리적으로 인접한 관계로 그 충격이 컸던 것은 사실이나, 에너지 안보의 필요성 또한 어느 나라보다도 절박하다는 것을 인식하고 있다. 때문에 그 충격을 상쇄하는 측면이 있는 것 같다. 후쿠시마 사고는 원전의 위험성에 대해서 즉각적인 경각심을 일깨웠으나 안전 강화라는 조치로 대응하고 있다. 그리고 대안이 없다는 인식도 작용하면서 시간이 경과함에 따라 공포와 우려를 상쇄하고 있는 것으로 해석할 수 있다.

한국의 특수성을 고려한 원자력 커뮤니케이션 모델의 필요성

일반 대중의 원자력에 대한 미묘하고도 민감한 인식은 주의 깊게 관찰되어 원자력 커뮤니케이션 모델에 반영되어야 한다. 많은 사람들이 원전의 안전에 대한 원천적 불안 심리와 불신에서 벗어나지 못하고 있다. 그리고 젊은 세대를 비롯하여 시민단체들은 원자력이 궁극적인 에너지원이라고 보지 않는다. 설문조사 결과에 따르면, 앞으로 정부와 정치권이 원전의 안전과 신뢰를 강화하면서 동시에 새로운 대안을 마련해야 한다는 결론을 제시하고 있기 때문이다.

그러나 단기적으로 원자력을 대체할 수 있는 대안이 우리 손에 들어 있지 못한 것이 현실이다. 원자력은 에너지 부존자원이 없는 우리에게는 거의 유일하게 상당 수준의 자립도를 갖춘 에너지 기술이다. 따라서 시민사회의 목소리에 귀 기울이면서 국민의 이해를 구해야 한다. 그것이 원자력 정책 추진의 동력이기 때문이다. 그렇게 하려면 원자력 커뮤니케이션과 공론화 등을 명실상부하게 해낼 수 있는 역량을 갖추어야 한다.

그것을 위해서 선진국의 성공 사례를 벤치마킹하는 것은 의미가 있다고 본다. 그러나 그 방식이 한국의 상황에서 반드시 적용되리라고 기대하기는 힘들다. 일반적 여론은 호의적이나, 조직화된 반핵 운동의 설득력이 상당하다는 등의 한국적 상황에 대한 유효한 접근 방식을 찾아내야 하기 때문이다. 일반적으로 원자력의 필요성에 대한 공감대가 형성되었다고 해서 그것이 곧바로 원자력에 대한 신뢰로 이어지지는 않는다. 원자력의 필요성에 대한 일반인의 공감대는 기본이지만, 그것만으로 원자력 정책 사업을 원활하게 추진할 수 있는 것은 아니다. 해당 지역사회의 신뢰와 수용성이 핵심이기 때문이다.

전반적으로 대중의 원자력에 대한 지지가 높은 가운데서도 원전 안전관리에 대한 신뢰도가 낮은 현상은 사회적 갈등을 일으킬 수 있는 잠재적 동인이다. 따라서 이에 대한 대책 마련이 필요하다. 즉 지역사회와 반핵 단체의 논리를 설득하고 간격을 좁힐 수 있는 역량과 소통 기제가 중요하다. 반핵 여론의 논거는 후쿠시마 사고와 고리 원전 사고 이후 체계적이고 전문적으로 심화되고 있으나, 원자력계의 설득 논리는 무엇인지 확실치 않다. 이에 대해서도 근본적인 접근이 요구된다.

원자력에 대한 사회적 여론에서 전문가와 일반 국민, 남성과 여성, 정치적 성향에 따라서 차이가 난다는 사실에 주목할 필요가 있다. 여론조사에서도 대상별로 PR 방식이 차별화될 필요성이 있음이 확인되고 있다. 언론의 반핵 여론 관련보도의 논조 변화에도 주목할 필요가 있다. 반핵 여론을 소개하는 언론보도에서, 부지 선정과 관련하여 지역 내의 관련 주체들 간에 벌어지는 물리적 충돌, 폭력난동 등에 초점을 맞추는 기사는 감소하는 추세이다.

그러나 후쿠시마 사고와 고리 원전 사고 이후 언론보도는 장기적이고 근본적인 관점에서 반핵을 이슈화하는 경향을 보이고 있다. 원자력 정책의 집행 과정에서 제도적 투명성과 신뢰성 제고를 촉구하거나, 에너지 수급 체계의 지속성과 관련하여 원자력 발전에 대한 과도한 의존을 문제점으로 지적하는 것 등이 그런 예이다. 이는 반핵 여론이 국가적으로 필요한 사업에 반대하는 지역이기주의로 인식될 수 있었던 사회적 맥락이 변화하고 있음을 시사한다. 소수의 지역민이 원전 부지 선정에 반대하는 형태의 갈등이 줄어들고, 원전 안전관리에 대한 신뢰도를 문제 삼는 형태의 반핵 여론이 형성되고 있는 현상은 주의 깊게 분석되어야 할 것이다. 이런 인식 아래에서 원전의 안전운영에 대한 불신을 해소할 수 있는 방안에 대한 융합적 접근이 필요하다.

제4장

원자력 여론조사 원탁 대화록 : 여성과학기술계 중심으로

일시 2013년 2월 27일 수요일

좌장 **김명자** 한국여성과학기술단체총연합회 회장, 전 환경부 장관

패널 (가나다순)

김소연 국립경찰병원 내과부장

김안근 숙명여자대학교 약학대학 교수

김효민 울산과학기술대학교 교수

나도선 울산의대 서울아산병원 교수

박범천 원자력문화재단 대외협력실 과장

양이원영 환경운동연합 에너지기후팀 국장

여의주 가천의과대학교 생화학과 교수

오창영 원자력문화재단 대외협력실 부장

이영일 한국원자력안전기술원 선임연구원

이은경 전북대학교 과학학과 교수

이창호 한국수력원자력 중앙연구원 차장

이헌규 한국원자력학회 고급정책연구소장

이혜숙 여성과학기술인지원센터 소장

정성희 한국여기자협회 회장, 「동아일보」 논설위원

정용덕 서울대학교 행정대학원 교수

조성경 명지대학교 방목기초교육대학 교수

최경희 한국여성과학기술단체총연합회 사무총장

좌장 김명자 2013년 기준, 세계 31개국에서 435기의 원자로가 가동되고 있습니다. 그동안 원전을 대상으로 인터넷 등 모든 자료에서 검색할 수 있는 여론조사 결과를 최대한 검색하고, 이를 바탕으로 여성과총이 여론조사 비교 연구를 했습니다. 이제 원자력 여론조사에 대해서 열린 자세로 토론을 하고자 합니다.

어느 분야나 사람을 키우는 것이 가장 중요합니다. 오늘 이 프로젝트는 최경희 여성과총 사무총장이 발제를 했습니다. 연구자로서 역량을 닦을 수 있는 기회가 되었기를 바랍니다. 원래 이영일 박사나 김효민 교수가 발제하기로 구상했다가 새로운 시도를 했다는 말씀을 드립니다.

수많은 여론조사가 적지 않은 재원이 투입되며 여러 나라, 여러 시기에 걸쳐 지속적으로 진행되고 있습니다. 그 여론조사의 결과를 과연 왜 하는가, 어떻게 해석할 것인가, 원자력 정책에는 어느 정도 영향을 미치는 것인가, 홍보와 여론 동향 사이에는 어느 정도 상관성이 있는가 등등 원자력에 관한 여론-정책-홍보 사이의 삼각관계에 관심이 많았습니다. 분명히 필요에 의해서 여론조사를 하는 것인데, 그 결과를 정책에 반영하려면 어떻게 해야 하는가를 다루고자 합니다.

최경희 총장이 발제에 대해 다시 한 번 설명을 해주시기 바랍니다.

최경희(여성과총 사무총장) 원자력 발전 관련 국내외 여론조사 결과를 검색하고 여성과총 자체의 여론조사를 실시한 결과를 종합적으로 분석한 내용을 보고 드렸습니다. 우선 2005년부터 2011년까지 가 기관에서 실시한 글로벌 차원의 여론조사 내용을 간략히 요약하고, 국가별로 일본, 유럽의 프랑스, 영국, 독일, 벨기에, 스위스, 그리고 북미의 미국, 캐나다 순으로 여론 동향을 분석했습니다.

국내 여론조사 추이로는 과학기술정책연구원, 한국원자력문화재단,

환경단체, 국회의원실 등에서 주관했던 여론조사 결과를 간략히 요약했습니다. 여성과총은 과학기술계 전문가를 대상으로 조사한 결과를 원자력문화재단과 아산 핵정책기술센터의 일반인 대상 조사 결과와 비교한 것입니다.[1] 물론 설문 문항을 똑같이 했습니다.

좌장 김명자 원자력 여론조사 결과는 시기, 국가, 조사 기관에 따라 상당한 차이를 보입니다. 가변성이 크다는 것을 고려한다면 어느 특정 설문조사가 어느 특정 시기에 이러했다라고 말해야 합니다. 우선 여론이라는 것이 왜 중요한가를 짚어볼 필요가 있습니다. 정책은 여론의 영향을 받을 수밖에 없습니다. 그렇다면 어떻게 여론을 여론답게 도출하느냐, 무엇이 과연 여론이냐를 정확히 가늠하는 것이 중요합니다. 여론을 어떻게 정확하게 파악할 것이며, 정책에 여론을 어떤 형태로 어떤 방식으로 반영할 것이냐가 중요합니다.

정용덕 교수님께서는 우리나라 행정학의 대부격이십니다. 최고의 전문가이신데, 우선 정용덕 교수님께 코멘트를 요청드립니다.

정용덕(서울대학교 행정대학원 교수) 제가 여성과총 모임에 여러 차례 참석하여 원자력 관련 토론을 하고 있으나, 원자력 전문가는 아닙니다. 그러나 원자력 이슈는 인문사회 분야의 통합적 접근이 필요하므로, 행정학에서도 주요 관심사입니다. 그런 관점에서 간단히 말씀드리겠습니다.

첫째, 외국 자료 비교에서 좀 더 이해가 쉽게 몇 가지 카테고리를 기준으로 분석하는 것이 좋을 것입니다. 우선 후쿠시마 원전 사고 전후를 비교하는 것이 하나가 될 것입니다. 둘째, 각국의 소득 수준을 기준으로

---

1) 「후쿠시마 사고 전후 원자력 발전 관련 국내외 여론조사 비교 연구」 본문의 내용을 요약 발제한 내용으로 대화록에서는 생략했다.

비교하는 방법이 있습니다. 1인당 소득(GDP per capita)을 기준으로 비교하는 것이지요. 예를 들어 인도네시아와 유럽의 나라를 비교하는 것은 문제가 있으니까요. 셋째, 그 나라의 주된 에너지원이 무엇인가. 그리고 원전을 수출입하는 나라인가 여부 등입니다. 이처럼 다양한 지표를 설정하여 분석하는 것이 의미가 있을 것 같습니다.

그리고 국내 여론조사 자료에서 '전문가'가 누구를 지칭하는 것인지요? 원자력 관계 전문가인지, 아니면 일반 과학기술계 전문가인지 궁금합니다.

좌장 김명자 우선 전문가 그룹의 전공 분야는 두루 섞여 있습니다. 전공 분야를 세분화하면 원자력계, 과학기술계 전반, 인문사회 분야 등 그룹별 분류가 됩니다. 또한 카이스트를 비롯하여 과학기술 전공의 대학원생, 대학생이 포함되었습니다.

정용덕 전문가 집단의 의견은 원자력에 대해서 매우 긍정적으로 나오고 있는데, 그것이 정책수립에서는 중요하다고 봅니다. 숫자는 적겠지만 전문가들이 어떻게 보느냐가 정책에서는 중요하니까요. 특히 비원자력계의 의견이 중요합니다. 원자력 전공자들이 안전하다고 얘기하는 것보다는 비원자력계의 전문가의 판단이 어떠한가가 더 영향력이 있을 것입니다. 아시는 것처럼, 원자력 안전이나 원자력 진흥이나 대부분 원자력계 전문가로 구성되어 있다는 것이 사람들이 우려하는 것 중 하나이기 때문입니다. 따라서 다른 분야 전문가의 의견을 구해 객관성을 확보하고 신뢰를 얻는 것이 중요하다고 생각합니다.

님비 현상도 정책 추진에서 중요한 변수입니다. 다른 지역에서 원전을 돌리는 것은 괜찮다고 하고, 자기가 사는 지역에서는 하지 말라는 것이니까요. 원자력 여론조사 자료를 해석할 때 중요한 변수 중의 하나가 될 것입니다.

원자력 정책 결정을 좌우하는 것은 결국 '신뢰'입니다. 우리 형편을 보면, 정부에 대한 신뢰가 낮고, 원자력 관련 신뢰도는 더 낮습니다. 특히 우리나라와 일본이 낮습니다. 이처럼 정부 신뢰도가 낮은데 원자력 관련 신뢰도는 더 낮다 보니 정책이 표류할 가능성이 커지는 것입니다. 정부의 정책 추진에서, 더욱이 원자력 정책 추진에서는 지역주민과 일반 국민이 얼마나 호응하느냐가 핵심 변수입니다. 그렇다면 어떻게 정부 신뢰도를 높일 것이냐, 원자력 정책 신뢰도를 높일 것이냐의 문제로 귀결되는 것입니다.

그것은 투명성과 연관된 문제입니다. 얼마나 투명하게 보여주면서 정책을 수립하고 집행하느냐 하는 것이 중요합니다. 투명성 확보는 정부 신뢰와 동전의 양면과 같습니다. 과연 정부가 투명성을 높이고 소통을 통해서 정부 신뢰도를 높일 수 있을 것인가가 정책 추진 성공의 열쇠입니다. 사회적으로 그런 투명성에 대해 기대를 별로 하지 못하게 된다면 지고 들어가는 것입니다. 국민들은 이 부분을 주목하고 있습니다. 새 정부가 특히 유의해야 할 대목입니다.

그리고 거버넌스도 신뢰 못지않게 중요합니다. 이번에 정부조직 개편이 이루어졌는데, 안전규제 등 체제를 바로 세우는 것이 중요합니다. 국민에게 원자력이 안전하다는 믿음을 주기 위해서는 원자력 안전과 진흥의 거버넌스 시스템을 적절히 설계하는 것이 열쇠입니다. 국민에게 안전 체제와 정책기조를 확실히 보여줄 때, 신뢰도가 높아질 수 있을 것입니다. 그렇게 될 때 원자력에 대한 사회적 여론이 정부가 기대하는 방향으로 전환될 가능성이 열릴 것입니다. 즉 사회적 여론은 정부에 대한 신뢰를 기반으로 한다는 점을 강조하고 싶습니다.

좌장 김명자 정부에 대한 신뢰를 말씀하셨는데, 크고 작은 모든 정책의 수립과 추진에서 그것이 결국 알파이자 오메가라고 생각합니다. 저의 4년간의 행정 경험에서도 가장 절실하게 느낀 것이었고, 정책 성공의 요체인 것 같습니다. 해외 연구에서도 특히 원자력 정책에서는 신뢰가 핵심이라는 결론이 나오고 있습니다.

다음, 한국여기자협회 회장이자 「동아일보」 논설위원인 정성희 회장님께 마이크를 드리겠습니다. 이 기회에 한국여기자협회의 2013년도 원자력 프로젝트에 대해서도 간단히 소개해주시기 바랍니다.

정성희(한국여기자협회 회장, 「동아일보」 논설위원) 올해가 원자력 안전과 사용후핵연료 관련해서 큰 전환점이 될 것으로 봅니다. 따라서 우리 여기자협회는 각 언론사에서 한 명씩 여기자를 선발해서 금년 3월 말부터 5월까지 원자력 안전과 사용후핵연료 폐기물 처리를 주제로 이슈포럼을 진행합니다. 4회의 강의와 함께 월성 원전과 경주 폐기물 처리장을 시찰하는 것으로 계획하고 있습니다. 그 다음 프로그램으로 두 팀으로 나눠서 한 팀은 스웨덴의 오스카르샴 고준위 방사성 폐기물 중간저장시설, 한 팀은 미국의 원자력규제위원회(NRC)와 캐나다 원전과 규제기관 등을 방문하게 됩니다.

한국여기자협회에서는 지금까지 다문화, 복지, 유럽 재정위기 등의 이슈를 중심으로 포럼을 진행해왔습니다. 올해 원자력을 주제로 선정하게 된 것은 원자력에 대한 언론보도가 언론사 성향에 따라 많이 다르다는 점에서, 다루어야 할 필요성을 느꼈기 때문입니다. 「한겨레」 면 「한겨레」, 「동아일보」 면 「동아일보」, 이렇게 매체의 성격에 따라 원자력 보도 경향이 많이 다릅니다.

이것은 우리나라만의 상황은 아닙니다. 일본 후쿠시마 원전 사고 이후에「요미우리신문」,「산케이신문」,「아사히신문」에 나타난 보도 경향도 상당히 달랐습니다.「산케이신문」같은 경우에는 극우지로서 원전에 반대 여론이 높지 않고,「아사히신문」은 반대 여론이 상당히 높게 나왔습니다. 비슷한 시기에 같은 주제에 대해 여론조사를 했는데 결과가 다른 것을 놓고 보면, 어디에 근거를 두고 여론조사를 할 것인가, 어떤 방식으로 어떻게 할 것인가 하는 문제가 대두됩니다.

또 하나의 특징은 같은 언론사라고 하더라도 기사를 쓰는 기자가 어느 부서에 소속되어 있느냐에 따라 보도 성향이 달라진다는 것입니다. 정치부에 속한 경우에는 북핵 문제나 한미원자력협정과 같은 주제를 다루게 되므로, 핵확산 이슈를 애국심과 결합시켜 다루는 경향을 보입니다. 한편 경제부나 산업부에 속한 기자들은 원전 수출을 잘했다고 경제성, 산업경쟁력 등 진흥 측면에서 보도합니다. 그리고 사회부나 지역에 있는 기자들은 주로 지역주민의 목소리를 반영합니다. 또한 과학기술 분야의 기자들은 원자력 기술 관련보도에 중점을 두는 경향입니다. 이런 식으로 기사가 작성되다 보니, 원자력에 관한 분산형 보도가 나와서 통합적 시각이 결여됩니다. 이는 독자들에게 원자력 산업의 총체적 모습을 전달하지 못하는 결과로 이어집니다.

그래서 원자력 보도의 통합적 시각이 결여되어 있다는 문제의식을 가지고 여기자협회가 2013년 활동을 하고자 합니다. 우리 언론이 가지게 되는 원자력 보도의 가장 큰 결함을 고쳐보고자 총체적 접근을 하는 것입니다. 언론보도에서 원자력의 통합적인 시각을 반영하기 위해서 어떻게 해야 하는가는 단순한 작업은 아닐 것입니다. 한 기자가 원자력에 대해서 전문가 수준까지 갈 수는 없다고 하더라도 원자력의 진흥과 규제, 평화적 이용과 핵무장의 위험성 등을 두루 다루면서 통합적으로 이해하고 쟁점을 둘러싼 해법을 찾고자 하는 것입니다. 우리 여기자들이 먼저 공부를 시작해보자는 취지로 사업을 구성합니다. 언론지원재단 예산이 뒷받침되어 이제 프로젝트를 시작합니다. 여기자협회 회장으로서 이 프로젝트에 대해 김명자 회장님 도움을 얻어서 진행하고 있습니다.

여론조사 분석 결과를 보면서, 한두 가지 말씀을 드리고 싶습니다. 정용덕 교수님도 말씀하셨지만, 원전에 관한 사회적 여론은 사고가 있느냐 없느냐가 가장 중요한 변수입니다. 그러나 그에 못지않게 그 나라의 소득 수준도 관련이 있다고 봅니다. 다시 말해서 핵이나 반원전 얘기를 할 때, 오늘 여기 환경단체 대표도 와 계시지만, 탈핵 운동을 할 수 있는 것은 어느 정도의 소득 수준이 뒷받침되는 나라들입니다.

물론 프랑스는 예외입니다. 국가별 소득과 대비해서 여론을 비교하면, 대개 소득 2만 달러에서 반핵 여론이 나옵니다. 우크라이나 총리 같은 경우 탈핵은 부자 나라의 얘기다, 부자 클럽의 얘기라고 공언할 정도입니다. 이처럼 원자력에 대한 사회적 반응은 소득 수준에 비례하는 측면이 있기 때문에, 그 부분도 주의해서 봐야 할 것 같습니다.

그리고 원자력 여론이라는 것은 조사 지역이 사고 지점이냐 아니냐에 따라 조사 결과에 변동성이 매우 큽니다. 또한 조사 시점과 조사 기관, 매체에 따라 결과가 다르게 나타납니다. 매체가 어떤 성향의 매체냐에 따라서 왜 그런 차이가 나는지 등의 심층 분석이 필요합니다. 여론조사나 통계가 '제3의 거짓말'이라는 말도 있습니다만, 여론조사의 깊은 속에 어떤 비밀이 감추어져 있는지 파헤쳐 봐야 합니다. 어찌되었든 간에 똑같이 1,000명을 대상으로 여론조사를 하더라도 결과가 다르게 나옵니다. 어떻게 그것을 교정할 수 있겠는가를 들여다봐야 할 것 같습니다. 원자력문화재단에서도 참석하셨지만, 원자력문화재단에서 오는 자료는 늘 찬성 여론이 높게 나오거든요. 환경단체는 물론 그 반대이고요.

발표자료에서 온라인 여론조사를 많이 한 단체가 있었습니다. 유의할 것은 온라인 여론조사의 대표성은 굉장히 낮다는 점입니다. 그런데 온라인에서 여론조사를 하는 것은 온라인 접근도가 높은 젊은 사람의 의견이 많이 반영될 확률이 높기 때문에 그쪽에 치우친 결과를 얻게 됩니다. 한편 집 전화를 이용할 경우에는 조사 시간대에 집에 계시는 노년층의 답변 비율이 높아져서, 이 방식 또한 편파적 조사가 되는 상황이 되어버립니다.

따라서 여론조사의 정확한 방법을 논의하지 않은 채 이 조사가 잘 된 것이냐 어떠냐를 수평 비교하는 것은 오류를 빚을 가능성이 크다고 봅니다. 원자력이 안전하냐 아니냐에 대해서는 온라인으로 접근하는 사람의 경우 대체로 안전하지 않다고 볼 확률이 높을 것으로 보기 때문입니다. 이런 여론조사 방법에 대한 영향도 감안해서 여론조사를 하고, 그 결과를 해석해야 될 것이라고 생각합니다.

투명성이 굉장히 중요하다는 데 전적으로 동의합니다. 제가 재미있는 에피소드를 하나 말씀드리겠습니다. 작년에 한수원에서 고장과 관련해서 은폐 사건이 있은 뒤 이런 문제에 대해 사업자로서는 거의 노이로제에 걸려 있는 상황이 되었습니다. 그런데 데이터를 비교해보니, 해외 사례에 비해 고장 건수가 많지 않더군요. 세계적으로 프랑스 등 선진국에 비해서 우리가 사고 건수가 가장 최저 수준인데, 국민의 불신이 너무 높습니다.

결국 투명성을 높이고 신뢰를 쌓는 일을 해야 하는데, 투명성을 너무 높이다 보니까 작년에는 허위 서류를 만들고, 그것을 관계부처 장관이 발표하는 바람에 역효과를 낸 측면이 있습니다. 그런 내용의 설명은 모두 한수원에서 담당하고 처리해야 된다고 봅니다. 그동안 불신이 쌓였기 때문에 그것을 감수해서라도 정보를 공개하고 사고를 숨기지 않는다는 자세를 보이게 되면 국민 신뢰도가 높아질 것이라고 보기 때문입니다.

원전 안전정책에 대해서도 국민이 언론보도보다 정부 신뢰도에 의해 더 영향을 받는다는 말씀에 동의합니다. 언론이 반성할 부분이 선정적 저널리즘입니다. 사건 그 자체로 일어나는 사실에 대해서 보도하면 됩니다만, 현장에서는 그 원칙이 잘 지켜지지 않는 경향이 있습니다. 보도를 할 때 특히 사회부 기자들은 원전 피해자 입장에서 그대로 보도를 하게 되다 보니 아무래도 감성적 방향으로 흐르게 됩니다.

특히 일본에서는 반핵 운동에서 작가의 영향력이 아주 큽니다. 다카시라는 작가는 감성에 호소합니다. "우리 아이들에게 방사능으로 오염된 음식을 먹일 겁니까?" 하는 식으로 글을 쓰고 강연을 하고 다니면, 어머니들은 거기에 그냥 빨려 들어갑니다. 원자력이라는 고도의 기술공학 분야에 대해서 과학적인 백그라운드가 없이 감성적인 접근을 하게 되면 대중에 대한 설득력이 높습니다. 그러나 전체 모습을 볼 수가 없게 됩니다. 우리나라 사람들이 '감성적'이라고 하면 세계 최고 수준입니다. 그래서 언론이 감성적 보도보다는 과학적 백그라운드에 기초해 보도하는 것이 중요하다고 생각을 하고, 저도 반성을 많이 했습니다.

좌장 김명자 현장에서 경험하고 있는 생동감 있는 말씀으로 언론과 여론에 대해 논평해주신 것 감사합니다.

수십 개국의 여론조사를 하면서 경향성을 요약하다 보면, 지극히 상식적인 결론이 나온다는 것을 알게 됩니다. 에너지 안보의 필요성이 큰 나라, 부존자원이 없으면서 경제발전은 급속하게 할 수밖에 없는 나라에서는 원자력 정책에 대한 여론조사 결과가 찬성 쪽으로 기울고 있습니다. 그리고 원자력 기술이 선진 수준이고 해외로 진출하는 국가에서는 원자력 정책을 확대하는 경향이 있습니다. 그리고 가장 흥미로운 사실은 원자력 발전을 하고 있는 나라에서 우호적이라는 사실입니다. 이처럼 원전을 가지고 있지 않은 나라에서 반대 비율이 높다는 사실은 후쿠시마 이후 여론 변화 동향에서도 여전히 지속되고 있는 경향입니다. 과거에도 그러했고, 지금도 그렇습니다.

그러면 이제 원자력계에서 오신 이헌규 박사님께 마이크를 드려서 원자력계의 의견을 들어보겠습니다.

이헌규(한국원자력학회 고급정책연구소장) 말씀하신 대로 분명히 원전 보유 국가와 미보유 국가가 가지는 여론의 특성이 있는 것 같습니다. 저는 그 상관관계가 정치적 선택에서 비롯된다고 봅니다. 여론조사 결과는 현실 인식에 대한 하나의 '사실(fact)'인데, 실질적으로 여론조사 결과가 그대로 정책에 반영되는지 여부에 대해서는 상관성이 반드시 성립된다고 보지 않습니다. 원자력은 원전 도입부터가 고도의 정치적인 결단이나 협상일 가능성이 크고, 그 때문에 사실상 여론조사 결과와 정책적, 정치적 선택 사이의 관계를 직접적으로 연결시키기가 쉽지 않습니다.

그렇다면 앞서 말씀하신 많은 나라의 경우, 현재 원전 보유 여부에 따른 일반적인 트렌드가 GDP, 에너지 자원 보유 정도, 복지 등의 이슈와 어떤 상관관계가 있을 것이냐가 의미 있는 데이터가 될 수 있을 것 같습니다. 그리고 각국의 여건의 특수성을 고려해 원전이 필요한지, 원전이 경제적인지, 국민이 원전 정책을 신뢰하고 있는지, 정부를 신뢰하고 있는지에 대한 전반적인 상관관계가 틀림없이 있을 것입니다. 이에 대한 관점에서 데이터를 정리해가면 중요한 시사점과 의미가 도출될 수 있다고 봅니다.

여론조사 결과를 보면, 지역이나 전문가 그룹, 일반인 등 대상에 따라 원자력 인식에서의 차이점이 발견됩니다. 그리고 원전의 필요성, 경제성, 안전성, 신뢰성 각각의 분류에서 다른 결과가 나타납니다. 그런데 정책에 얼마나 영향을 미치는가 하는 문제는 이런 조사 결과의 '사실'보다는 통치자가 결정권을 가지느냐, 정부가 주도적으로 결정하느냐, 그 나라에서의 정부의 영향력이 어느 정도냐, 정치인 또는 환경사회단체, 시민단체, 이해당사자 그룹이 정책의 선택에 어느 정도 영향을 미치는가에 달려 있다고 봅니다. 여론으로 나타나는 상황이 정책에 실질적으로 얼마나 기여하는가의 여부에 대한 상관관계로 접근을 한다면 상당히 과학적인 해석이 나오지 않을까 생각합니다.

좌장 김명자 우리 연구에서 가장 관심을 가진 부분은 사회적 여론과 정책 결정 사이에 어느 정도의 상관성이 있는가를 사례 중심으로 살펴보고, 과연 어떻게 연결고리를 찾을 수 있겠는가, 정책에 영향을 미친다고 하면 여론조사 결과를 신뢰성 높게 얻을 수 있는 방안은 무엇인가 등이었습니다. 그럼 이쯤해서 환경단체를 대표해서 양 국장님, 논평하시겠습니까?

양이원영(환경운동연합 에너지 기후팀 국장) 네, 여론조사의 거의 대부분을 총망라하신 것 같습니다. 말씀하신 것처럼 어디서 여론조사를 했느냐에 따라 결과가 약간씩 다른데, 그런 경향이 발제 내용에 투영된 것 같습니다. 서울환경운동연합이 설문조사를 할 때 왜곡을 피하기 위해 설문문항에 대해 내부의 의견을 수렴했습니다. 일반 시민이 어떤 관심을 가지는지 저희도 정말 궁금했습니다. 나름대로 객관적으로 물어본다고 했지만, 앞부분에 일본산 식품 등의 설문의 경우, 방사능 오염 가능성을 먼저 얘기하면 당연히 대체로 구입하지 않겠다는 답변이 나올 수밖에 없지 않을까 하는 생각이 들었습니다.

여론조사 문항에서 찬성과 반대를 묻는 것과 필요성 인식을 조사하는 것은 좀 다른 것 같습니다. 다른 회의 때도 제가 말씀을 드렸는데, 우리

214

가 보통 원자력을 논할 때 필요악이라는 표현을 쓰지 않습니까? 안전 운영에 문제가 있고 위험하다는 것을 알지만, 에너지가 필요하니까 어쩔 수 없이 써야 된다는 인식이 확산되어 있습니다.

따라서 이러한 인식이 확산되어 있는 가운데 필요하냐 필요하지 않느냐를 먼저 묻고, 다음에 찬성하느냐 반대하느냐를 물어보면 유도성이 되는 것이라고 봅니다. 당연히 자신의 의지와는 상관없이 필요한 상황이 아닌가라는 사회적 인식이 확산된 상황에서는 결국 필요하다는 답변 비율이 높게 나오게 되겠지요. 그러면 자연스럽게 찬성 쪽으로 답변하게 되도록 영향을 미친다고 생각합니다. 즉 질문의 순서와 내용 모두가 여론조사 결과에 영향을 미친다고 생각합니다.

좌장 김명자 원자력 PR에서 국제기구나 선진국이 강조하는 제1원칙을 보면, 에너지의 필요성, 원자력의 필요성에 대해서 인식을 시키는 것이 중요하다고 말하고 있습니다. 그러나 다른 관점에서 보면 설문조사에서 그 필요성이 1번으로 들어가는 것이 유도성 설문이 될 수 있다고 볼 수 있겠군요. 이런 점이 관점에 따라 상충되는 측면인 것 같습니다.

양이원영 저는 설문조사에서 원자력의 필요성을 묻기보다 가치에 대한 질문, 찬성하느냐 반대하느냐의 질문을 해야 한다고 생각합니다. 그리고 그 선택에 대한 책임을 질 것이냐에 관심이 있습니다. 홍의락 국회의원 실에서 그 부분에 대한 여론조사를 했습니다. 원자력 발전을 찬성하지 않는다면 전기요금 인상에 대해서 동의할 것이냐는 질문을 했는데, 상당수 동의하는 것으로 나타났습니다. 다시 말해서, 찬성한다면 현실적인 선택, 우리가 취할 수 있는 방법, 당신이 그것을 책임질 것인가를 잇달아 물어보는 것이지요. 이런 방법으로 좀 더 정책에 도움이 되게 하는 설문조사가 필요하다고 생각합니다.

그런 점에서 원자력문화재단의 기본 설문은 좀 편향되어 있다는 느낌이 들었습니다. 결론으로 내린 시사점을 보니 어찌됐든 원전을 추진하자는 측의 결론이라는 생각이 들어서요. 그런 각도에서 본 것이라는 전제를 한다면 그 부분에 대해서는 어느 정도 이해가 되기도 합니다.

정용덕 교수님을 비롯해서 몇 분이 원전 수출국인지 아닌지 등 다른 데이터를 바탕으로 비교 분석하는 것이 필요하다고 말씀하셨습니다. 저는 그 나라의 에너지 수입이 얼마나 되느냐, 1인당 에너지 소비나 전기 소비가 얼마나 되느냐에 근거해서 그 나라가 원전 정책을 어떻게 추진하는지를 비교하는 것이 분석 틀로서 필요하다고 생각합니다.

미국은 워낙에 수입도 많이 하고 쓰기도 많이 쓰는 독특한 나라인데. 미국을 제외하고는 수입을 많이 하는 나라들이 상대적으로 원전이 좀 적고 탈원전 여론에 가까우며 1인당 에너지 소비나 1인당 전기 소비가 상대적으로 적은 편입니다. 그런데 그중 유독 우리나라만 에너지 수입이 많으면서도 1인당 에너지 소비나 전기 소비도 많고, 원전도 크게 확대되고 있습니다. 그래서 그것을 일률적으로 판단하기는 힘들 것 같습니다. GDP에 관해서 프랑스하고 독일을 비교해보았습니다. 두 나라는 인구도 비슷하고 1인당 GDP도 비슷합니다. 1인당 전기 소비와 에너지 소비는 프랑스가 약간 더 높지만, 그렇다고 해도 독일과 비슷한 수준입니다. 그런데 한쪽은 원전을 포기했고 한쪽은 원자력 강국이지 않습니까? 두 나라에 대해서 몇 가지 요소를 비교해보면, 결국은 정책적 판단의 차이라고 할 수 있습니다. 정책적 판단이라는 것은 국민이 어떠한 선택을 하느냐, 그리고 정책적 판단과 정치적 결정이라고 볼 수 있겠지요. 그러나 반드시 그렇지는 않다는 생각이 듭니다. 독일은 어쨌든 원전 포기에 대한 책임을 지면서 나름대로 여러 가지 정책들을 펴는 것 아닙니까? 정치권으로 사회적 압력이 들어가고, 그래서 정치권에서 정책을 바꾼 것이고요. 그런 차이가 아닌가 생각됩니다.

이헌규 제가 원자력 정책에 대해 프랑스하고 독일을 비교해서 정리를 했는데요. 프랑스도 독일 못지않게 1970년대와 1980년대에 반핵 운동이 있었는데, 왜 반핵 쪽으로 정치적인 결정을 하지 않았을까 궁금한 일이지요. 자료를 찾아보니 그때 EDF(프랑스전력회사)가 지역사회에 대한 홍보활동을 끈기 있게 했다는 사실을 발견했습니다. 그리고 독일은 정치 상황에 따라 정부 정책이 상당히 많이 바뀐 반면, 프랑스는 정치적 영향 없이 원전 정책을 계속 유지한 것도 차이점입니다.

양이원영 좀 더 보충 말씀을 드리면, 경제적인 수준을 기준으로 원전 정책을 비교하면서, OECD 국가 중에서 핵발전소를 확대하거나 축소할 계획 없이 그냥 유지하는 나라, 그리고 원전을 도입은 했지만 축소하는 국가, 그리고 원전이 아예 없는 나라를 비교해봤습니다. 물론 우리나라가 OECD 국가 중에서 어느 위치인가에 따라서 달라지기는 하겠지만, 실제로 절반 이상이 축소하거나 아예 처음부터 원자력이 없는 나라였습니다.

선진국이기 때문에 원전을 가져야 된다거나 아니면 일정 수준의 GDP를 올렸기 때문에 원전이 있고 하는, 그런 문제는 아니라고 봅니다. 제가 말씀드린 것처럼, 역사적인 경험, 정치적인 요인 등이 두루 종합적으로 원전 정책에 영향을 미친다고 생각합니다. 그리고 체르노빌 원전과 얼마나 가까이 있었는지, 그로 인해서 피해를 받았는지 등의 요인이 전반적으로 반영되는 것이라는 생각이 듭니다.

좌장 김명자 독일과 프랑스의 비교는 흥미롭고 시사점이 있습니다. 작년 7월에 우리 여성과총이 베를린에서 원자력 커뮤니케이션 포럼(Nuclear Communication Forum)을 가졌습니다. 발제자는 독일과 프랑스에서 수십 년간 전문가로 일해 온 한인 과학자 두 분과 제가 맡았습니다. 한 분은 원자력 발전의 단계적 폐지(Phase out)를 결정한 나라인 독일에서 오셨고, 다른 한 분은 세계 최고의 원자력 발전 비중을 가진 국가인 프랑스에서 오셨습니다. 예상대로 결론도 두 발제가 찬반으로 대조적이었습니다.

그렇다면 인접한 두 선진국이 원자력 정책에서는 정반대의 길을 가게 된 배경이 무엇인가에 대해서는, 여러 가지가 있습니다. GDP만 가지고는 설명이 안 됩니다. 프랑스는 눈에 보이지 않는 가치 지향적인 것에서 경쟁력을 가지고 있습니다. 드골 대통령이 제2차 세계대전을 거치면서 추락한 프랑스의 위상을 다시 세계의 리더 국가로 올리는 과정에서 원전 사업은 정치적 리더십의 지원을 받아 발전했고 프랑스 국민은 대체로 원자력 산업에 대해서 자부심을 가지며 사회적 여론도 독일에 비해 훨씬 더 우호적입니다. 프랑스 파리의 밤거리를 대낮처럼 휘황찬란하게 밝혀 전력이 프랑스의 아름다움, 화려함을 빛나게 한다는 말도 있습니다.

물론 국민정서 관점에서 프랑스에도 반핵 운동이 일어난 때도 있었습니다. 그러나 사회적 갈등 조정에서 의회가 제 기능을 잘 했다는 평가를 받고 있습니다. 사회적 갈등의 해소에서 제도적으로, 정치적으로 프랑스의 거버넌스 능력이 뛰어났음을 원자력 분야에서 보여주고 있는 것입니다.

반면 독일이 탈원전(Phase out)으로 가는 데에는 그럴 만한 요인이 있었습니다. 환경의식이 앞서가는 나라로서 국민의식에서 환경이 최우선 가치가 될 수 있을 정도라는 사실입니다. 그리고 재생 에너지에 대해서도 새로운 분야에서 해외 시장을 선도하기 위해서 국내 시장의 테스트베드(Test bed)를 키우면서, 기술표준화에서 선도적 위치를 점유하여 경쟁력을 갖추는 등 여러 가지가 전략적으로 맞물린 정책적 선택의 측면이 있습니다. 물론 재생 에너지 자원의 보유와 사회적 인프라에서 우리나라와는 다르다는 여건도 작용하고 있다고 봅니다.

이런 배경에서 가장 결정적으로 작용한 것은 정치적 영향력이었습니다. 결국 탈원전(Phase out)이 실현 가능했던 것은 녹색당의 집권으로 인한 연정의 정치적 결정이었습니다.

최근의 독일 사정은 탈원전을 둘러싸고 중앙정부의 방침은 단계적 탈원전인데, 지방자치단체들은 전력의 생산과 확보가 절실한 정책과제이기 때문에 양측이 원전 정책을 두고 충돌하는 양상이라고 들었습니다. 실제로 독일 전체로 보면 전력을 자급하고 있으나, 일부 지방에서는 수요가 증가하면 프랑스로부터 원전 전기를 수입하는 형편입니다. 이런 과정에서 정책 일관성이 깨지고 갈등하면서, 결국 국민의 불신을 사는 측면이 있다는 것입니다. 그러다 보니 정부 정책의 신뢰로 논의가 귀결되고 투명성 논란이 빚어지는 것 같습니다.

양이원영 정책과 사업자에 대한 신뢰와 투명성에 대해 말씀을 좀 드리겠습니다. 고리 1호기 정전 사고 은폐 사건이 일어난 지 거의 1년이 되었는데, 주목해야 할 일이 또 있었습니다. 하나는 고리 1호기 정전 사고를 은폐한 직원이 고법에서 무죄판결을 받았다는 것입니다. 그 책임이 직원 개인에게 있는 것이 아니라 사장에게 있다는 판단에 따른 것입니다. 그런데 실은 직원들이 모여서 자료를 은폐하고 관련기록을 삭제하는 회의까지 했고, 회의를 통해서 은폐하기로 결정을 한 것이었습니다. 그럼에도 은폐 책임을 물을 곳이 없는 상황이 된 겁니다. 대법원에서 판단하리라 예상되지만, 이렇게 사고는 발생했는데 책임지는 이가 아무도 없는 상황이 된다는 것을 어떻게 보아야 할지 의문입니다.

그리고 또 하나 월성 4호기에서 143킬로그램의 중수가 누출됐고, 전량 회수되었다는 보도자료가 나왔습니다. 저희 환경단체가 성명서를 냈듯이, 그 내용이 사실과는 다르다는 것입니다. 사고가 발생한 것을 이틀 후에 발표한 것도 문제가 됩니다. 또 143킬로그램이 누출된 것이 아니라 155킬로그램이었고, 32킬로그램은 기체 상태로 외부에 배출되었다고 지역의 민간 환경감시기구는 다른 데이터를 보고한 것입니다. 전량 회수가 안 된 겁니다. 다시 말해서, 이틀 후에 발표한 것도 그렇고, 또 은폐 축소한 것이 아니냐 하는 의혹이 생기는 것입니다. 한국수력원자력 공식 보도자료와 지역주민에게 한 보고서의 데이터가 다르다는 것 때문에 의혹을 받은 것입니다.

고리 1호기 은폐 사건 이후 1년이 지나는 동안 여러 가지 개선이 이루어졌다고 하지만, 여전히 부족합니다. 이런 문제들이 계속 밝혀지게 되면, 신뢰는 계속 떨어질 수밖에 없을 것입니다. 앞으로 이런 신뢰 문제를 어떻게 해결하느냐가 과제입니다. 지금 당장 원전을 정지시킬 수는 없기 때문에, 안전성에 대한 신뢰는 어쨌든 확보를 해야 됩니다. 가동하는 원전에 대해서는 최대한 안전하게 관리를 해야 하고, 사업자의 운영에 대한 신뢰를 회복해야 합니다. 그런데 이런 부분에 대한 문제가 잘 해결되지 않고 있습니다. 그래서 어떻게 해결할 것인가는 계속 과제로 남아 있는 것이라는 생각이 듭니다.

좌장 김명자 우리나라 원전에서 고장이 날 때마다 은폐 의혹에서부터 사실관계 확인과 책임을 묻는 일에서 계속 혼선이 빚어지는 이유가 무엇일까요. 그리 논의되지 않는 한 가지 요인으로 문화적 차이, 좀 더 구체적으로 '조직문화'의 차이도 한 몫을 하고 있다고 생각합니다.

미국의 경우, 일단 문제가 생기면 조직 내의 상사에게 보고할 필요가 없이 기계적으로 외부 안전규제 조직에 보고를 하고 체계적으로 분담 역할에 따라 대응을 하는 것으로 알고 있습니다. 그리고 사업자와 지방정부, 중앙정부가 협력해서 처리를 합니다. 사고 즉시 오퍼레이터(operator) 대응 센터가 현장에 설치되고, 기술지원센터(technical support center)가 설치되고, 비상대응팀이 설치되고 하는 등에 의해 전문가가 즉각 연결된다는 것이지요.

조직문화의 차이가 은폐 의혹 논쟁을 빚는 측면에 대해 더 말씀드리면, 우리나라의 경우 조직문화라고 하면 사고가 나는 경우 내부적으로 쉬쉬하며 해결해보려는 경향이 있습니다. 더욱이 우리나라는 'incident' 와 'accident'의 구분이 없이 경하건 중하건 간에 사고로 보도되고 있습니다. 그리고 원자력 사고라고 하면 중대 사태가 되는 것으로 인식되다 보니, 더욱이 이 민감한 사안을 어떻게 조용히 해결할까 하는 것이 지상목표가 되는 것이 아닌가 생각합니다.

그렇게 감추면서 내부적으로 말썽이 안 되게 해결하려다가 불신과 의혹을 증폭시키는 폐단을 극복하기 위해서는 근본적으로 체계가 바뀌어야 한다고 봅니다. 다시 말해서 분담체계를 강화해서 운전원은 즉각적으로 고장에 대해 보고를 하도록 훈련이 되어야 하고, 상황 판단은 기술지원단이 하도록 해야 한다는 것입니다. 그리고 고장을 보고하는 것에 대해서는 그 자체에 대한 책임은 묻지 않는 조직문화가 정착되어야 한다고 봅니다. 일본도 후쿠시마 사고가 났을 때 초기 결정적 시간을 놓치고 우왕좌왕하는 사이 비상사태로 번졌습니다. 정보를 투명하게 공유하지 않은 것은 결정적 실수였습니다. 원자력 사업 운영에서는 무슨 일이 나면 숨기려 하고 조용히 해결하려고 하는 동양적인 문화는 사태를 해결하는 것이 아니라 꼬이게 한다는 사실을 명심할 필요가 있습니다.

양이원영 다시 여론조사 얘기로 돌아가서, 원자력 관련 여론조사 연구를 할 때, 그 나라가 원전 홍보에 쓰는 예산도 비교해보면 좋을 것 같습니다. 우리나라에는 원자력문화재단도 있지만, 한수원 자체의 홍보비용도 많고, 담당 부처도 있고, 여러 곳에서 원전 홍보비용이 많이 지출되는 것으로 알고 있습니다. 그리고 원전 건설의 추진 단계에서 발생하는 여러 가지 비용과 건설업체와의 관계 등 부스러기 연구용역도 많습니다.

그러다 보니 전반적인 여론이 원전 찬성 쪽으로 갈 수 있는 사회적 상황이 되는 것이 아닌가 하는 생각이 듭니다. 이미 원선을 가동하는 나라들은 상대적으로 원전 홍보에 대한 비용을 더 많이 쓰게 되겠지요. 그러면 찬성 여론이 더 높아질 수밖에 없겠지요. 각국에서 원전 홍보비용으로 얼마나 쓰고 있는지를 기준으로 여론조사 결과를 분석하면 흥미로울 것 같습니다. 원전을 홍보하는 것이 그만큼 효과를 나타내고 있는지, 그 결과를 분석할 수 있다고 봅니다.

좌장 김명자 각국이 원자력 홍보예산을 얼마나 어떻게 쓰고 있는가를 정확하게 홍보비용 카테고리로 액수를 파악하는 것은 어려울 것 같다는 생각이 듭니다. 원자력 홍보에 대해서는 다른 분야와는 달리 좀 복잡해집니다. 더욱이 국민의 이해가 필요한 분야이므로 원자력 분야도 PR, 즉 홍보가 중요하지 않을까요. 다만 원자력의 양면성을 정확하게 알리는 공정성과 객관성이 중요하다고 생각합니다.

이헌규 앞에서 독일과 프랑스의 경우를 말씀드린 것처럼, 홍보비를 많이 쓰는 것도 중요하겠지만 얼마나 지속적으로 신뢰감을 줄 수 있는 홍보활동을 계속하는가가 더 중요하다고 생각합니다.

좌장 김명자 우리나라 원자력 홍보효과에 대해서 양 국장님은 환경단체의 입장에서 어떻게 보십니까? 효과가 어느 측면에서, 어느 정도 있다고 보는지요?

양이원영 저는 원자력 홍보의 효과가 있는 것 같습니다. 당연히 효과가 있지요. 지금 원자력문화재단에서 교과서까지 다 바꾸잖아요. 교과서에 재생 에너지라고 언급된 곳에 풍력 발전기 사진을 넣었더니, 그것을 원자력 발전으로 바꿔야 하는 것 아니냐는 논의까지 하고 있다고 합니다. 저희가 쭉 사례를 모아보니, 홍보를 아주 열심히 하시더라고요. 저희도 그런 홍보예산을 받는다면, 더 열심히 할 수 있는데(웃음)……. 홍보만 전문으로 하는 재단이 있는 나라이니 효과가 있지 않겠습니까.

좌장 김명자 홍보에 관해 그 효과를 정상 시기와 비상사태로 나누어볼 필요가 있지 않을까요. 평상시에는 원전 시설이 입지한 지역사회의 문제로 국한되는 경향을 띠게 된다고 봅니다. 그러나 일단 원전 사고가 발생하면, 사고가 크고 작고 간에 원자력에 대한 사람들의 불안과 우려가 커지고, 정책당국과 사업자는 허둥지둥하게 됩니다. 실상 이렇게 급할 때 홍보가 더욱 중요한 문제가 되는 것이 아닐까요. 그러나 현실은 그렇지 못하니 이 문제에 대한 해법을 찾는 것이 과제라고 생각합니다.

양이원영 한국 사람들은 굉장히 감성적이라고 말씀하셨습니다. 그러나 제가 보기에는 원전 문제에 대해서는 굉장히 이성적으로 접근을 한다고 생각합니다. 이것 때문에 우리가 이만큼 먹고 사는데, 이것 아니면 촛불 켜고 살라는 말이냐 하는 식으로, 원자력 문제 얘기가 나오면 경제성부터 시작해서 이어지는 레퍼토리가 있습니다. 요즘은 체르노빌 원전하고 노형이 다르기 때문에 안전하다, 후쿠시마 원전의 노형과 다르기 때문에 안전하다는 등, 외울 수 있을 정도로 줄줄이 메뉴가 있습니다.

저는 원전의 반대쪽 입장에 있지만 홍보내용을 볼 때 잘 만드시는 것 같아요. 그 자료를 바탕으로 접근하면 환경운동연합 회원조차도 그 데이터와 레퍼토리에 어떻게 원전 반대 논리를 펴야 하는가, 저한테 고민을 토로하는 분이 계실 정도입니다. 지역의 임원들도 그렇다면 굉장히 홍보를 잘하는 것이지요. 그런데 문제는 그런 홍보효과가 한 번의 사고로 그대로 무너져버린다는 겁니다.

따라서 전반적으로 원자력 홍보와 반원전 운동은 굉장히 불공정한 게임을 하고 있다는 생각이 듭니다. 어쨌든 원전을 추진하려는 쪽도 국가 발전에 중요한 역할을 한다고 생각하고 있습니다. 그리고 저희 환경단체도 어쨌든 원전이 점차 폐기되는 것이 우리나라를 위해서, 특히 우리 아이들을 위해서 중요하다고 생각하는 것입니다. 이런 차이는 양 진영의 가치가 다르기 때문에 나타나는 현상이라고 봅니다.

이렇듯 서로 다른 가치가 정책에 어떻게 반영되고 국민에게 어떻게 선택을 받을까를 놓고 경쟁하는 것에서 탈원전 쪽이 경쟁력이 약하다고 보는 것입니다. 저희는 수백 명의 박사 인력을 가진 것도 아니고, 돈이 있는 것도 아니고, 그래서 불공정 게임을 하고 있다는 느낌을 지울 수가 없습니다. 다시 말해서 전문인력과 자본으로 친원전 측이 홍보역할을 성공적으로 수행하고 그것이 우리나라의 원전 여론조사 결과를 내고 있는 것이라는 생각이 듭니다.

조성경(명지대학교 방목기초교육대학 교수) 우선 김명자 회장님께서 하시는 작업을 보면, 그 방대한 일을 어떻게 하는지 경이롭다는 생각을 하게 됩니다. 저는 이렇게 생각을 했으면 좋겠습니다. 일반인과 전문가, 세대

간의 갈등, 성별의 갈등, 이런 것은 우리가 다 알고 있는 사실이고, 현재 중요한 것은 그런 사실(fact)이 어떻게 해서 발생했느냐에 대해 고민할 시기라고 생각합니다.

전제를 다시 한 번 생각해보면 좋겠습니다. 왜 원자력 커뮤니케이션을 해야 하는가? 원자력 홍보를 논하다 보면 항상 벽에 부딪치는 것은 '원자력은 안전합니다. 이것을 사람들이 잘 몰라줍니다. 그래서 우리는 커뮤니케이션을 해야 합니다'라는 전제 아래 활동하고 있다는 것입니다. 그런데 커뮤니케이션을 제대로 하려면 그 전제를 깨야 될 것입니다. '원자력은 정말 안전하지 않을 수도 있습니다. 커뮤니케이션을 통해서 안전한 방법을 좀 찾아봐야 되겠습니다'라는 전제로부터 시작한다면, 조금 다른 방식으로 논의가 전개되고 쌓이고 하지 않을까 생각을 합니다. 왜냐하면 지금 시대가 바뀌고 또 기술이 발전됨에 따라서 이제까지 우리가 느꼈던 안전이나 위험의 감은 많이 다르기 때문입니다. 그래서 안전하다, 안전하니까 어떻게 하면 믿게 할까, 어떻게 하면 설득할까가 아니라 어떻게 얼마나 더 안전하게 같이 만들까 하는 고민을 함께하는 것이 필요하다고 봅니다.

양이원영 다시 여론조사로 돌아가서, 여론조사 결과 분석에서 일반인과 전문가로 대상을 나누었는데, 저는 전문가 그룹에 원자력 전문가가 얼마나 포함되어 있느냐에 따라 결과가 크게 달라질 수 있다고 생각합니다. 저희는 세대별 차이에 초점을 맞추었습니다. 서울환경운동연합 보도자료에 나와 있는데, 세대별로 10대부터 30대까지, 40-50대, 그 이상을 대상으로 온라인 조사를 했습니다. 때문에 전체적으로 편향(bias)된 결과가 나올 수는 있지만, 세대별 답변 성향을 보면, 확실히 10대에서 30대, 그리고 여성이 훨씬 더 원전 반대 성향이 강합니다. 성별과 세대별 차이

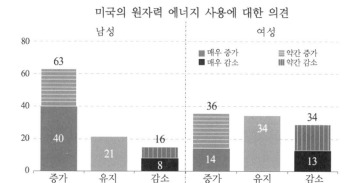

〈그림 4.1〉 원자력 에너지에 대한 남성과 여성의 인식 차이

를 본 것입니다.

최근에 반핵 운동 또는 탈핵 운동을 하는 주요 세력, 생활협동조합을 하고 있는 조합원들이 대부분 30-40대 여성이라고 보시면 됩니다. 또는 차일드세이브나 온라인 카페 모임 같은 곳에서 활동하시는 분들도 20대 후반에서 30대의 아기 엄마들입니다. 이런 분들이 가장 활발하게 반핵 운동을 하고 있습니다. 여기도 여성과총인데, 여기는 과학기술계 중심이라 그렇지는 않은 것 같지만, 어쨌든 여성들 특히 아기를 키우는 어머니일 경우 방사능 오염 식품에 대한 위험도와 연결해서 후쿠시마 원전 사고로 인해 원자력에 대한 불안감이 확산되어온 것으로 보입니다.

나도선(울산대학교 의과대학 의학과 생화학교실 교수) 하나 여쭤보고 싶은 것이 있는데요. 그럼 전기요금이 이만큼 오를 텐데 받아들일 수 있는가 라는 질문으로 여론조사를 한 결과는 어떤지요?

양이원영 저희가 조사하지는 않았는데, 홍의락 국회의원실에서 조사한 것을 굉장히 의미가 크다고 봤기 때문에 그 말씀을 드린 겁니다.

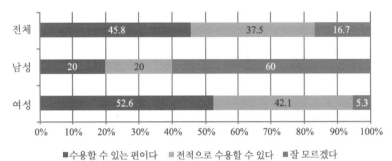

〈그림 4.2〉 성별에 따른 '원자력을 이용한 전력생산 포기에 따르는
전력요금 상승 수용 정도' 설문조사 결과

나도선 거기에 원전을 줄이면서 전기요금을 감내하겠다는 답변이 많은가
요? 전기요금 오르는 것에 대해 실제로 전기요금을 내는 사람들한테 물어
봐야지, 10대, 20대는 직접 돈을 안 내니까······연령층 구분도 여론조사에
서 중요할 것 같습니다.

좌장 김명자 참고로 여성과총에서 2012년 8월 과학기술계 원자력 인식을
조사했습니다. 원전을 축소하는 경우 전기료 인상 수준을 어느 정도 까
지 받아들일 수 있는지 물었습니다. 24퍼센트의 응답자는 전기료 인상을
받아들일 수 없다, 40퍼센트는 10퍼센트 정도 인상까지 수용할 수 있다
고 답했습니다. 15퍼센트는 11-20퍼센트 수준, 10퍼센트는 20퍼센트 이
상의 인상 폭을 수용할 수 있다고 답했습니다. 다음은 원자력계의 이영
일 박사님의 의견을 듣겠습니다.

이영일(한국원자력안전기술원 선임연구원) 설문조사 결과가 굉장히 방대한
자료인데 정리가 잘되어서 원자력 전반에서 큰 도움이 될 것 같습니다.
설문조사의 결과가 가지는 통계적 의미를 해석하는 것보다는 시각을 달리 해서 말씀드리겠습니다. 모두 원자력에 관심이 많은 과학자들이고 다양한 관점에서 원자력을 보는 분들이 모이셨기 때문에, 우리나라의 원자력 커뮤니케이션이나 홍보에 대한 최근의 동향을 보면서 소회를 말씀드리는 것이 어떨까 생각합니다.

원자력 역사에서 크게 세 건의 사고를 겪으면서 그로 인해 기술적, 제도적으로 진보가 있었던 것도 사실입니다. 그럼에도 불구하고 왜 원자력에 대한 여론은 점점 더 악화되고 있는가에 대해서 한번 문제의식을 가지고 놓아봐야 한다고 봅니다. 특히 입소스의 여론조사 결과에서도 나왔지만, 사고는 일본에서 났는데 왜 우리나라가 유독 원전 커뮤니케이션에서 곤란을 겪어야 하는가에 대해서 생각해봐야 할 때라고 봅니다. 이 문제는 원자력계의 새로운 도전 과제로 부각되었기 때문입니다.

일반적으로 우리가 무슨 일을 해서 목표를 달성하고자 할 때는 PDCA (Plan-Do-Check-Action)의 사이클을 거치게 됩니다. 어떻게 보면 원자력 커뮤니케이션 분야는 지금까지 장기적 차원의 계획이 있었다기보다는 단기적 활동 중심으로 진행되지 않았나 하는 반성을 하게 됩니다. 원자력계에 종사하는 사람으로서 제 자신을 한번 짚어보게 됩니다.

여기에서 커뮤니케이션이라고 하는 것은 보기에 따라 Action이자 Do이고, 여론조사는 Check이고, 그 결과를 분석하여 다시 되먹임(feed-back)하는 단계로 가야 하는 시점이라고 할 수 있습니다. 우리는 여러 그룹을 대상으로 설문조사를 해왔고, 다양한 홍보활동도 많이 해왔습니다. 그런데 그런 행위를 일련의 사이클 과정에서 원래의 원칙과 비교해서 무엇이 문제인지를 규명하고 되먹임 하는 과정에 대해서는 그리 진지하게 고민을 하지 않았던 것 같습니다. 지금으로서는 그 부분을 보완해야 할 때라고 생각합니다.

그런 의미에서 한 가지 저의 바람을 제안하고 싶습니다. 원자력계에서 커뮤니케이션을 하나의 행위로 보는 것에서 나아가 원자력계의 중요한 이슈로 매트릭스(matrix)화해서 살펴보자는 것입니다. 과연 우리가 커뮤니케이션을 하고 있는 이 상황이 일반적인 상황인 것이냐 아니면 사고 직후의 위기상황이냐를 고려하는 것도 하나의 이슈가 될 것입니다. 또한 누구를 위해서 홍보를 하는 것인지도 중요한데, 지역주민을 위한 것인지 일반 국민을 위한 것인지 등에 따라서도 달라져야 할 것입니다.

여론조성을 위한 홍보활동이 목적에 따라 특화되어야 한다는 뜻이지요. 따라서 커뮤니케이션의 목적이 신규 사업에 대한 설명을 하고자 하는 것인지, 예를 들어 노원구에서 도로 방사능이 검출되었는데 그것에 대해 정확하게 설명하려는 것인지, 또는 원자력 사건에 대한 상황을 정확히 설명하고자 하는 것인지 등에 따라서 달라져야 된다고 생각합니다. 말하자면 이해관계자 중심의 맞춤형이 되어야 한다는 것이지요.

그리고 커뮤니케이션 당사자로 나선 사람이 정부냐 사업자냐 아니면 다른 인문사회 계열의 전문가냐, 과학자냐 등에 따라서도 달라져야 한다고 봅니다. 그리고 논의의 장이 언론이 될 것인지, 여론조사 결과를 발표하는 자리가 될 것인지 등 여러 가지 복잡한 상황에 대해서 매트릭스를 작성하고, 그 각각에 대해서 시나리오를 설계하여 전략적으로 접근하는 단계로 나아가야 한다고 생각합니다.

누구나 원자력은 여태까지 이런 문제가 있었고, 따라서 정부가 나서서 설명을 해서 불안을 해소해야 한다고 정성적으로 커뮤니케이션의 성격을 말할 수는 있습니다. 그러나 실제로 그런 일을 앞으로 누가 어떤 주제를 가지고 어떤 방식으로 시행해야 할지에 대한 액션 아이템을 설정하는 데에는 좀 더 책임의식을 분명히 해야 하지 않을까 생각합니다.

우리의 상황을 보면, 원자력에 대한 정보를 제공하고 커뮤니케이션을 하는 큰 틀 자체에 대한 기본 배경(background)이 없다는 것이 또 하나의 문제인 것 같습니다. 프랑스와 독일의 예를 들어 좋은 말씀하셨는데요, 프랑스의 경우에는 원자력 사업 추진의 기본 틀 중의 하나로 원자력 투명성법이라는 것이 있습니다. 그 틀 안에서 규제기관을 만들고, 그 틀 안에서 원자력의 정보 공개에 대한 절차가 정해지고, 국가차원의 대원칙을 정한 뒤 시행을 한 것입니다. 또한 그 원칙을 중심으로 행위자들에 대한 액션 아이템이 모두 정해져 있습니다. 우리나라도 그와 동등한 체계를 가지고 있는지에 대해 한번 짚어보고 보완을 할 때라고 생각합니다. 프랑스의 경우 원자력 안전 규제기관이 매우 신뢰받는 기관이라는 점에서 원자력 정책이 독일과는 전혀 다른 상황으로 전개된 측면이 있다고 봅니다.

독일의 경우 원자력 발전의 단계적 폐지를 결정하면서 기술성이나 안전성을 기준으로 결정했다기보다는 윤리위원회라는 기구에서 결정한 것에 대해서도 한번쯤 짚고 넘어가야 될 것입니다. 원자력계가 지금까지 전반적으로는 나름대로 노력을 해서 여론도 많이 바뀐 것도 사실이고, 원자력에 대한 찬성 비율이 높아지고 있었던 것도 사실입니다. 그러나 원자력 사고나 사건이 하나 발생하게 되면 곧바로 우호적 기반의 근간이 흔들리고, 원자력의 취약성에 대해 언론을 비롯하여 사회 전반적으로 문제를 제기하게 됩니다. 그런데 근본적인 해결의 전망이 별로 보이지 않고 있어, 누구보다도 원자력계의 책임이 크고 더 반성해야 할 문제라고 생각합니다.

특히 원자력 커뮤니케이션 분야에서 다양한 영역과 전공의 사람들이 모여서 터놓고 쟁점에 대해 논하는 것도 중요하지만, 그 논의의 근간에 반드시 있어야 할 요소가 있다고 봅니다. 즉 어떠한 경우에도 정확하게 사실과 정보를 제공할 수 있는 원자력 전문성이 근간(backbone)이 되어야 한다는 것을 강조하고 싶습니다. 정확하지 않은 근거에 기초하여 논의가 진행되는 것은 소모적 논쟁이 될 우려가 있으니까요. 그 근간을 이루는 지식과 정보가 진실로 공감할 수 있는 열린 자세로 전달되기 위해서는 태도와 스킬(skill)의 측면에서 인문사회과학 분야와 접목될 수 있다고 보고, 또 그런 융합이 필요하다고 봅니다.

원자력이 잠재적 위험성이 있다고 누구나 얘기할 수 있습니다. 실제로 역사적으로 대형 사고가 발생되었으니, 물론 위험성을 경험했고 불안감을 떨치기 어렵습니다. 그럼에도 불구하고 에너지 안보상 원자력이 필요하다는 것도 대부분 인정을 합니다. 원자력은 일부 위험부담을 지고는 있으나 혜택을 받아야 한다는 필요성이 더 크다면 지속 가능한 에너지원이 될 수가 있습니다. 그렇게 하기 위해서는 최대한 안전이 보장되어야 하고, 원자력에 대한 커뮤니케이션이 필요합니다.

그리고 이런 과정에 대한 점검을 위해 다양한 설문조사가 실시되어 분석 결과가 나오고, 그것이 정책에 반영되어야 할 것입니다. 이 모든 사이클에서 우리나라의 경우 일련의 기본 틀(framework)과 추진 전략 또는 추진 계획이 너무 단기적이 아니었나 하는 생각을 합니다. 그리고 2011년의 후쿠시마 사고와 국내의 일련의 원전 관련 사건을 계기로, 원자력계의 이런 도전에 대응해서 큰 틀에서 다시 재정비하는 작업을 누군가가 해야 한다고 생각합니다. 저도 그런 작업에 참여하고 싶지만, 그 루트를 아직 찾지 못해서 고심하고 있습니다.

좌장 김명자 네, 원자력 분야의 소장 전문가로서 신선하고 전문적이고 깊은 고심을 담은 제안을 해주셨습니다. 원자력 소통과 홍보에서 신뢰를 받을 수 있는 전문가가 참여하는 것은 참으로 중요하다고 생각합니다. 그런 전문성이 기반이 될 때 원자력 소통이 원활하게 이루어지고, 여론 형성에 기여하고, 그로써 사회적 갈등 비용을 줄일 수 있다고 봅니다.

다음 조성경 교수님 말씀하실까요.

조성경 후쿠시마 사고 이후 원자력 논의에서 그 초점이 안전성과 경제성의 이슈가 부각되는 쪽으로 옮겨가고 있다는 얘기가 나왔습니다. 그런데 이제까지는 원자력의 경제성과 안전성이 핵심 이슈였다면, 이제는 불평등성의 이슈로 옮겨가고 있다는 생각이 듭니다. 다시 말해서, 원자력의 혜택을 누리는 사람들과 잠재적 위험을 겪어야 하는 사람들 사이의 불평등성, 현 세대와 미래 세대와의 불평등성 등의 불평등 이슈가 부각되고 있다는 느낌이 듭니다. 이상하게도 진보적인 성향은 원자력을 좋아하지 않고 보수적인 성향은 원자력을 많이 선호합니다. 이것 역시 또 다른 가치의 측면에서 보면 가진 자와 못 가진 자의 불평등성으로 비추어지는 것 같습니다.

양이원영 국장님이 "원자력문화재단 홍보 정말 잘합니다"라고 얘기하는데, 제 생각은 다릅니다. 원자력문화재단에 대해 "홍보를 왜 그렇게밖에 안 합니까?"라고 이야기합니다. 원자력문화재단의 역할은 국민이 "원자력을 해야 됩니다"라고 모두 찬성하도록 만드는 것이라고 생각하지 않습니다. 국민이 원자력에 관련되는 사실을 올바로 알게 하고 거기에 대해 불안한 점을 인정할 수 있어야 한다고 봅니다. 그리고 원자력 기술자에게 "이런 부분을 국민이 불안해하니 기술자들이 이런 부분의 안전성을 좀 더 확보하십시오"라고 말해야 한다고 봅니다. 원자력문화재단이 매개 역할을 하는데, 원자력이 안전한데도 국민이 불안해한다면 안심할 수 있도록 하는 것이 원자력문화재단의 역할이라고 생각합니다.

그런 측면에서 원자력문화재단보다 오히려 탈핵 운동하시는 분들이 잘하고 있다는 생각이 듭니다. 예전에는 탈핵 운동에서 주로 감성으로만 접근했습니다. 그런데 이제는 전문가들과 함께 감성과 신뢰라는 두 가지

코드로 국민에게 접근하고 있고, 그 때문에 비용 대비 효과적으로 멋지게 일하고 있다는 생각이 듭니다. 오히려 저 같은 경우 탈핵 운동하는 분들의 이야기를 들으면, 정말 원자력은 하면 안 되겠다는 생각이 들기도 합니다. 그런 의미에서 커뮤니케이션의 전제를 조금 바꿔보는 것이 필요하다는 생각을 했습니다.

좌장 김명자 모든 사회적 쟁점이 그렇듯이, 원자력에도 양면성이 있습니다. 잠재적 기술위험성이 있고, 다른 한편으로 그것을 선택할 수밖에 없는 필요성이 있습니다. '이 두 가지 측면의 무게를 어떻게 볼 것인가'에서 한쪽만 보고 결정할 수는 없다는 것이 정책적 고민이라고 봅니다.

이곳에 한수원에서도 나오셨는데요, 2012년 말에 나온 감사원 보고서를 읽었습니다. 실은 그 허술한 운영에 상당히 놀랐습니다. 우리 국민은 적어도 원자력 사업은 다른 사업과는 다르게 운영되어야 한다고 믿고 있고, 또 그렇게 되고 있을 것이라는 기대와 막연한 신뢰가 있다고 생각합니다. 실제로 우리의 원자력 기술에 대해서는 대체로 신뢰하는 것으로 여론조사에서도 나오고 있습니다.

그러나 후쿠시마 사고가 터진 후에 계속 국내에서 원전 사건이 보도되면서 믿을 수 없다는 분위기가 형성되고 있었습니다. 기술적으로 갖추어졌다고 해서, 그것이 안전을 담보하는 것은 아닙니다. 운영 실태가 매우 중요합니다. 감사원 보고서를 읽고 제가 어느 회의에서 질문을 했습니다. "감사원의 지적 사항에 대해서 다 시정할 수 있습니까? 언제까지 얼마나 걸려서 어느 정도 시정할 수 있습니까?" 이 질문의 답은 "할 수 있다"는 것이었지만, 그것에 대해 얼마나 믿어도 되는지 잘 모르겠습니다.

그렇기 때문에, 운영방식에서 획기적 전환이 이루어져야 신뢰는 회복될 수 있을 것입니다. 원자력 관련시설이 있는 지역사회와 함께 운영한다는 거버넌스 개념으로 바뀌지 않고 단지 말로만 커뮤니케이션한다는 차원에서는 해결될 수가 없다고 생각합니다.

다만 문제가 있습니다. 원자력 산업은 그 자체의 특수성이 큽니다. 국제적으로 그리고 국내에서도 대외적으로 정보의 공개에서도 한계가 있고, 함부로 일반인이 접근할 수 없는 고도의 기술공학 분야입니다. 그럼에도 불구하고 결국 이것이 해결되어야 합니다. 이런 접근에서 가장 핵심은 해당 지역사회입니다. 해당 지역을 대상으로 원자력의 안전에 대한 신뢰를 심고, 그 원자력 시설을 유치해서 지역에서 겪을 수 있는 문제를 함께 해결해나가고, 지역사회 발전에 기여할 수 있는 방안을 함께 찾으면서 합의를 도출해야 할 것입니다.

나도선 질문이 하나 있습니다. 지금 양 국장님하고 한수원, 원자력문화재단 측의 전문가들께 여쭤보고 싶습니다. 원자력이 기후변화를 늦추는 데에 얼마나 기여하는지 연구해서 정확하게 숫자로 나온 것이 있나요? 기후변화 대응이 여론에 얼마나 영향을 끼치는 것으로 볼 수 있는지요? 그 데이터를 홍보에 활용할 수 있지 않을까요? 지금 기후변화도 세상을 무너뜨릴 수 있을 만큼 엄청난 재앙이지 않습니까, 기후변화로 북극 해빙이 심해지고, 해수면이 상승하고, 이렇게 환경 변화가 악화되면 오히려 원자력의 위험성보다 더 커지는 것 아닌가요. 물론 원자력은 위험하지요. 그런 대전제를 가지고 이야기해야 하지만, 기후변화의 위험성과 원자력 위험성에 대해 설득력 있게 정보를 제시하는 노력이 의미가 있을 것 같은데요. 양쪽을 비교해서 원자력이 없어지면 정말 안전해지는 것이 맞는 말이냐는 거지요. 그래서 그런 관점에서 접근하는 데이터가 얼마나 있는지, 홍보에는 어떻게 활용되고 있는지에 대해 전문가의 의견을 듣고 싶습니다.

이창호(한국수력원자력 중앙연구원 차장) 나 박사님께서 말씀하신 기후변화와 관련해서 간단히 말씀드리겠습니다. 원자력을 기준으로 비교하면 1킬로와트시를 생산하는 데 이산화탄소가 약 9 정도 발생한다고 하면 석탄은 70-100정도였던 것으로 기억합니다. 이산화탄소 발생량이 약 10분의 1정도입니다. 원자력도 정련이나 핵연료 가공 과정에서 이산화탄소를 발생하기 때문에 9 정도가 나옵니다. 그렇지만 기존의 화석 에너지에 비해서는 극히 미미한 양이므로 기후변화에는 확실히 기여하는 바가 큽니다. 그러나 전체적인 최종 에너지 소비 비중으로 보면 원자력이 20-30퍼센트 되니까 그 비중을 고려해야겠지요. 이에 관련해 국내외에서 연구한 자료들은 상당히 있습니다.

나도선 원자력 발전에서 이산화탄소 배출이 적다는 것은 알겠는데, 극단적인 예를 들어서 탈핵을 해서 전부 화석연료로 간다고 할 때 기후변화에는 얼마나 심각한 영향을 미치는가를 따져야겠지요.

좌장 김명자 후쿠시마 사고가 나기 전에는 '원자력 르네상스'가 올 것이라고 전망하고 있었습니다. 그 배경이 바로 기후변화 대응 때문이었습니다. 에너지 체계의 전환에서 저탄소 에너지원으로서 가장 기대를 모으고 있는 것은 재생(renewable) 에너지입니다. 자원의 제한성에서 자유롭고 이산화탄소 발생이 적다는 등의 장점을 가지고 있습니다. 일부 선진국들은 총 에너지 생산량 중 일정 비율 이상을 풍력, 태양광 등으로 바꾸는 정책을 강화하고, 재생 에너지의 연구개발과 상용화에 박차를 가하고 있습니다. 재생 에너지를 가장 많이 활용하고 있는 독일의 경우, 총 전력의 20퍼센트 정도를 재생 에너지로 공급하고 있습니다. 원자력은 온실가스 배출량만을 비교하는 경우 태양광이나 바이오매스에 비해 유리하고, 풍력과 비슷한 양의 이산화탄소를 배출하는 것으로 나타났습니다.

현재 우리나라의 재생 에너지의 비중은 2.2퍼센트에 불과하고, 1.4퍼센트는 수력, 0.7퍼센트는 바이오매스, 0.1퍼센트만이 태양력과 풍력입니다. 우리나라는 태양 에너지와 풍력에 불리한 지형 조건을 가지고 있기 때문입니다. 또한 현재의 기술적 수준과 경제성, 취약한 인프라로는 기존 경제체제와 산업구조를 떠받칠 수 있는 주된 에너지원이 되기에는 한계가 있습니다. 반면에 기후변화 대응에서 원자력은 탄소 배출을 효율적으로 감축시킬 수 있는 대용량 발전기술이라고 할 수 있습니다.

이헌규 원전 사고의 잠재적 위험성이 가장 문제인데, 원자력계가 새롭게 대응해야 할 것이라고 봅니다. 후쿠시마 위원회는 사고에 대한 평가에서 일본은 사고가 나지 않는다는 안전에 대한 확신이 강했는데도 사고가 났다고 했습니다. 원자력 전문가로서 한국의 원자력 기술자와 사업에 대한 규제도 맡아서 직접 하고 있지만, 한국 전문가들 역시 우리가 최고로 많이 알고 있다, 일반인들이 아는 것은 도움이 안 된다 하는 의식을 가지고 있는 것이 사실입니다. 사업자는 경험이나 지식 측면에서 강점이 있습니다. 그러나 그런 전문성에 대한 권위 의식이 가져올 수 있는 큰 위해가 규제 차원에서는 부담으로 작용합니다. 그래서 무슨 사업이든 마찬가지지만, 원자력은 '기도'를 많이 해야 된다는 생각을 많이 했고, 지금도 변함이 없습니다.

그런데 회장님이 말씀하신 것처럼, 운영선진화의 문제는 한국의 경우 조직문화적 특성과 상관이 있는 것 같습니다. 윗사람이 지시하는 것에 따라야 한다는 것이 몸에 배어 있기 때문에, 실질적인 체제의 변화 없이 미국식의 대응을 기대하기는 참 어렵습니다. 또 사업과 규제체제 관련 업무에서 정부는 한국전력이 하기를 원하고, 한국전력은 수익을 올려야 하는 목적이 있기 때문에, 입장에 따르는 어려운 점이 많습니다.

저도 이영일 박사님의 커뮤니케이션 보고서를 상세하게 읽어봤습니다. 이제 우리도 프랑스의 제도를 검토할 때가 되었다고 생각합니다. 그래서 실질적으로 법령상 체계를 갖추어 사업자들이 내부 고발을 한다고 하더라도 그 사람에게 불이익이 오지 않도록 보장해야 할 것입니다. 그런 자세가 조직문화로 인해 경직되는 것이 아니라 자신이 사회적 책임을 다하기 위해 가져야 할 자세라고 자부심을 가질 수 있도록 제도적인 뒷받침을 해야 될 것입니다.

그렇지 않으면 현재 체제와 구도에서는 1년쯤 지나면 전부 방어만 하고 개선이 안 되는 일이 되풀이될 것입니다. 요새 삼성과 같은 민간기업의 경우 업무 관련 카드를 쓰면 그 내용이 바로 경영진에게 들어가는 시스템이 갖추어졌다고 합니다. 원자력 사업 운영에서도 사건이 발생할 때마다 대중적 접근을 하지 말고, 근본적으로 문제를 해결할 수 있는 시스템으로 확실하게 만들어놓는 것이 중요합니다. 지금 현재의 복잡한 구조에서는 고질적인 취약성을 해결하기 힘들다고 보고, 그런 측면에서는 환경단체의 의견을 귀담아들을 필요가 있다고 봅니다.

좌장 김명자 원자력계로서도 고민이 많은 것 같습니다. 지금 말씀하신 것처럼, 서로 상대방을 존중하고 귀 기울이는 것이 사회적 협상 능력을 높이는 첫걸음이라고 생각합니다.

그리고 무엇보다도 신뢰받고 존경받을 만한 지도자들이 이끄는 것이 중요하다고 생각합니다. 신뢰가 중요하다는 뜻입니다. 원자력 홍보에 대한 대체적인 반응을 보면 진실하고 객관적이라고 보는 것 같지가 않습니다. 왜 그럴까요. 그 이유를 있는 사실대로 볼 필요가 있습니다. 결국 원자력 홍보활동에 대한 신뢰를 어떻게 높일 수 있을까가 과제입니다.

양 국장님께서 원전 건설 추진 단계에서 기업과의 관계 등에서 떨어지는 부스러기 연구용역도 많다는 말씀을 했습니다. 원자력처럼 지역주민과 일반 대중에게 막중한 영향을 미치고, 또한 만약의 경우 돌이킬 수 없는 치명적 피해를 입힐 수 있는 분야에 대해서 기술적, 경제사회적 측면에서 다양한 연구는 필요하다고 봅니다. 우리 여성과총도 용역과제를 하고 있습니다. 그러나 가장 큰 목표는 신뢰를 얻을 수 있는 정직한 연구 결과를 도출하는 것입니다.

이들 과제 수행에서 문제가 있을 수 있습니다. 주요 국책사업에 대한 정부출연연구기관이나 전문기관의 용역 연구보고서가 신뢰를 받지 못하는 이유에 대해서 솔직하게 반성하고 개선해야 합니다. 그럴 수 있을 때 정부에 대한 신뢰와 전문가들에 대한 신뢰가 회복될 수 있을 것입니다.

원자력 분야에 대해서는 특히 신뢰 구축이 생명이므로 이 점에 더욱 유의해야 합니다. 그 어느 분야보다도 신뢰가 중요한 분야이기 때문입니다. 다음으로 이혜숙 박사님 말씀하실까요.

이혜숙 앞에서 양 국장님이 여성과총의 입장이 정해진 것 같다고 말씀하셨는데, 제가 오랫동안 봐온 여성과총의 입장은 중립적이라고 자신 있게 말씀드릴 수 있습니다. 딱히 원전에 대한 찬성이나 반대에 치우침이 없이 장을 열어서 그 중간지대에서 찬성과 반대의 논리적 근거를 검토하고, 양측의 대화와 소통을 통해 문제의 본질을 파악하는 노력을 기울이고 있기 때문입니다. 물론 여론조사 결과를 분석한 시사점 부분을 보고 그렇게 말씀하신 측면이 있을 수도 있다고 봅니다.

다른 나라의 사례나 우리나라의 환경운동연합 조사 자료, 부산 지역에서의 여론조사, 여성과총에서 시행한 여러 조사자료, 그리고 신문기사 등의 여론 동향 분석을 보고 이런 생각이 듭니다. 사실 일반 국민의 입장에서는 정부에 대한 신뢰뿐만 아니라 다른 어떤 것에 대한 신뢰도 하기 어려운 상황인 것 같습니다. 다시 말해서 대부분의 국민이 어디도 정말 믿을 수가 없다는 생각을 하는 것 같습니다.

여러 분이 이미 말씀을 하셨지만, 단지 설문조사를 하기보다는 신뢰성을 높이는 방법을 찾는 것이 중요하다고 생각합니다. 환경운동연합에서 조사하는 것과 다른 기관에서 조사하는 것 사이의 차이, 과학자, 일반인 등 조사 대상별로 왜 서로 다른 결과가 나오는지 등을 설문조사에서 분석할 수 있게끔 문항을 잘 구성하면 좋을 것 같습니다.

예를 들어, 과학기술에 대한 이해가 어느 정도 있는 일반인 등 여러 가지 독립변수를 설정하면, 다른 답이 나오는 원인이 나타날 수 있을 것이기 때문입니다. 한 조사 기관이 한 설문조사를 하면서 이런저런 변수를 통제해서 여러 가지 분석이 동시에 가능하게끔 설계하는 것입니다. 그래서 다음번 조사에서는 여성과총이 그런 시도를 하면 어떨까 합니다. 물론 통계라는 것이 항상 누군가는 의문을 제기할 수는 있습니다. 그러나 이런 방식으로 한다면 평면적인 설문에 비해 결과 분석에 대한 신뢰도가 높아질 것 같습니다,

그리고 이런 기관에서 이런 설문을 했는데 이런 결과가 나오고, 저기서는 또 다르고 하는 식으로 서로 다른 결과가 얻어지면, 그 결과들이 단순하게 펼쳐져 보이지 않습니까. 저는 여성과총이 중립적인 입장에서 일을 하신다고 알고 있기 때문에, 300명 정도의 설문 대상을 다양하게 구성해서 더 전문적으로 설문조사를 하면 좋을 것 같습니다. 심리학적으로 접근하면 설문 결과가 거짓인지 아니면 유도된 건지를 분석하도록 문항을 넣을 수가 있다고 합니다. 그래서 그런 설문조사를 여성과총에서 해보시면 이 전체를 다 엮어서 연구 결과에 대한 신뢰도를 훨씬 더 높일 수 있지 않을까 생각합니다. 물론 설문조사는 굉장히 어렵습니다. 대답

도 잘 안 하고 돈도 많이 들고요(웃음).

좌장 김명자 좋은 제안 감사합니다. 역시 수학자라서 접근 방식에서 전문성이 돋보입니다. 이제 더 토론을 이어가면서 우리 여성과총 회원님들 가운데 말씀 안 하신 분들께서 의견을 주시고 사업자 측에서도 말씀하시지요..

이창호 앞에서 말씀하신 원전 사고의 보고에 관해 설명을 하겠습니다. 누출량이 일정량 미만이라서 보고 대상은 아니지만 언론에 공표를 한 것으로 알고 있습니다. 수치가 143킬로그램이냐 155킬로그램이냐, 그리고 1차에 발표를 하지 않았다, 이런 부분에 문제가 있다고 말씀을 하셨습니다. 그렇지만 중수형 발전소에 들어가 보면 중수증기회수계통이 있는데, 돔 안에서 중수가 누설되면 그것이 기화되는 것이 있고, 액체 상태로 바닥에 남는 것도 있습니다. 바닥에 있는 것은 바닥에서 액체 상태로 회수하고, 증기로 기화한 것은 중수증기회수계통에서 그쪽으로 회수가 되는 것입니다. 따라서 외부로 유출이 되었다는 것은 정확한 이야기는 아닙니다.

그 다음에 100퍼센트 회수되느냐 안 되느냐에 대해서는 추후 확인한 뒤에 말씀드려야 할 것 같습니다. 그러나 기화된 냉각재의 경우에도 중수증기회수계통으로 대부분 회수가 된다는 사실은 말씀을 드리고 싶습니다. 그리고 설령 그것이 외부로 배출되는 경우에도 배출 규제 제한치와 허용치가 있습니다. 그래서 관련규정에 위배되지 않을 수 있습니다. 예를 들어 중수증기회수계통은 댐퍼(damper)가 여러 지역에서 중수증기를 회수하기 때문에, 한 지역 또는 한 계통의 증기를 회수하는 것이 아닙니다. 따라서 주기적으로 회수량을 체크하여 총량으로 계산하기 때문에 특정 사건과 관련된 회수량을 정확히 계산하기 어렵습니다. 그 수치가 조금 안 맞는다고 해서 문제가 있다기보다는 좀 더 조사를 해서 확인한 뒤에 문제가 있다 없다를 가려야 합니다. 지역 민간 환경감시기구에 자료를 제공한 것은 155킬로그램인데, 다른 보고에는 왜 143킬로그램이냐고 문제 제기를 하셨습니다. 실제로 들어가면 사정이 복잡해서 수치상으로 발표자료에 차이가 생길 수도 있는 상황이 있는데, 이렇게 다르니 못 믿겠다고 비판을 받게 되면, 사업자 측에서는 우선 감추려고 하는 쪽으로 갈 수가 있다는 것이지요.

그래서 말씀드리고 싶은 것은 이런 경우 일종의 신사협정이 필요하다는 겁니다. 우리도 규정상 이런 것들을 보고하거나 발표할 필요가 없다고 하더라도 투명하게 정보를 공개하겠다는 의지를 가지고 발표를 했습니다. 또는 사소한 오류나 실수가 있고, 의도하지 않았지만 오류가 생기기도 합니다. 그런데 그 부분에 대해 악의적으로 — 표현이 좀 그러니 양해해주시기 바랍니다 — 이용을 당하는 듯한 사례가 생기게 되면 사업자도 공표를 꺼리게 된다는 것이지요. 그런 일이 쌓이다 보면 고리 원전 1호기 같은 문제도 생길 수 있는 것이고요. 사람들이 하는 일이라 '마음'이 중요한 것 같습니다.

커뮤니케이션이 잘되려면 서로 터놓을 수 있어야 하지 않습니까. 진보와 보수, 반핵과 친핵, 노년과 청년, 모두가 서로를 알고 이해하려는 노력이 필요하다고 생각합니다. 지금 반핵 운동 측에 반핵 학교도 있더라고요. 그래서 저도 반핵 학교에 들어가 볼까 그런 생각도 했었어요.

이헌규 들어가 볼까가 아니고 들어가야지요.

이창호 그런데 제가 개인이라면 들어갈 수가 있는데 회사의 직원이기 때문에 제 마음대로 결정할 사항은 아닌 것 같습니다. 그리고 또 양 국장님 같은 분도 원자력 교육원에 입소하셔서 교육도 받아보고, 서로 그렇게 오며가며 하다 보면 소통이 꽤 될 것 같다는 생각이 듭니다. 극과 극을 달린다고 하더라도 극과 극은 또 통한다는 얘기도 있지 않습니까. 그래서 소통을 통해 서로 이해가 되는 부분들이 생길 것이고, 그렇게 되면 또 양보할 수 있는 부분도 생길 것이라고 믿습니다.

좌장 김명자 아주 좋은 제안입니다. 이른바 친핵과 반핵이 서로 맞교환을 해서 양쪽의 학교에 입학하고, 프로그램을 통해 서로 이해하고 또 다른 본격적인 이해 프로그램을 만들기를 제안합니다. 그래서 새로운 계파로서 중도핵이 창출되면 갈등 해소의 길이 열리리라고 기대됩니다.

이헌규 그런데 양 국장님, 원자력의 현실에 대한 사실(fact) 자체에 대한 논의와 검증보다 커뮤니케이션 방식에서 고칠 점을 위주로 논의를 더 이어가서 결론을 내면 좋을 것 같습니다.

김효민(울산과학기술대학교 교수) 원자력의 안전성 자체는, 커뮤니케이션 방식이나 조직의 신뢰 문제와 달라서, 과학적 사실(fact)이니만큼 대화의 대상이 아니라는 인식도 바꾸어야 한다고 봅니다. 사실 원전의 안전성은 매우 복잡한 문제이기 때문에 기술적 전문성을 가진 전문가 집단 내에서도 현 시점에서 확실히 결론을 내리기 힘든 부분이 있습니다.
　예를 들어 스탠퍼드 대학교의 연구자들은 『에너지와 환경과학(*Energy & Environmental Science*)』에 2012년 7월 발표된 논문에서 후쿠시마의 방사선 유출로 인한 암 사망이 적게는 15건에서 많게는 1,100건, 암 발생은 24건에서 1,800건에 달할 수 있다고 했습니다. 그리고 대기의 움직임에 대한 다양한 모델 때문에 확실하게 말할 수는 없지만 가장 합리적인 수치는 암 사망 130건, 암 발생 180건으로 예상된다고 밝혔습니다.

그런데 2012년 3월 유엔의 방사선 영향 위원회(United Nations Committe on the Effects of Atomic Radiation)가 『네이처(*Nature*)』에 발표한 논문에서는 후쿠시마 사고 이후 방사선 유출에 의한 암 발생이 미미할 것이라고 예상했습니다. 원자력 전문가 집단 내에서, 한 사고의 영향에 대해서도 대조적인 결과가 나온 것입니다. 또한 사고의 영향을 실험실이 아닌 실제 세계에서 예측하는 문제는 언제나 더 큰 복잡성을 내포하게 됩니다. 예를 들어 신생아는 세포분열의 속도가 빠르고 방사능에 의해 손상된 RNA가 여러 번의 세포분열 이후에도 복제될 수 있기 때문에 성인보다 더 큰 피해를 입을 수가 있습니다.

"후쿠시마 사고 이후의 방사선 유출이 얼마나 심각한가?"라는 질문에 대한 과학적 사실(matter-of-fact)은 언뜻 하나여야 할 것 같지만, 누가 어떤 가설과 모델을 세우고 어떤 집단에 대한 영향에 초점을 맞추어 예측을 하느냐에 따라 다양한 답이 나올 수 있다는 것입니다. 따라서 이슈 자체가 사회적 문제(matter-of-concern)이기도 하다는 인식을 원자력계에서도 공유할 필요가 있다고 봅니다.

이미 일어난 후쿠시마 사고 하나에 대한 계산을 보더라도, 원전의 위험이 정확히 얼마 만큼인가를 말하는 것은 여러 가지 변수에 의한 불확실성 때문에 쉽지 않습니다. 더욱이 미래에 어떤 원전 사고가 일어날 수 있으며, 얼마만큼의 방사능 유출이 어떠한 경로로 가능한가에 대해서는 계속 논쟁의 여지가 남을 것으로 봅니다. 신생아를 키우는 어머니가 생각하는 안전성의 기준과 마땅한 예측 방법은, 원자력 전문가가 생각하는 안전성과 다를 것입니다.

또 나도선 교수님께서 말씀하셨듯이, 원자력이 경제적인가 아닌가의 문제도, 전기요금을 내야 하는 세대의 답과 10대의 답이 다릅니다. 원자력에 관한 '객관적 진실'에 대해 권위주의적인 방식에서 벗어나 지역친화적인 신뢰 구축 사업을 통해 홍보하겠다는 정도로는 여전히 신뢰를 얻기가 어려울 것 같습니다. 커뮤니케이션 방식을 개선해서 하나의 사실(fact)을 신뢰받을 수 있게 잘 홍보하자가 아니라, 상이한 집단이 도출한 사실에 대한 다양한 해석과 입장을 모두 최대한 배려하고 존중하는 에너지 정책을 만들자는 자세가 필요한 때라고 생각합니다.

이창호 제가 또 말씀드리면, 장관님께서 원전 사업에서 지역사회가 중요하고 밀접하게 연계되어야 한다고 말씀하셨습니다. 저희도 지역공동체 경영을 추진하고 있고, 몇 년 전부터 그 슬로건을 내걸고 사업을 추진하고 있습니다. 그런데 성과가 금방 나오고 있지는 않습니다. 지역사회와 자매결연을 맺어 도와주고 있고, 지역환경 보존활동과 장학사업 등 여러 가지 일을 많이 하고 있습니다.

　법적, 제도적 제한 때문에 저희 사업자가 집행할 수 없는 것들도 있지만, 우리 회사도 지역사회의 중요성을 충분히 인식하고 있습니다. 계속 지역사회와 함께 발전할 수 있는 방안에 대해서 모색하고 있는데, 눈이 번쩍 뜨이는 아이디어는 부족해서 답답하기도 합니다. 앞으로 지역사회와 함께 필요한 것이 무엇이고, 원하는 것이 무엇이며, 알고 싶은 것은 무엇인가, 이런 내용을 주제로 계속 토론하고 지혜를 얻고자 합니다. 또 우리는 어떤 것을 원하고, 어떤 것을 알려주고 싶고, 또 어떤 것을 배우고 싶다는 것을 대화하다 보면 통하지 않을까 기대도 합니다.

양이원영 인터넷에 들어가면 다 나와 있습니다.

이창호 저는 한국수력원자력에 있으면서 발전소에도 근무를 했고, 지금은 연구소에 있습니다. 그동안 원자력계는 상당히 깨끗하다고 생각을 했습니다. 시운전도 했었고, 보수부서와 행정부서에도 근무했었습니다. 연구도 해서 원자력계를 잘 안다고 생각했습니다. 그런데 그런 말이 있잖아요, 내가 나를 모른다고요. 저도 우리 원자력계 그리고 우리 회사에 근무하는 분들이 청렴하다고 생각했는데, 그런 비리 사건이 외부에 의해서 밝혀지는 것을 보면서 우리가 너무 자만을 했다는 것을 느꼈습니다. 앞에서 말씀하신 기술에 대한 과신도 마찬가지입니다.

좌장 김명자 일부만 그렇다고 하더라도 사회적으로 논란을 빚게 되면 그 조직 전체의 이미지가 훼손되고 신뢰를 잃게 되지요. 때문에 그런 일이 일어나서는 안 됩니다. 대부분의 구성원은 사명감을 가지고 정진하시리라 믿습니다만······.

이창호 사업자로서 반성하면서 자체적으로 비리와 부정을 예방할 수 있도록 여러 가지 제도적 보완을 하고 있습니다. 내부적으로 자정하기 위한 노력이 성과를 거두어 신뢰가 쌓이도록 노력하고 있습니다.

　지금까지는 자체 변론이었고요. 여론조사 결과에 관련해서 말씀을 드리면, 국민성이나 정책, 제도 등의 요소도 살펴봐야 될 것 같습니다. 독일의 사례를 말씀하셨는데, 독일도 사실 1970-1980년대부터 정책이 탈원전으로 갔다 다시 친원전으로 복귀하는 등, 엎치락뒤치락 했습니다. 그러다가 최근까지 메르켈 정권이 친핵을 하기로 했다가 후쿠시마 사고가 터져서 어쩔 수 없이 반핵으로 갔지요. 독일은 내각제 아닙니까. 프랑스는 대통령제입니다. 이런 정치제도도 일부 작용을 하는 것 같습니다.

　일본도 내각제인데 내각제는 국민여론이 바로 정책에 반영이 될 수 있는 제도이기 때문에 그런 영향이 더 클 수 있을 것 같습니다. 대통령제는 대통령으로 일단 당선되면 임기가 끝날 때까지는 정책을 추진하게 되니까, 정치제도도 변수가 되지 않나 생각합니다. 따라서 정책의 일관성 측면에서 보면, 대통령제가 비교적 안정된 입장을 유지하려는 속성이 작용하는 것 같습니다. 그리고 전문가 대상으로 여성과총이 자체 설문조사를 실시한 것을 보니, 고생을 많이 하셨는데, 표본이 각각 500명, 198명으로 조금 적은 것 같습니다.

좌장 김명자 여성과총의 자체 조사는 일반인과 비교 연구를 하기 위한 것이고, 따라서 과학기술계 전문가가 대상입니다. 전문가 그룹은 다른 조사에서도 일반인 대상에 비해 표본 수가 적습니다. 이제 아직 말씀을 안 하신 분께 마이크를 드리겠습니다.

김소연(국립경찰병원 내과부장) 포럼에 참석해서 많은 것을 배우고 있는 의사입니다. 경찰병원에서 근무하고 있고, 내과 전문의하고 핵의학 전문의를 같이 전공하고 있습니다. 때문에 방사성 동위원소를 이용해서 여러 가지 질환을 진단하고 치료하는 일을 같이 하고 있습니다. 그러다 보니 방사선 이해를 위한 의사 모임에도 참여하고 있고, 한국 여성 원자력 전문인협회 모임에도 참여하고 있습니다.

원자력 산업기술의 전문가는 아니지만, 일반 국민을 환자로 접하고 있고, 직접 방사선을 이용하여 진료를 하고 있는 전문가로서 말씀을 드리겠습니다. 환자들이 방사선이나 방사성 동위원소를 이해하는 것을 상당히 어려워하고, 또 방사선 노출에 대해 굉장히 무서워합니다. 더욱이 우리나라 사람들은 정보를 접하는 속도도 상당히 빠르고 아는 것이 많습니다. 그러다 보니 후쿠시마 원전 사고 이후 방사선 검사가 인체에 위험하지 않은지, 환자에게 어떤 영향이 있는지에 대해 관심이 높아졌습니다. 과연 방사선 검사 자체가 꼭 필요한 것인지를 문의하는 환자들이 늘어날 정도입니다. 원전 사고로 인해 전반적으로 방사선에 대한 인식이 부정적인 쪽으로 달라지고 있는 셈입니다.

사고의 여파가 있지만, 방사성 동위원소를 이용한 의료 분야에서의 검사와 치료는 꼭 필요합니다. 예를 들어 최근에는 수술, 항암제, 표적 항암제 등을 이용하여 암을 치료하는 방법들이 크게 발전하고 있습니다. 갑상선암의 경우에는 항암제 치료를 하지 않고 먼저 수술을 하고, 암의 크기가 큰 경우는 결국 방사성 동위원소로 치료하게 됩니다. 그래서 치료를 위해, 환자들의 회복을 위해, 우리는 방사성 동위원소를 확대 이용해야 한다는 입장입니다.

이렇게 그동안 직접 환자를 만나고 경험한 것과 같이, 결국 정확한 정보에 대한 이해를 바탕으로 하는 소통이 되지 않는 것 때문에 불안과 불신이 생긴다고 생각합니다. 결국 그 불안과 불신의 대상이 정부로 귀결되는 것이지요. 그렇다면 불통을 해결하기 위해 어떻게 해야 할까요. 제가 생각하는 가장 좋은 방법은 여러 분야의 전문가가 모여 원자력 찬성과 반대의 논리에 대한 다양한 관점을 놓고 과학적인 근거를 바탕으로 논의해야 한다고 봅니다.

그 논의 내용을 정리하여 국민에게 잘 전달하고, 신뢰를 바탕으로 여론을 형성해야 한다고 봅니다. 우리나라야말로 세계적인 IT 기술강국으로 국민의 교육 수준도 높기 때문에 교육과 홍보에 대한 효과는 상당히 크리라고 믿습니다. 다시 말해서 학제적인 통합적 근거를 바탕으로 전문가에 의해 합의된 논거가 국민에게 잘 전달된다면, 많은 불신과 불안 그리고 불통의 문제가 점차 해소될 것이라고 생각합니다.

좌장 김명자 원자력에 관해서도 일반 국민이 정보에 관심이 많고, 아주 열성적이라고 하더라도 원자력 논쟁은 찬반 양측이 맞서는 가운데 대부분의 국민은 평상시에는 무관심 쪽에 가까운 것 같습니다. 실상 과학기술 전문가도 공부를 해야 할 정도로 전문성이 깊은 것이 원자력 기술이고, 정책 또한 매우 복합적이기 때문에 일반인이 정확히 이해하는 데 근본적인 어려움이 있습니다.

방사선 연구와 의료 기술에의 응용은 매우 중요한 주제임에 틀림없습니다. KBS의 인기 드라마 「넝쿨째 굴러온 당신」에서 방사선 얘기가 잠시 등장하는 것을 보았습니다. 원자력문화재단 후원이라는 광고도 끝난 뒤 자막에 보였습니다. 물론 방사선 의료 기술의 중요성은 맞는 말씀입니다. 그런데 다른 각도에서 볼 필요도 있을 것 같습니다. 후쿠시마 사고가 난 뒤에 바로 방사선의 긍정적 효과가 이렇게 대단하다는 것을 홍보하는 것이 과연 원자력 발전에 대한 이해를 높이는 데 얼마나 효과적일까 하는 점입니다. 원전 사고가 난 직후 개최된 모임에서 방사선의 의료 효과를 강조하는 것을 들으면 제3자로서는 타이밍이 좀 부자연스럽다는 느낌이 들었습니다. 그런 흐름 속에서 방사선 연구분야를 강조하는 것은 원전에 대한 국민이해 사업과 직결되는 것인지는 확실치 않은 것 같습니다. 다음은 김안근 박사님 말씀하실까요.

김안근(숙명여자대학교 약학대학 교수) 숙명여자대학교 약학대학에서 생회학을 기르치고 있습니다. 원자력 이슈는 안전사고가 가장 문제라고 생각합니다. 방사능 피폭과 오염은 오랜 기간에 걸쳐 후세까지 심각한 영향을 미칠 수 있기 때문에 부정적 인식의 무게감이 큽니다. 특히 최근 후쿠시마 사고 이후 원전에 대한 안전성 문제가 제기되고 있습니다. 국익 차원에서 당장 대체 에너지를 확보하고 있지 못하고 있는 우리나라의 현실을 볼 때 원전 반대만을 주장하기는 어렵다고 생각됩니다. 원전 반대가 어떠한 영향을 미치는지에 대한 논의가 필요합니다.

이런 시기적 여건과 복잡한 상황 가운데 우리 여성과총 회장님께서 원자력의 찬성과 반대 양측의 논리를 중립적 입장에서 점검하는 대화의 장을 지속적으로 만들어주셔서 의미가 크다고 생각합니다. 저는 원자력 전문가가 아님에도 이런 기회를 통해 원자력에 대해 관심을 가지고 고민을 하게 됩니다. 과학기술 분야에서, 그리고 여성 전문가들이 좀 더 관심을 가지고 함께 문제 해결에 나서야 하리라고 믿습니다.

만일 원전 반대를 할 수 없다고 한다면 앞으로 원전 안전성 확보와 이를 위한 관리와 규제에 대해서 철저히 준비하고 보완해야 하는 것이 중요한 과제로 대두되는 것이지요. 비용도 더 높아지겠지만, 안전성 강화는 필수적 과제라고 생각합니다.

우리나라 원자력 기술의 발전과 해외 진출 측면을 고려할 때, 과연 탈원전 정책으로 인한 우리의 손실은 얼마나 될 것인지 살펴볼 필요가 있습니다. 동아시아의 지정학적인 측면에서도, 한국이 탈원전을 선언한다 해도 인접한 중국의 원전 건설을 막을 수는 없을 것이고, 안전성 측면에서 우리나라의 문제나 다름없이 될 가능성이 있습니다. 러시아, 일본, 북한의 핵을 둘러싼 첨예한 상황으로부터 과연 우리가 자유로울 수 있는가 하는 것도 문제로 제기될 수 있을 것입니다.

지금까지의 원자력 기술을 잘 운영해서 안전성을 최대한 확보하고 정부 차원에서 국민에게 원자력 안전에 대한 신뢰감을 준다면 사회적 논쟁도 어느 정도 정리되지 않을까 생각됩니다. 세계적으로 모두가 동시에 원자력 발전을 포기하고 이로 인해 국내 전력수급과 산업에 미치는 영향을 제어할 수 있는 조건이라면 탈원전이 대안이 될 것이나, 그렇지 못하다는 엄중한 현실을 감안한다면 탈원전만이 당장의 대안은 아니라고 생각합니다.

좌장 김명자 우리가 원자력 기술을 버릴 수 없는 딜레마적 상황에 대해서 말씀해주셨습니다. 오늘 원자력문화재단에서 오셨는데 말씀을 좀 하시겠습니까.

오창영(원자력문화재단 대외협력실 부장) 저희 재단에서는 여성과총에 커뮤니케이션 네트워크 구축 사업을 의뢰한 입장에서 방대한 중산보고 사료를 받고 있습니다. 이번에 여론조사를 정리하신 것을 보니, 고생 많이 하셨고 잘 만드신 것 같습니다. 오늘 참석하신 전문가 분들이 좋은 의견 주셔서 좋은 작품이 나올 것이라고 기대합니다.

여러분이 의견을 주신 재단이나 한국수력원자력의 홍보비에 대해 말씀드리겠습니다. 홍보비 100억 원 수준이 과연 그렇게 많은 액수인가를 보면, 그런 것 같지는 않습니다. 일반 사기업의 제품 홍보비와 비교해서 말씀드리면, 사기업의 경우 매출액 대비 광고비의 비율이 상당히 높습니다. 단순히 절대적인 액수가 100억 원이다, 200억 원이다를 논하기보다는 매출액 대비 홍보비 비율이 얼마인지를 고려해주시면 좋겠습니다.

또 저희 재단 입장에서는 매년 홍보예산이 삭감되고 있어 고심하고 있습니다. 올해는 80억 원 수준입니다. 여기 나오신 환경운동연합 같은 경우는 전국적인 거대한 조직이지요. 부산, 울산, 군산, 서울 등에 지부가 있습니다. 그러나 저희 재단은 서울에 딱 한 곳이 있습니다. 이런 점도 감안해주셨으면 좋겠습니다.

나도선 제가 한마디 보태면 환경운동연합이라는 시민단체가 있다는 것은 전 국민이 다 알고 있지만, 아마도 원자력문화재단이 있다는 것을 아는 국민은 1퍼센트가 안 될 것 같습니다.

좌장 김명자 홍보에 대해서 정부 산하단체와 시민단체의 경우 그 성격도 다르고 각각 활동의 특성도 다릅니다. 서로 상호보완적인 역할을 하는 방안은 무엇일지도 생각해보아야 할 것 같습니다. 편안하게 말씀을 계속 해주시기 바랍니다.

여의주(가천의과학대학교 생화학과 교수) 저는 가천대학교에서 생화학을 전공하는 교수입니다. 원자력 전문가는 아닙니다. 그러나 원자력은 일반 인의 인식은 물론 특히 과학기술계의 관심이 중요하다고 생각합니다. 저 는 여성과총 원자력 포럼에 참석하면서 우리나라 에너지 정책과 원자력 에 대해서 많은 생각을 하게 되었습니다. 처음에는 단순하게 생각했는데 들으면 들을수록 점점 복잡하게 느껴집니다.

원자력과 직접 관련된 일을 하는 것은 아니지만, 실험실에서 방사성 동위원소를 이용해본 경험이 있습니다. 처음에는 방사성 동위원소를 다 루는 것이 굉장히 두려웠습니다. 그러다가 실험실에서 다루는 물질들에 서 어떤 방사선이 나오고, 어떻게 사용하는 것이 안전한지를 알게 되면 서 편안해졌습니다. 원전도 그렇게 우리 국민이 많은 정보를 가지고 좀 더 정확히 알게 되면 불안감이 많이 줄어들 것이라고 생각합니다.

그러나 사고가 나지 않도록 정부나 사업자가 최대한 안전성을 확보하 는 것은 당연한 일이라고 생각합니다. 하지만 기술이 가장 앞서고 안전 관리를 잘 하는 나라라고 하는 미국과 일본에서도 사고가 났습니다. 체 르노빌 사고는 수준 낮은 기술과 인재가 빚은 사고였으니 말할 것도 없 고요. 안전이 지켜지지 않기 때문에 환경단체도 시민단체도 우려를 표명 하고, 정치적으로 사회적으로 견제를 받게 됩니다. 이는 지극히 당연하고 또 필요한 움직임이라고 생각합니다. 그것이 원전의 안전성을 확보하는 데 도움이 될 것이라고 보기 때문입니다. 사업자도 이를 인정하고 대처하는 그런 발상의 전환이 필요하지 않나 생각합니다.

저는 큰 테두리에서 원전의 필요성에 대해 설문조사를 할 때 사람들이 혼동을 하게 된다고 생각합니다. 에너지의 필요성을 생각하면서 원자력 필요성에 동의하게 된 것 같습니다. 우리가 전기를 써야 하고, 자동차도 타야 하기 때문에 에너지가 필요하다고 인식하는 것과 진짜 원전이 필요한가가 오버랩되어 있다는 것입니다. 일단 사람은 편안한 문명의 이기가 주는 혜택을 버리고 싶어하지 않습니다. 일단 누리고 있는 것을 포기하기 싫으니까 에너지가 필요하다는 결론에 이르는 것 같습니다. 그러다 보니 그에 필요한 에너지를 어디서 얻느냐, 원자력에서도 얻을 수 있고 태양광에서도 얻을 수 있고 석유에서도 얻을 수 있는데, 그중 가장 경제적인 에너지가 무엇인가라는 쪽으로 사고가 연결되는 것 같습니다.

지금까지 원자력이 경제적 에너지원이라는 주장이 있었습니다. 만약에 원전을 모두 없애면 전기요금이 인상되는데, 그것을 감수하겠느냐는 설문서에 저도 답변을 해본 적이 있습니다. 이러한 주장과 설문서는 일반 시민들에게 원전이 있기에 우리가 전기 에너지를 저렴하게 이용하고 있다는 생각을 하도록 만듭니다.

그런데 원자력의 경제성은 과연 사실인가? 원자력 전문가가 아니기 때문에 원자력의 경제성에 관한 정보와 데이터 산출 근거에 대해 정확히 모릅니다. 하지만 원자력이 어떻게 그렇게 경제적인 에너지가 될 수 있는 것인가라는 질문이 생기게 됩니다. 중저준위 핵폐기물 방폐장 건설에 대해 반대하는 지역주민에 대한 보도를 접했습니다. 어떤 지역은 방폐장 건설로 인해 지역경제에 이득이 있으니 유치하려 하고, 어떤 지역은 방사능 오염을 우려하여 방폐장 건설을 반대하는 등 여러 가지 사회적 논쟁과 갈등을 유발해왔고 또 앞으로도 그럴 것입니다.

고준위 방폐장 건설은 더욱 심각한 문제입니다. 고준위 방폐물을 처리할 수 있는 기술 시스템에 대한 대안은 어느 나라에도 없습니다. 이러한 핵폐기장 건설에 필요한 막대한 예산과 고준위 방폐물 처리기술 연구개발비, 그리고 다양한 사회적 갈등 비용까지 모두 고려해서 경비를 계산한다면 정말 원자력이 경제적일까 하는 생각이 듭니다. 지금은 대출을 받아 집을 사고 자동차를 사서 편안하게 사는데, 그 대출이자와 원금은 자식에게 넘겨주는 것 같은 느낌이 듭니다. 이에 대해 원자력계가 설득력 있는 답변을 내놓아야 할 것 같습니다.

좌장 김명자 원자력의 경제성에 대해 여러 가지 연구 결과가 있습니다. 그중에서 우리나라 경우를 몇 가지 말씀드리겠습니다. 만일 우리나라가 원전을 중단하는 경우 가구당 연간 120만 원의 전기요금이 추가된다는 연구 결과가 있습니다. 또한 충분한 대안이 없이 총 전력생산의 3분의 1을 담당하는 원전을 점차로 줄이는 경우에도 다른 나라에 비해 그 부담이 더 클 것입니다. 총 전력 수요의 50퍼센트를 차지하는 산업계가 입는 타격은 특히 심각할 것입니다.

원자력 발전은 다른 발전원에 비하여 연료비 비중이 매우 적습니다. 따라서 연료비 관련해서는 외환 유출이 적은 편입니다. 일례로 2006년의 원자력 발전의 경우 외환 유출은 5억 달러인 반면, 동일한 발전량의 석탄 발전의 경우에는 31억 달러, 천연가스 발전의 경우에는 85억 달러, 석유 발전은 원전 대비 20배가 넘는 106억 달러입니다. 우리나라 에너지 통계에서 원자력을 준(準)국산 에너지로 분류하고 있는 이유가 여기에 있습니다.

발전원별 정산 단가의 경우, 2011년 전력거래소 발표자료에 따르면,

원자력이 약 40원/kWh로, 유연탄 70원, 석유 212원, 태양광 126원, 풍력 137원입니다. 즉 원자력이 훨씬 경제성이 높은 것으로 나와 있습니다. 여기에 원전 안전기준 강화에 따른 추가 비용을 고려하면, 발전원가가 7.4원/kWh만큼 올라갑니다. 이 경우에도 원자력이 석탄이나 LNG보다 경제성이 높다고 할 수 있습니다. 사용후핵연료 처분 비용을 감안하면 52-62원/kWh가 되나, 석탄 화력보다 싸게 나옵니다.

그러나 이러한 가격 산정에 대해 적정하냐는 지적도 있습니다. 그리고 후쿠시마 사고 이후 사고의 후처리 비용 발생으로 경제성 이슈가 더욱 논란을 빚고 있습니다. 이에 원자력 발전단가를 다시 검토해야 한다는 주장이 힘을 얻고 있습니다.

그러나 여기서 중요한 것은 국가마다 시기에 따라서 경제성 평가는 서로 다른 결과를 보인다는 사실입니다. 또한 변수가 많아서 원전의 가동률에 따라서도 달라지고, 발전단가 이외에 부대비용을 어느 수준까지 반영하느냐에 따라서도 달라지고, 어느 기관이 산정했느냐에 따라서도 달라집니다. 결국 경제성 평가에서는 객관성과 정확성을 최대한 확보할 수 있는 방식으로 산정하는 것이 중요합니다.

이창호 말씀하신 대로 원자력의 경제성은 나라마다, 시기마다 차이가 납니다. 국가별로 보유한 에너지 자원이 다르고 또 에너지 구성이 다르다는 것과도 연관이 됩니다. 그리고 각국의 기술력, 에너지 소비, 소득 수준에 따라서도 다릅니다. 이런 요소들을 모두 고려해서 종합적으로 살펴보면, 현재 북미 쪽에서는 LNG, 석탄 등을 이용한 기존의 화력발전에 비해 경쟁력을 좀 잃어가고 있는 것이 사실입니다.

최근 2012년 말부터 2013년 초, 미국의 원전이나 캐나다의 원전에서 계속운전을 추진하다가 포기하는 사례가 나오고 있습니다. 캐나다는 워낙 수력자원이 풍부하고 가스도 많이 나오기 때문에 원자력의 경쟁력이 조금 떨어집니다. 원전 설비를 개선해야 계속운전을 할 수 있는데, 설비 개선을 하는 데 들어가는 비용을 고려하면 경제성이 떨어져서 폐쇄하는 것이 더 낫다는 정책적 판단인 것입니다. 미국은 최근 셰일가스 개발로 인해 가스 값이 폭락했고, 이처럼 대체 에너지 값이 내려가니 원자력의 경쟁력이 떨어지게 마련입니다.

그러나 유럽이나 우리나라와 같이 특히 인구밀도가 높은 나라, 즉 좁은 국토에 인구가 많다 보면 사정이 달라집니다. 에너지 자원은 없는데 에너지 소비가 많으니 당연히 어쩔 수 없이 다른 에너지원보다 경쟁력과 경제성을 갖춘 원자력을 대안으로 선택하게 되는 것입니다. 우리나라 원자력은 충분히 경제성이 있다고 여러 연구기관에서 평가를 하고 있습니다.

앞에서 살펴본 일부 설문문항에서, 대안 에너지로서 신재생 에너지에 대해 묻고, 원자력과 화석연료 중 선호도를 묻는 부분이 있습니다. 지금 양이 국장님도 계시지만, 신재생 에너지에 대해 대다수의 국민은 긍정적인 측면에 대해서만 알고 있는 경향이 있습니다. 재생 에너지는 온실가스 배출이 없다, 영원히 자원이 고갈되지 않는다, 환경오염도 없다 등으로 좋은 점만 보고 있는데, 과연 그러냐 하는 것입니다. 또한 우리나라의 재생 에너지 현실은 어떠한지에 대한 정보가 부족합니다.

우리나라는 전통적 에너지 자원도 빈약합니다. 무연탄 말고는 없습니다. 가스가 울산 쪽에서 조금 생산되나요? 그런데 풍력 및 태양광 등 대안 에너지도 개발 가능한 부존량이 제한적이며, 풍력 터빈의 소음이나 솔라셀 생산 시 수질오염과 같은 부정적인 문제가 있기는 마찬가지입니다. 장관님께서도 말씀하셨지만, 대안 에너지 중 우리나라의 경우 재생 에너지는 자원 자체도 제한이 되어 있고, 경제성 있게 실현하기 위한 기술력에도 한계가 있고, 전력으로 쓸 수 있는 인프라도 구축되어 있지 않습니다. 원자력도 분명히 좋은 점이 있고 나쁜 점이 있듯이, 재생 에너지도 마찬가지로 장점이 많은 한편으로 이를 실현할 수 있는 경제성이나 기술성의 한계가 있습니다. 그런데 이에 대해서는 일반적으로 인식이 되고 있지 않다는 것이 문제입니다.

양이원영 말씀하셨던 경제성에 대한 우려도 충분히 있을 수 있다고 생각합니다. 지금은 원자력 에너지를 상당히 저렴하게 이용하고 있지만, 결국 다 우리 후손에게 그 비용 부담을 떠넘기는 것은 아닌가 묻지 않을 수 없습니다. 후쿠시마 사고만 보더라도 보험으로 커버할 수 있는 비용은 1조 원이었습니다. 피난 비용만 해도 50조 원이 필요한데, 결국 일본 국민의 세금으로 부담할 수밖에 없는 것 아니겠습니까? 더 나아가 고준위 방사성 폐기물이라든지 사고 수습 비용까지 다 포함한다면, 그 막대한 비용을 어떻게 해결하느냐는 거지요.

우리나라에서 그런 원전 사고가 절대로 일어나서는 안 됩니다. 그런데 사고가 없다고 하더라도 아직 인류가 해결하지 못한 고준위 방사성 폐기물 처리 비용에 대한 문제가 남아 있습니다. 현재 폐기물 처리 비용에 대한 가격 산출을 하고 있지만, 그 비용이 제가 쓴 원전 전기에 대한 책임만큼은 안 된다고 생각합니다. 그래서 우리 세대가 원전 전기에 대한 비용을 더 부담해야 된다고 생각합니다.

산업용 전기도 문제가 되지만 일반적으로 전기요금이 너무 싸다고 생각합니다. 전기요금이 싸다고 국민이 행복하지는 않습니다. 오히려 전기요금이 비싼 나라의 삶의 질이 더 높고, 행복지수가 더 높습니다. 정치인들이 저렴한 전기요금을 원전 확대의 근거로 이용했다는 생각도 듭니다. 결국 저렴한 전기요금 때문에 전력 정책이나 여러 에너지 소비구조가 왜곡된 측면이 있어 오히려 문제라고 생각합니다.

그렇게 2011년 한국전력이 준 혜택은 2조3,000억 원 정도입니다. 그 만큼 적자를 본 거지요. 이 적자는 결국 국민의 세금으로 채울 수밖에 없고, 오른쪽 주머니에 있는 돈을 빼서 왼쪽에 넣는 꼴입니다. 국민에게 전기요금을 싸게 해주면서 결국 세금으로 조달하는 방식으로는 에너지 정책이나 소비구조 개선에 더 이상 도움이 되지 않습니다.

결국 에너지 정책은 전기수요를 줄이고 재생 가능 에너지를 늘리는 방향으로 전환되어야 한다는 것입니다. 독일의 환경부는 2050년쯤 되면 전체 에너지의 80퍼센트를 재생 가능 에너지에서 조달할 수 있다고 전망합니다. 이러한 변화가 독일 국민에게 부담으로 가중되는 것이 아니고, 오히려 새로운 산업과 일자리를 창출하는 제3의 산업혁명(제러미 리프킨)이라고까지 표현되고 있습니다. 이렇듯 세계적인 조류에 한국도 동참해야 한다는 것이 저희 환경운동단체의 생각입니다.

좌장 김명자 세계적으로 재생 가능 에너지원이 화석연료와 원자력 등 기존의 에너지원에 대한 대안으로 부상하고 있는 것은 사실입니다. 그러나 간헐성, 분산성 때문에 현재 전력 인프라로는 기저부하를 담당할 수 있는 발전원이 되기에는 한계가 있습니다. 그리고 경제성이 매우 떨어져서 정부의 보조와 지원 정책이 없이는 보급하는 데에 제약이 있습니다. 그러나 주목할 점은 기존의 우리나라의 에너지 정책이 공급 위주에 치우쳐서 수요 관리에는 성과를 거두지 못했고, 제약조건이 있기는 했으나 최근까지 재생 에너지 정책이 거의 없었다는 취약성은 개선해야 할 것입니다.

이창호 제가 드리던 말씀을 계속하겠습니다. 앞에서 회장님께서 정부의 역할이 중요하고 무엇보다도 신뢰도가 중요하다는 말씀을 하셨는데, 우리 국민은 굉장히 감성적입니다. 그런데 감성적이라서 국민의 감정 유지 기간도 짧은 것 같습니다. 때문에 항상 여론의 변동성이 큽니다. 원자력은 장기적인 정책을 세워야 하는 사업이기 때문에 이러한 국민정서를 어떻게 반영할지가 매우 고민스럽습니다. 그런 의미에서 정부의 역할만큼 언론의 역할도 중요하다고 생각합니다.

원자력 관련해서도 우리 언론이 상당히 센세이셔널리즘에서 편승하는 경우가 많습니다. 최근에 보도된 원전 고장 내용을 사례로 말씀드리겠습니다. "최근 10년간 한국 원전 170회 정지"라는 내용으로 안전성에 문제를 제기한 기사가 나왔습니다. 그러나 그중에서 70회는 예방 정비를 위한 계획 정지였습니다. 그럼에도 이 기사에서는 고장이나 사고에 의한 정지 80회, 시운전 중 문제 발생으로 인한 정지 십수 회 등 170회 정지 내용을 다루면서, 예방 정비를 위한 횟수는 아예 언급도 하지 않았습니다. 전체 정지 횟수 170회는 사실이므로 이에 대해 반론을 제기할 수는 없습니다. 그러나 결과적으로는 교묘하게 사실이 왜곡되어버린 것입니다. 쟁점이 심각할수록 언론이 좀 더 중립적이고 객관적이고 정확한 보도를 하기를 바랍니다만, 그렇게 되지가 않습니다. 미국은 보도 지침으로 언론에 대한 가이드라인이 구축된 것으로 알고 있습니다. 우리나라도 이와 같은 지침을 마련하는 것을 고려해야 한다고 생각합니다.

좌장 김명자 저도 정부에서 일하면서 언론보도의 정확성에 대해서 여러 가지 느낀 것이 있습니다. 사석에서 "내용을 정확히 파악한 뒤에 써야 하지 않느냐"고 말했더니, 반 농담처럼 "그러면 기사를 못 쓰지요" 했습니다. 상대방의 입장을 다 이해해주고 나면 비판적인 논평이 나오지 않는다는 말입니다. 언론은 기본적으로 비판적 시각에서 보는 경향이 있지요. 오늘 어쩌다 보니까 한국수력원자력이 발제하는 것처럼 되었는데⋯⋯(웃음). 이런 소통에 의해서 서로 더 깊게 이해할 수 있는 기회가 되기를 바랍니다. 그럼 또 말씀하실 분, 하시지요.

양이원영 제가 처음에 주제발표만 듣고 여성과총도 원자력 논의에서 어떤 방향이 정해져 있는 것이 아니냐고 말씀을 드렸습니다. 그러나 참석하신 분들 말씀을 들으니, 찬반의 여러 가지 고민도 많고 더 배우려고 노력하시는 모습이 역력해서, 앞서 제가 섣불리 판단한 것 같다는 생각이 듭니다.

당연히 질문이 많으실 것 같습니다. 원전을 하지 않으면 기후변화 문제를 어떻게 해결할 것이냐, 그리고 원전을 하지 않으면 재생 가능 에너지로 정말 충당이 될 것이냐, 그렇게 되면 전기요금이 얼마나 올라갈 것이냐 등의 고민들은 여기 계신 분들뿐만 아니라 일반 시민도 저희에게 항상 문의하는 내용입니다.

그런 의미에서, 원전이 위험하다는 것은 알고 있기 때문에 내가 살고 있는 지역에 건설되는 것은 싫지만, 그래도 어디에선가는 희생을 해야 되는 것이 아니냐 하는 인식이 보편적인 것 같습니다. 그리고 그 희생에 대한 대가로 보상금을 책정해야 하는 것이라고 말합니다. 그런데 저희는 사실 필요성보다는 가치에 대한 논의를 많이 하는 편입니다. 조성경 박사님께서 과찬을 해주셨는데, 그런 가치를 추구하기 위해서는 단순한 필요성이나 경제성 논의를 넘어 우리가 원전을 하지 않고도 실제 오늘날의 현대 문명을 계속 유지하고 발전시켜나갈 수 있는지에 대한 고민을 많이 하고 있습니다.

그런데 가장 많이 받는 오해가 있습니다. 우리의 탈원전 운동이 당장 모든 원전을 다 중단해야 한다는 주장으로서 매우 무책임하다는 지적입니다. 저희는 지금 가동 중인 모든 원전을 당장 중단하자는 것이 아닙니다. 가동 중인 원전에 대해서는 최대한 안전성을 보장하자는 것이고, 신규로 증설하는 원전의 건설을 중단하자는 것입니다. 화력발전과 다르게 원자력 발전은 핵을 분열시켜서 나오는 에너지를 사용하는 것이기 때문에 중성자가 나옵니다. 그로 인해 우리가 상상하지 못하는 위험들이 존재합니다. 따라서 보통의 산업시설의 설비도 수명을 다하면 감가상각을 제하고 문을 닫거나 교체하는 것처럼, 설계수명이 다한 원전을 폐쇄하고 신규 증설을 중지한다면, 지금 가동 중인 원전을 서서히 중단시켜나가면서 대안을 만들어가는 것이 가능하지 않겠느냐는 것이 저희들의 주장입니다.

독일의 경우 2000년에 탈원전을 결정했을 때도 현재 우리 사정과 비슷하게 원자력 발전량이 총 발전량의 30퍼센트 수준이었습니다. 그런데 10년 만에 17퍼센트 정도로 감소됐습니다. 반면 그 당시 3-4퍼센트 정도였던 재생 가능 에너지가 10여 년 만에 20퍼센트를 넘는 상황으로 바뀐 것입니다. 독일 사회가 10년 만에 그렇게 바뀔 수 있었던 배경에는 여러 가지 요소가 있습니다. 그에 대해 벤치마킹하는 것이 필요하다고 생각합니다.

독일과 일본의 사례를 살펴보는 이유는 우리나라와 비슷한 점이 많기 때문입니다. 첫 번째가 에너지 수입 국가입니다. 세계 1위 수입 국가가 미국이고, 2위가 독일, 3위가 일본입니다. 최근 중국이 그 중간 순위에 진입했지만, 4위가 한국이있습니다. 그런데 미국을 제외하고는 독일, 일본과 함께 에너지를 가장 많이 수입하는 나라 중의 하나가 우리나라이기 때문에 독일과 일본의 에너지 정책을 벤치마킹하는 것이 의미가 있다고 봅니다.

일본은 에너지 효율에서 세계 최고이고 독일은 재생 가능 에너지 확대에서 세계 최고입니다. 이 두 가지를 우리는 본받을 필요가 있습니다. 우리나라는 에너지 수입도 많고 온실가스 배출량도 세계 7위입니다. 2011년 데이터에 따르면, 우리나라는 GDP로는 세계 20위권인데 온실가스 배출량은 세계 7위입니다. 1인당 에너지 소비, 전기 소비가 앞서 말씀드린 독일이나 일본보다 굉장히 높습니다. 따라서 에너지 정책이나 전력 정책을 전환해서 바로잡을 필요가 있다고 주장하는 것입니다.

그리고 원전 정책의 배경을 보면, 에너지 소비의 증가세를 바탕으로 에너지 정책의 방향을 정하고 이에 따라 원자력 비중도 높여야 한다는 논리로 진행된 것은 아닌지, 의문을 가지게 됩니다. 이런 관점에서 앞서 나도선 교수님께서 말씀하신 전기요금이 정책결정에 가장 큰 요소가 됩니다. 우리나라는 OECD 국가에서 가장 저렴한 전기요금을 유지하고 있습니다. 특히 산업용 전기는 중국보다 30-40퍼센트가량 저렴하기 때문에 전기 사용량이 많은 공장들이 최근 한국의 해외자본 유치와 맞닿아 국내에서 건설되고 있습니다.

제조업의 전기 사용량이 산업계 전체 사용량의 55퍼센트인데, 그중 절반 이상이 가열, 건조, 난방과 같은 전기가 필수적이지 않은 곳에 쓰입니다. 정말 아깝습니다. 그리고 전국적으로 전체 전기 에너지의 25퍼센트 정도를 난방에 사용합니다. 원전의 생산 비중이 30퍼센트인데, 전체 전기의 25퍼센트를 전기가 아니어도 되는 곳에 쓴다는 것입니다. 크게 왜곡된 에너지 소비구조, 전기 소비구조가 고착되어 있는 것입니다. 이 문제를 풀지 않으면 원전 문제는 해결이 안 될 것이기 때문에 대안을 마련하자고 말씀을 드립니다.

좌장 김명자 전기는 가장 깨끗한 에너지이지만, 그 생산 과정에서 손실이 가장 큰 에너지이기도 합니다. 미국의 경우 인프라 노후화로 인해 66

퍼센트 이상이 발전, 송전, 배전 과정에서 손실된다는 것이 현실입니다. 우리나라의 경우 반드시 전기를 쓰지 않아도 되는 곳에 전기 에너지를 쓰고 있는 난방 등의 부문에 대해서는 세밀한 검토가 필요하다고 봅니다. 그러나 여기서 핵심 이슈는 원자력을 줄이는 만큼 소비의 절약으로 상쇄할 수 있겠는가의 문제이고, 아니라고 한다면 대체 에너지원이 재생 가능 에너지원이 될 수 없는 상황에서 결국 화석연료의 이용 확대로 가게 되는 것이라는 점이 문제가 되는 것이지요.

양이원영 그렇다고 석탄 화력발전소로 대체하자는 것은 아닙니다. 이번에도 전력수급 기본 계획에서 많은 논쟁이 있었던 것처럼, 기본적으로 우리나라는 1인당 에너지 소비와 전기 소비가 다른 나라에 비해서 굉장히 높기 때문에 소비부터 줄여야 된다고 생각합니다. 앞서 말씀드린 것처럼, 전기가 필수적이지 않은 곳에 전기 에너지를 너무 많이 쓰고 있기 때문에 전기수요를 줄일 수 있는 잠재력 또한 아주 높다고 봅니다. 따라서 전기 소비를 줄이고 재생 가능 에너지를 확대해나가면 길이 보일 것입니다. 우리도 독일처럼 20-30년의 중장기 계획을 가지고 서서히 에너지 정책 목표를 달성할 수 있을 것입니다. 그러나 지금부터 계획을 세우지 않으면 20-30년이 그냥 지나버린다고 생각합니다. 기후변화 관점에서 접근하면, 1킬로와트시의 전기를 생산할 때 원자력 발전소가 다른 에너지원보다 이산화탄소를 당연히 적게 배출합니다. 그 데이터에 대해서는 과학자들 간의 논쟁이 있긴 하지만, 그것은 사실이고 맞는 이야기입니다. 그런데 문제는 기후변화를 해결하기 위해 원전만으로는 모든 에너지를 다 공급할 수 없다는 것입니다. 전 세계 에너지 사용량과 전기 사용량은 비중이 다릅니다. 에너지가 100퍼센트이면 그중 전기는 17퍼센트밖에 안 됩니다. 전체 에너지의 17퍼센트인 전기 에너지 중 원자력 발전소가 14퍼센트로, 총 에너지 사용에서 원자력 발전이 차지하는 비중이 2010년 기준으로 2.3퍼센트 정도밖에 되지 않습니다.

김명자 회장님 말씀처럼 기후변화의 가장 큰 주범은 난방과 교통으로 인한 이산화탄소와 산업공정에서 배출되는 온실가스입니다. 난방과 교통을 원전으로 대체하려면 일주일에 한 개씩 2,000-3,000개를 향후 50년 동안 지어야 한다고 합니다. 지금 현재 가동 중인 원전은 세계적으로 총 437기인데, 원전으로 기후변화를 막을 수 있다는 것이 불가능하다는 것입니다.

그리고 한국수력원자력 분들이 많이 억울하실 겁니다. 사기도 많이 떨어지셨을 텐데, 그럼에도 불구하고 계속해서 저희가 문제 제기를 하는 이유는 사회적 긴장감이 있어야 한다고 생각하기 때문입니다. 워낙 위험한 기술을 다루고 계시기 때문에 그만큼의 자부심도 가지셔야 하겠지만, 한편으로는 그만큼의 긴장감이 있어야 한다고 생각합니다. 그런데 지난 1년 동안 보도된 소식과 260페이지 되는 감사원 결과 보고서를 한번 보시기 바랍니다. 원자력 안전에 대한 신뢰가 떨어지는 이유는 한국수력원자력뿐 아니라 안전 규제기관이 제 역할을 하지 못하기 때문입니다. 감사원 보고서에도 규제기관에서 문제 지적을 하고도 모니터링을 하지 않은 채 방치하고 있다고 지적하고 있습니다. 그래서 저희는 이런 사회적 긴장감이 안전성을 확보하는 데에 도움이 된다고 생각합니다.

좌장 김명자 반핵 운동의 논리적 전문성이 점점 탄탄해진다는 것을 양 국장님께서 보여주고 있는 것 같습니다. 탈원전 논리에서 양 국장님이 말씀한 것처럼, 거시적 관점에서 장기적으로 세계의 총 에너지 소비에서 차지하는 원자력 전기의 비중을 줄인다는 방향성으로 보면, 탈원전 논리가 상당히 합리적으로 들리고 실현의 문제에서도 그리 난제로 보이지 않습니다. 그런데 차원을 달리해서, 한국처럼 에너지 다소비 산업구조에 수출 중심의 경제구조를 갖춘 에너지 빈국이라는 여건에서 5년 임기의 정부와 4년 임기의 정치권이 정책결정을 하는 것이라고 보면, 얘기가 달라지는 것 같습니다. 이처럼 단기적이고 현안 중심이고 이해당사 그룹의 목소리를 의식하는 정치적 결정이 되는 경우, 과연 장기적 차원의 정책결정을 할 수 있을지가 문제가 되는 측면이 있습니다.

이헌규 여론조사 분석을 하노라면, 원자력에 관련되는 거의 모든 내용을 다루게 되는 것 같습니다. 다시 여론조사 결과 분석이라는 토의 주제와 관련해서 신뢰도 문제를 중점적으로 말씀드리겠습니다. 원자력 발전의 지지도와 정책의 반영도 사이의 상관관계에 대해서는 이미 말씀드렸습니다. 사실상 정책결정 과정에 일반 대중의 의견이 반영되기도 하지만, 일반 대중의 여론이 반영되지 않는 나라도 많습니다.

좌장 김명자 선진국의 환경분야 등의 사례에서 보면, 전문가 그룹의 인식과 일반 대중의 인식 사이에 차이가 있고, 그에 따라 정책 우선순위를 묻는 질문에서도 답변에 큰 차이가 난다는 사실을 확인한 적이 있습니다. 원자력의 경우에도 마찬가지인데, 그렇다면 대중의 여론과 전문가 그룹의 의견을 어느 정도 반영해야 하는지의 과제가 제기되는 것 같습니다.

이헌규 그렇더라도 후쿠시마 사고 이후 중요하게 대두된 이슈는 신뢰도의 문제인데, 이 문제를 어느 정도 지표화해서 의미 있는 데이터를 도출해주고, 어떻게 정책으로 연결시킬 것인가가 중요한 과제인 것 같습니다. 저는 어느 자리에서 에너지 경제연구원을 에너지 정책연구원으로 바꾸는 것이 어떠냐고 건의를 했습니다, 이제 에너지 정책을 에너지 경제와 통합하여 국가계획을 수립하기 위해서 에너지 정책연구원이 더 좋겠다는 생각을 하게 됩니다. 현 시점에서는 에너지 정책과 환경 정책이 동일체라고 봅니다.

정부조직 개편에서 에너지 행정이 어느 부처로 이관되느냐에 따라 에너지 정책이 우선순위에서 밀리게 될까 관심이 컸습니다. 원자력을 비롯한 에너지원의 경제성 이슈에 대해 한국수력원자력과 환경단체의 의견 차이가 너무 큰 것 같습니다. 그래서 에너지 믹스를 재검토하는 작업이 매우 중요하다고 생각하는데, 정부청사 이전과 조직 개편 등으로 전혀 진전이 없는 것 같습니다.

사용후핵연료 관리도 공론화되어야 하는데 어떻게 될지 전망이 불투명하고 진전이 없습니다. 원전을 폐쇄하는 경우를 상정한다면, 그때 에너지 믹스는 어떻게 구성할 수 있을 것인지에 대한 공론화도 필요하다고 생각합니다. 사실 20년 후에 원전 비중을 59퍼센트까지 확대한다는 계획은 무리라고 보는 견해가 상당히 있는 것 같습니다. 그렇다면 다른 대체에너지를 어떻게 찾는가가 매우 중요합니다. 여러 가지 가능성에 대해 검토는 하고 있는 것 같은데 답이 어떻게 찾아질지는 많은 연구가 필요할 것입니다.

사회적 현안에 밀려서 그 중요성에도 불구하고 에너지 정책은 어디에서도 크게 부각되지 않고 있습니다. 국정의 최우선 순위는 더더욱 아닙니다. 국제적으로도 에너지 환경의 격동기에서 이렇게 가다가 어떻게 될지 우려됩니다. 그동안 과학기술계에서는 에너지부를 따로 독립시켜야 한다는 논의도 있었고, 또는 환경 에너지부로 통합하여 정부조직 명칭에 에너지라는 용어라도 추가하고 환경과도 묶어서 다루는 것이 어떠냐는 의견도 있었습니다. 현실화되지는 못했지만, 그 정도로 전문가 그룹에서는 21세기 우리 국정에서 에너지 정책이 중요하다고 생각하고 있습니다.

여기서 제가 한 가지 꼭 제언하고 싶은 것은 경제성 이슈에 대한 사회적 합의를 이루기 위해서라도 공인된 기관에서 믿을 만한 연구 결과를 제시해야 한다는 것입니다. 지금까지처럼 사업자 측에서 내놓은 데이터를 시민환경단체에서 신뢰할 수 없다고 받아들이지 하는 방식으로 계속된다면, 국론이 분열되고 갈등으로 인한 소모가 많아지기 때문입니다. 최소한 에너지원의 경제성에 대해서 공인할 수 있는 사실을 바탕으로 함께 검토하고 합의를 이끄는 방향으로 가야 합니다.

좌장 김명자 앞서 말씀드린 대로, 원자력의 경제성 검토는 후쿠시마 사고 이후 가장 중요한 과제로 대두되었습니다. 우리나라도 출연연구기관을 중심으로 경제성 재평가를 진행하는 것으로 아는데, 별로 들리는 소식은 없습니다.

미국에서는 최근 정부 연구소는 물론 기업에서도 모든 에너지원에 대한 다양한 방식의 평가를 하고 있습니다. 특히 강조하고 싶은 것은 모든 에너지원에 대해 현 시점을 기준으로 장단기 LCA(Life Cycle Assessment)를 해야 한다는 것입니다. 우리나라의 경우 산출된 데이터의 신뢰도가 문제가 되기 때문에 신뢰할 만한 데이터를 얻어내는 과정과 방식이 중요하다고 봅니다. 출연연구기관 중심의 정부의 용역과제로 결론을 내는 경우 신뢰도 논란을 빚기가 일쑤였기 때문에, 어떤 형태로든 시민사회와의 협업이 되는 것이 바람직할 것 같습니다.

이헌규 조속히 결과를 내야 된다고 생각하는데, 굉장히 진척이 느립니다. 그게 문제인 것 같아요. 결국은 경제성 이슈도 신뢰를 바탕으로 하지 않으면 소용없는 일이 되기 때문에, 수긍할 만한 결론을 낼 수 있기를 기대합니다.

이영일 경제성 논의에 대해서 잠깐 말씀드리겠습니다. 원자력이 경제성 측면에서 경쟁력이 있다고 주장하는 경우, 그 범위와 시각을 좁혀서 이야기할 필요가 있다고 생각합니다. 즉 어떤 의미의 경제성을 말하는가를 한번 따져봐야 될 것 같습니다. 제가 오늘 이 말씀을 드리려니 기관에 몸담고 있어서 그다지 자유롭지가 못한 느낌이 듭니다만⋯⋯(웃음).

실제로 경제성 코드와 수급계획 코드를 연구한 경험자로서 말씀드린다면, 간단하게 발전원가가 싸다는 논리를 주장하는 것은 이제 별 의미가 없어졌다고 생각합니다. 우리가 에너지 믹스를 논할 때, 현재 에너지경제연구원이나 전력거래소에서 사용하고 있는 코드가 어떻게 구성되어 있는지를 살펴본다면, 원자력이 경제성 측면에서 상당히 우위가 있다고 말하는 것이 조심스러운 부분이 있습니다. 이 부분을 한번쯤 짚고 넘어가야 이후에 논쟁을 예방할 수 있을 것 같습니다.

경제성을 어떻게 정의할 것인가도 한번 짚어볼 문제입니다. 우리나라 전체 전력 시스템을 모두 가동하는 것에서 원자력 발전이 차지하는 경제성인지, 또는 원자로 1기를 돌리는 프로젝트의 경제성인지, 또는 단위전력을 생산하는 것에서의 전력생산 단가인지, 또는 그 생산 단가에 연료비, 운전비 등 모든 비용이 다른 발전원에서와 같이 똑같은 항목이 포함되어 있는지 등을 두루 함께 고려할 때 경제성이라는 용어로서, 공감할 수 있는 용어가 된다고 생각합니다.

지금까지는 경제성 관련 데이터의 범위와 깊이에 대해서는 실제로 그 코드를 직접 돌리는 담당자 이외에는 정보에 쉽게 접근을 할 수가 없었습니다. 그래서 한국수력원자력도 수급 계획처에서 코드를 결정하는 실제 논의 과정에 참여해야 한다고 주장하고, 그렇게 해서 많이 참여한 것으로 알고 있습니다. 따라서 앞으로도 원자력의 경제성을 이야기할 때 무엇을 기준으로 하는 경제성인지 논의가 먼저 이루어져야 한다고 생각합니다.

　전력요금에 대해서도 우리나라의 전기요금이 정말 저렴한 건지도 점검이 필요합니다. 한국전력에서 정부의 가격 정책의 영향을 받아 전기요금을 인상하지 못하는 것에 대해서도 한번 생각해봐야 하기 때문입니다. 제가 원자력계에서 일을 하고 있지만 원자력계가 무조건 항상 일관된 어조로 원자력은 경제성이 있다고 이야기하거나, 전기요금이 저렴하고 기후변화를 늦추는 데 기여한다고 말하는 것에서 나아가 앞으로는 좀 더 구체적인 설득력 있는 근거를 제시할 필요가 있다고 봅니다. 과학적인 근거가 없이는 설득력 있게 설명하는 것이 어렵도록 여건이 바뀌었기 때문입니다.

이헌규　그렇다고 해서 경제성이 떨어진다는 얘기는 아닙니다. 동일 기관에서 신뢰성 있는 데이터를 근거로 설명해야 받아들인다는 거지요.

이영일　기후변화에서 원자력이 가지는 의미에 대해서도 양 국장님이 말씀하신 것에 일부 동의를 합니다. 그런데 원자력이 기후변화 대응 방안으로 가지는 의미도 변화하고 있는 것 같습니다. 사실 기후변화가 원자력 르네상스 시대를 기대하게 만들었지만, 세계적인 경제침체 등으로 지금으로서는 기후변화 이슈로 인한 추진 동력은 많이 잃어버린 상황입니다. 따라서 원자력 발전이 기후변화 대응의 대안으로 가지는 의미를 원자력 환경성의 근거로 사용할 것인지에 대해서도 힘이 빠지는 실정입니다.

나도선　그렇게 따지려면 전체적으로 다양한 에너지원에 대한 분석을 해야지요. 재생 에너지도 얼마나 비싼지, 전력생산의 기저부하로 이용

가능한지 등……

양이원영 그 부분에 대한 제 생각을 조금 말씀드리겠습니다. 재생 가능 에너지 관련해서 얼마 전에 에너지 경제연구원과 토론 중에 한판 논쟁을 벌인 적이 있습니다. 우리나라는 노무현 정부 때 '발전차액 지원제도'라는 매우 선진적인 재생 가능 에너지 지원 정책을 펴기 시작했습니다. 재생 가능 에너지를 이용하려면 처음에는 당연히 가격이 비쌉니다. 그래서 에너지 거래 시에 한국전력이 의무로 재생 에너지를 구입하고 실제 비용과 시장가격과의 차액을 지원해주는 제도를 도입한 것입니다. 기준은 수익률 7퍼센트 보장을 전제로 하는 것이었습니다. 그러다 보니 단기간에 재생 가능 에너지 시장이 활성화되고 사람들이 몰려들었습니다.

사실 지난 몇십 년 동안 재생 가능 에너지는 그저 다 좋은 말 하는구나 하는 정도로 인식되고 있었습니다. 재생 가능 에너지 보급 달성계획에 따른 목표를 이룬 적이 한 번도 없었기 때문입니다. 그런데 발전차액 지원제도를 도입하고 나서는 거의 분기마다 항상 초과 달성을 했습니다. 그런데 그 제도를 작년에 폐지했습니다.

대신 발전사업자들이 2020년까지 자기 발전량의 10퍼센트를 재생 가능 에너지로 의무 생산하는 정책으로 바뀌었습니다. 이것이 보통 RPS (Renewable Portfolio Standard)라고 하는 의무할당제도입니다. 이 변화에 대해 사실상 지원 정책이 후퇴한 것이라고 평가하고 있습니다. 왜냐하면 세계적으로도 발전차액 지원제도가 성공적이었기 때문입니다. 우리는 지금 에너지 비중 11퍼센트를 목표로 하고 있는 반면에, 독일이 10년 만에 전기 에너지의 20퍼센트를 재생 에너지가 차지하는 수준으로 올라간 것은 발전차액 지원제도가 있었기에 가능했습니다.

독일의 전기요금이 더 비싼 것은 사실입니다. 국민이 골고루 부담을

진 겁니다. 자신이 지지하는 정책을 선택하고, 그 정책을 지원하는 정당을 선거에서 뽑고, 그래서 그 정책에 대한 선택에 의해 전기요금을 더 부담하는 결과가 된 겁니다. 그렇다고 전기요금이 크게 오른 것 같지는 않습니다.

우리나라는 발전차액 지원제도가 폐지된다고 예고한 때부터 태양광 산업에는 완전히 찬물을 끼얹는 상황이 벌어졌습니다. 그래서 전 세계적으로 재생 가능 에너지 중 태양광의 연간 성장률이 50-60퍼센트 이상이고, 풍력은 20-30퍼센트 정도로 늘어나고 있는 상황에서 우리나라만은 재생 에너지 시장이 고전을 면치 못하고 제자리 수준에 머물고 있습니다.

그리고 저희는 한국수력원자력에 이런 얘기도 합니다. 실제로는 원전과 재생 가능 에너지는 서로 경쟁관계라고 말합니다. 왜냐하면 태양광이나 풍력 같은 재생 가능 에너지는 자원 환경에 따라 가능한 것인데, 원전도 마찬가지이기 때문입니다. 언제 사고가 나서 멈출지 알 수가 없고, 출력 조절을 자유롭게 할 수 없는 것 자체도 위험성입니다. 그래서 둘 다 전력 계통의 불확실성이 내재되어 있고, 결국 두 종류 에너지를 같이 병행할 수는 없다는 겁니다. 그러니 서로 경쟁관계가 되는 겁니다. 따라서 원전이 증가하면 재생 가능 에너지가 증가할 수 없고, 재생 가능 에너지가 증가하면 원전이 증가할 수 없는 그런 경쟁적 상황이 되는 겁니다.

그런데 지금 우리나라는 원전이 확대되면서 재생 가능 에너지 정책은 바뀌어 지원이 중단되고 축소되고 있습니다. 올해 예산에도 전력산업 기반 기금이 책정되어 있습니다. 이것은 전기요금의 일정 부분의 비율을 떼어 조성되는 기금입니다. 거기서 태양광 보급 사업의 2,000억 원인가가 축소가 되었어요. 우리나라는 지난해보다도 축소되는 방향으로 가고 있는 것입니다.

심지어 음모론을 얘기하는 사람도 있습니다. 저는 그렇게 생각하지는 않지만, 그 정도로 굉장히 분위기가 안 좋습니다. 우리나라는 왜 수요 관리도 재생 가능 에너지 확대도 고려하지 않고 전력수급 계획을 세우는 것인지, 그리고 원전에 문제가 생기면 재생 가능 에너지로 대안을 찾는 것이 아니라 석탄 화력 쪽으로 돌아가는지, 다른 나라와는 다른 전력 정책 구조를 계속하고 있다는 것이지요. 이것이 비판을 받는 이유입니다.

이헌규 저는 오히려 재생 에너지 확대를 상당히 강력하게 권유하는 입장입니다. 그러나 재생 에너지 업계가 자체 자본으로 자력으로 성장하려는 노력을 해야 하고, 정책결정에 영향을 줘야 한다는 뜻에서 말씀을 드린 겁니다.

양이원영 재생 에너지 업계가 노력을 많이 하는 것 같은데, 지금 거의 부도나고 상황이 안 좋습니다.

좌장 김명자 최근 미국의 에너지 정책에서도 오바마의 재생 에너지 정책이 전문가들로부터 상당히 비판을 받는 것 같습니다. 정부 지원에 의해 단기간에 거품을 너무 부풀게 했고, 감당하기가 어려운 상황이 되고 있다는 뜻입니다. 게다가 셰일가스 시장 때문에 영향을 받을 것입니다. 오바마 대통령이 재선 이후 어떻게 할지 주목됩니다.

원자력 얘기를 하다 보면 재생 에너지 얘기가 꼭 따라 붙게 됩니다. 한국의 상황에서는 과연 재생 가능 에너지 자원이 얼마나 있느냐가 근본적으로 검토되고, 그 결론에 합의를 이루어야 할 것 같습니다. 원자력이 이상적이거나 좋은 에너지라서가 아니라 에너지 자원이 없는 우리나라가 가지고 있는 가장 경쟁력 있는 에너지 기술이기 때문에 붙잡고 놓지를 못하는 측면도 있다고 봅니다.

이헌규 재생 에너지의 경우, 실질적으로 재생 에너지 업계나 그 연구개발을 추진하는 전문가들이 비전을 던져주는 것이 우선되어야 할 것 같습니다. 그러면 우리 원자력계도 프랑스처럼 78퍼센트까지 원전의 비중을 늘릴 수는 있지만, 그것을 주장하는 대신 신재생 에너지의 비전과 과학적 데이터를 바탕으로 서로 쟁점 토론을 하고 의견을 좁혀가면서 국가 차원에서 정책결정을 하는 것이 타당하다고 생각합니다. 우리 국민이 원자력 대신 재생 에너지를 원한다면 그 타당성을 검토한 뒤에 결정을 내려야 할 것이라는 말씀입니다. 그런데 현재는 2030년까지 재생 에너지 비중을 11퍼센트로 확대한다는 계획에 대해서도 회의적인 에너지 전문가들이 많습니다. 재생 에너지 달성 목표의 실현 가능성에 대한 검토를 정부 차원에서뿐만 아니라 업계 차원에서도 해서 비전을 제시해주는 것이 옳다고 봅니다.

좌장 김명자 여론조사 결과 전문가 그룹, 즉 원자력계를 비롯한 과학자들의 안전도 인식과 일반인이 체감하는 안전도 인식 사이에 격차가 있다는 것은 움직일 수 없는 사실로 나타났습니다. 따라서 어떻게 일반인의 이해를 높이고, 어떻게 불안감을 해소하고 신뢰를 쌓을 수 있겠는가 하는 것이 가장 중요한 과제라는 점은 모두 공감할 것입니다. 그렇다면 이 부분에 대해서 이렇게 접근해야 할 것인가도 고민해야 힙니다.

정성희 원자력 홍보에 대해서 추가 말씀을 드리겠습니다. 저는 원자력은 안전하다고 홍보하는 것은 문제가 있다고 생각합니다. 왜냐하면 원자력이 안전하다고 했는데, 후쿠시마 사고가 발생하고 보니 대중으로서는 이른바 '인지 부조화'를 겪게 됩니다. 따라서 신뢰도가 떨어지고 불안감이 커졌습니다.

원자력 홍보 목표는 원전이 안전하다고 인식시키는 것이 아니라 원자력의 강점과 약점을 정확히 알리고 사람들이 안전과 신뢰에 대해 직접 판단할 수 있도록 충분하고 정확한 자료를 제공하는 것에 초점을 맞추어야 한다고 생각합니다. 안전하다고 해서 100퍼센트 안전한 것은 없고, 안전하지 않다고 해서 안전성 제로도 없습니다. 때문에 0퍼센트에서 100퍼센트의 사이에서 얼마만큼의 위험(risk)을 감수(take)하며 살아갈 것인가를 각자의 기준에 따라 정하도록 하는 것입니다.

자동차를 타거나 비행기를 탈 때의 리스크만큼은 누구나 대부분 감수를 합니다. 그 정도 위험에 대한 판단은 사람들 인식 영역에 들어와 있기 때문입니다. 따라서 안전한데 어느 정도까지 안전한지, 어느 선까지 위험 감수(risk take)를 할 것인지에 대해 사람들이 충분히 판단할 수 있도록 자료를 제공하는 것, 그것이 원자력 홍보의 역할이자 언론이 해야 할 일이라고 생각합니다.

100만분의 1의 확률로 일어날 수 있는 위험요소를 가리켜 안 된다거나 된다고 하기에는 사회가 너무 복잡하고, 우리가 원자력에서 얻는 이익이 크다고 생각합니다. 따라서 안전기술 확충과 정확한 데이터 산출 등은 과학계에서 충족시켜주어야 할 영역이라고 생각합니다. 우리 국민의 성향이 워낙 'all or nothing' 식인데, 현재와 같은 복잡한 사회 속에서 양극단의 결과를 단정할 수 있는 이슈는 없다는 것을 사람들이 알게끔 하는 것도 언론이나 홍보활동이나 과학자의 역할이라고 생각합니다.

에피소드를 하나 말씀드리지요. 후쿠시마 사고 이후 일본에서 방사능 비가 온다고 했을 때 우리나라에서 학교를 휴교했고, 일본 신문에서는 한국이 이렇게 가벼울 수가 있느냐, 일본도 그 정도는 안 한다며 굉장히 비판적으로 기사를 썼습니다. 저도 그때 마침 쉬는 날이라 모임에 갔습니다. 우산을 안 쓰고 갔더니 사람들이 제게 왜 우산을 안 쓰냐고 물었습니다. 저는 진짜 방사능비에 대해서 정확히 알고 있냐고 되물었습니다.

사람들이 방사능비에 대한 공포에 시달리고, 불안해할 때, 박재갑 국립의료원장이 이렇게 말했습니다. "일본에서 오는 방사능을 걱정하지 말고 담배 끊으세요." 이 한마디에 모든 상황이 정리됐습니다. 자신이 선택한 것이 아니라 의지와 상관없이 강제로 주어지는 상황에 대해서 사람들이 때로는 지나치게 공포심을 가지는 것에 대해, 과학자가 한마디 함으로써 소동이 정리된 것입니다. 원자력과 관련해서도 과학자나 언론이 이런 역할을 해야 할 필요가 있다는 생각이 듭니다.

그리고 환경단체에서 오셨는데, 저는 환경단체가 반핵을 핵심가치로 삼고 일하는 것은 의미가 있다고 생각합니다. 그러나 한국수력원자력에서 말씀하셨듯이, 실수나 의도가 내재되지 않은 것까지 너무 의혹을 확대시키는 것은 좋지 않다고 생각합니다. 환경단체 전문가들도 공부를 많이 하니까 다 안다고 생각할 수 있고, 또 환경단체에서 견제 세력으로 반대운동을 할 수 있는 것도 이해가 됩니다. 그러나 명백하게 설명이 되는 부분들에 대해서까지 무조건 대척점에서 접근하는 경우에는 서로 너무 간격이 커서, 중도지대는 없는 것인가 생각하게 됩니다. 저는 중간지대에서 일할 수 있는 측면도 분명히 존재한다고 생각합니다.

재생 에너지에 대한 논의가 있었는데, 독일에서 3개월의 환경 저널리즘 과정을 이수한 적이 있습니다. 그러는 동안 독일의 태양광과 풍력 분야의 전문가를 만났습니다. 많은 이야기를 들었지만 그중 가장 기억에 남는 것은 재생 에너지를 도입하려면, 그리고 탈핵을 하려면 제일 먼저 해야 되는 것이 에너지를 최소한으로 사용해야 한다는 것이었습니다. 다시 말해서 기술보다 더 중요한 것은 내가 먼저 에너지 절약을 실천하는 것이라는 점을 강조했고, 그것을 교훈으로 얻어왔습니다. 그런데 우리나라에서는 지난 여름 전기절약을 하자고 글을 실었더니 환경단체에서 비판 성명을 냈습니다. 원자력 이슈를 국민들의 소비생활의 문제점으로 몰아가는 언론보도라면서 비판을 하더군요.

양이원영 어디서 그런 비판 성명을 냈나요?

정성희 환경운동연합인지 녹색연합인지 정확히 기억은 안 납니다.

양이원영 녹색연합이나 환경운동연합에서는 그렇게 이야기하지는 않는데요.

정성희 사실입니다. 작년 여름에 에너지를 절약하자는 칼럼에 대해 비판하면서 그 마지막에는 원자력의 문제를 사람들의 생활 패턴으로 돌린다는 내용이 정확하게 들어 있었습니다. 우리 모두가 최대한으로 에너지 소비를 줄이지 않으면 재생 에너지는 못 합니다. 좀 불편하더라도 그 진실에 대해서 환경단체에서 정확히 알려주셔야 합니다.
　원자력계도 마찬가지로 지금 우리가 이렇게 에너지를 마구 쓰고 있는 상황을 기준으로 전력수급 계획을 세우면 안 됩니다. 이렇게 에너지 소비가 과도한 상태를 기준으로 전력이 부족해서 원자로를 4기 더 세운다 하는 방식으로 접근하면 안 된다고 봅니다. 국민에게 에너지 문제 해결에 대한 부담을 같이 나누는 것이 상당히 고통스럽다는 것을 보여주어야 하고, 에너지 절약을 어떻게 해야만 우리 삶이 지속 가능하다는 것을 알려줘야 합니다. 지금의 상황을 디폴트로 놓고 원전을 몇 개 더 짓겠다고 하면 안 됩니다. 이런 문제를 놓고 환경단체와 원자력계 사이에서 접점을 찾아야 하지 않을까 생각합니다.

언론에서 일하면서 그동안 나름대로 맺힌 게 많아 두서없이 말씀드렸습니다. 조금씩 접점을 찾아 우리가 모두 안전한 사회, 기왕이면 원자력에 의존하지 않는 사회로 가기 위해서는 불편하고 고통스럽다는 점을 알리는 일을 환경단체와 원자력계가 모두 해야 한다고 생각합니다. 그런데 특히 원자력계나 원자력문화재단은 그런 말씀은 전혀 안 하고 원자력이 안전하다고만 하니 사고가 일어날 때마다 사회적으로 충격이 크고 의혹과 불안과 갈등이 증폭되는 측면이 있습니다. 그렇게 되면 사람들은 "어, 거짓말했네?"라고 인식하기 때문입니다. 이런 관점에서 홍보의 콘셉트를 확 바꾸었으면 하는 생각에서 말씀드립니다.

오창영 원전 안전에 대해서 말씀하셨는데, 안전은 기준에 따라서 달라집니다. 자체적으로 안전한가, 어떤 사태에서 안전한가 하는 관점에서 보면, 후쿠시마 원전은 지진에는 사고가 없었으나, 쓰나미가 닥쳐서 사고가 났습니다. 원전은 과학기술자와 운영 요원이 연구하고 관리해서 위험을 최소화하고 있으나, 마치 핵폭탄처럼 인식하는 경향이 있는 것 같습니다. 그래서 안전기준을 잡는 것이 참 어렵다는 생각을 합니다.

양이원영 안전에 대해서 그렇게 말씀하시니 시민들의 의식과는 너무 간격이 큰 것입니다.

나도선 후쿠시마 원전 사고가 쓰나미 때문에 일어난 것이 엄연한 현실인데 쓰나미를 제외하고 안전을 논할 수가 없지요.

좌장 김명자 후쿠시마 사고 이후 일본에서도 경제산업성 고위 관리가

"상정하지 않은" 자연재난 때문에 사고가 났다는 발언을 했다가 혼이 났었지요. 2007년 니가타 지진으로 가시와자키 시의 가리와 원전이 피해를 입었기 때문에 내진 기준이 강화되었고, 쓰나미에 대응한 설비 보강이 필요하다는 지적이 있었기 때문입니다. 결국 후쿠시마 사고로 인해 일본의 '안전신화'는 무너진 것입니다. 사고를 안 일으켜야 하는 책임, 그것을 지키지 못했다는 점에서 원인 제공은 정부와 원자력계에 있는 것이지, 국민에게 안전기준에 대해서 다시 생각하라고 얘기할 수는 없는 일입니다. 그것이 원자력을 관리해야 하는 쪽의 숙명입니다.

안전을 강화하고 이미지 쇄신을 해서 깊어진 불신을 해소하는 것은 결국 원자력계와 당국이 결자해지 차원에서 짊어지고 있는 짐이라고 생각됩니다.

이은경(전북대학교 과학학과 교수) 후쿠시마 사고 이후 원전이 안전하게 관리되고 있는지에 대한 관심이 어느 때보다도 높아졌습니다. 원전은 일상적인 또는 예측 가능한 범위의 재난에 대해서는 기술적으로 조정 가능한 수준에서 안전하게 운전할 수 있다고 봅니다. 알려진 바대로라면, 원자력 발전소는 정상 범위 내에서 일어나는 외부 변수에 대해 과잉이라고 할 만큼 많은 안전수단을 갖추고 있지 않습니까.

그러나 예측 가능한 범위를 어떻게 잡느냐, 안전을 위협하는 외부 변수를 어떻게 설정하느냐는 여전히 매우 '정치적인' 문제가 됩니다. 가령 후쿠시마 원전의 경우 이번에 원인이 된 지진과 쓰나미가 둘 중 하나만 일어났다면 대비 가능했을 것이라고들 합니다. 이 정도 규모의 지진과 쓰나미가 동시에 같은 지역에서 발생할 확률은 매우 작기 때문이지요. 그러나 사고가 일어났습니다. 이미 그 작은 확률을 가진 사건이 일어나고 그에 따른 엄청난 공포를 경험했기 때문에 "기술적으로 조정 가능한 수준"이란 말은 설득력이 떨어집니다. '정치적' 문제 또는 '가치'의 문제라는 것을 깨닫게 된 것이지요.

결국 원자력 안전에 대한 판단은 '결과론적' 특성을 가진다고 봅니다. 정부는 언제나 안전하게 관리되고 있다고 말하고, 또 어쩌면 실제로도 그럴 것입니다. 국민은 사고가 발생하지 않는 한 그 말을 믿습니다. 우리나라가 1970년대부터 시작해서 현재 23기의 원자로를 운전하고 있지만, 국민이 모두 알고 원자력에 대한 생각을 바꿀 정도의 사고가 발생했다는 보도는 없었습니다. 그러므로 대부분의 국민은 원자력이 안전하세 운영 관리되고 있다고 믿는다고 볼 수 있습니다.

모든 기술의 이용에서는 크고 작은 문제가, 기술적 원인이든 행정관리 차원의 원인이든, 근본적으로 발생할 수 있다고 봅니다. 중요한 것은 발생한 문제가 '통제 가능한 것인지', '안전하게 해결되었는지', '같은 문제가 다시 발생하지 않도록 조치했는지' 등입니다.

그런데 지금까지 우리나라에서 원자력 발전에 대한 보도를 보면 최근의 몇몇 건을 제외하고는 '거의 무결점 운영'에 가까웠습니다. 그 결과 많은 국민이 원자력은 거의 완전하게 통제되는 것으로 믿고 있었습니다. 따라서 최근의 몇몇 사례처럼 방사능 누출이 있었다거나 불량 부품을 사용한 것을 현장에서 은폐하려고 했다거나 하는 보도가 나오면, 그동안에도 많은 문제가 있었던 것은 아닐까? 하는 의심을 할 수밖에 없습니다. 더구나 후쿠시마 사고 이후에는 더욱 그러합니다.

기술위험의 여러 가지 가능성에도 불구하고 '일상적인 치원'에서 원자력 발전은 '통제 가능한 수준'으로 운영 관리되고 있다고 생각합니다. 그러므로 원자력 관련 문제가 발생할 경우 나중에 폭로되어 국민을 속였다는 의심을 받지 않도록 좀 더 투명하게 공개하고 적극적으로 해결하고 해명하고 대책을 확실히 해서 안심시키는 방식이 더 적합하다고 생각합니다.

　지금까지 그러지 않았기 때문에, 통제 가능하고 해결 가능한 문제 발생에도 국민들의 신뢰는 크게 무너지는 모습을 보이고 있다고 봅니다. 이미 안전에 관해서는 정부 발표에 대한 신뢰가 줄어들었기 때문에, 투명한 정보 공개와 적극적인 문제해결 노력, 그리고 안전한 운영 관리를 위한 내부의 보다 엄격한 지침을 만들고 이를 수행함으로써 '실제 안전하게 운영 관리'되는 딱 그만큼의 현실을 국민들이 인식할 수 있게 해야 한다고 생각합니다.

나도선　원자력 안전에 대해서 여러 시각과 입장에서 토론하다 보니, 이래저래 격차가 매우 큰 것 같습니다. 모두 확실히 커뮤니케이션을 좀 더 배우고, 해야 될 것 같습니다. 원자력 사고는 어떤 외부적 충격에도 안전해야 한다는 것이 원칙이고, 국민이 기대하는 것입니다. 자연재해로 인해 원전 비상사태가 발생하는 극히 드문 확률의 상황에서도 가장 중요한 것은 소통을 잘하는 것이라고 봅니다. 그런 비상사태에서 커뮤니케이션을 잘못하면 상황을 더욱 악화시키지 않습니까. 모든 일에는 양면성이 있어서, 어떤 것은 100퍼센트 좋고 어떤 것은 100퍼센트 나쁠 수가 없습니다. 그 사실에 대해 어떻게 접근하느냐에 따라 상황을 나쁘게 할 수도 있고 좋게 할 수도 있다는 겁니다. 좀 더 소통을 잘해야 하는데, 어떻게 잘할 수 있을 것이냐를 고민해야 한다고 생각합니다.

　그리고 양 국장님에게 질문하겠습니다. 어떻게 보면 원자력 과학자들이 말하는 것과 다른 의견을 말씀하시는 데 대해서 궁금해서 질문이 생깁니다. 원자력계는 설계수명을 다한 원전에 대해 안전성 검토를 한 뒤 계속운전을 하는 것이 안전하다고 하는데, 원자로의 설계수명이라는 것이 어떻게 정의된다고 보십니까? 설계수명을 연장해서 계속운전을 시킨다는 표현을 쓰다 보니, 마치 죽어야 되는 것을 다시 살린다는 식으로 인식되는 것 같습니다. 재점검 기간이라는 용어도 있는데, 시설의 설계 수명이라고 해놓고 수명 연장이라고 하니 폐기해야 하는 것을 억지로 되살린다는 것으로 비쳐져서, 수명 연장이라는 용어 자체가 굉장히 위험하게 느껴진다는 것이지요.

원자력 과학자가 보기에 안전하고, 그래서 다시 10년, 20년 가동해도 되는 것이라면 용어도 재검토해야 하지 않겠습니까. 믿을 만한 안전 검사를 통해 노후 원전이 안전하다고 판정되면, 계속 가동해야 하고 안전하지 않다고 판정되면 폐쇄하는 것이 순리에 맞겠지요. 그런데 한쪽에서 환경단체나 지역사회는 안전하지 않으니 노후 원전을 폐쇄해야 한다고 강하게 주장하고, 다른 쪽에서는 원자력계의 과학자들이 안전하다고 말하는 상황에서 어느 쪽을 얼마나 믿어야 할지 국민은 아마 혼란스러울 것 같습니다.

그런데 저도 과학자로서, 원자력 전문 과학자가 자신의 말에 책임을 져야 하는 상황에서 안전상 문제가 없는 시설을 폐기함으로써 엄청난 손실이 발생하게 하는 것 또한 맞지 않다고 생각합니다. 물론 과학자들도 실수도 하고 건전한 상식에 어긋나는 일을 할 가능성은 있겠지만, 그래도 대체적으로 과학자들의 양심을 너무 무시하는 결과가 되는 것은 아닌가 싶습니다. 이런 부분도 종합적으로 다루는 커뮤니케이션이 정교하게 이루어져야 할 것 같습니다. 특히 한국수력원자력, 원자력 과학자, 문화재단 측에서 일하는 전문가는 어떤 용어로 어떻게 자신의 입장을 잘 설명하면서도 거부감 없이 이해가 되도록 할 것인가에 대해서 훨씬 더 노력할 필요가 있다고 생각합니다.

이영일 그래서 수명 연장이라는 용어보다는 계속운전이라는 용어를 쓰는 쪽으로 바뀌는 것 같습니다.

좌장 김명자 당초 원자로를 비롯하여 시설을 인가할 때 '설계수명'이 정해졌고, 대개 40년이라는 기간을 가동한 후에 안전을 점검한 뒤 사업자에게 인허가를 갱신하는 개념이라고 보면 될 것입니다. 설계수명 이후 계속운전을 하기 위해서는 안전성 강화 때문에 막대한 재원이 투입됩니다. 일반인에게는 설계수명이라는 용어가 이제 그 수명(life span)이 끝났으니 폐기해야 할 시설을 살려내는 것으로 느껴지지요. 이 위험한 노후 시설을 돈 들여 수리해서 또 가동을 한다고 보면, 상당히 위험해 보이는 거지요.

나도선 듣기만 해도 위험하게 들리지요.

좌장 김명자 계속운전에 대해 긍정적으로 말하면 친원전 편에 서서 무리한 주장을 하는 것이 되어버리고, 폐쇄하자고 말하는 것은 마땅히 해야 될 주장을 하는 것처럼 이분법적으로 보는 것 같습니다. 이렇게 계속운전 이슈를 본다면 커뮤니케이션이 제대로 이루어지는 것이라고 할 수 없을 것입니다. 여기에도 신뢰 문제가 따릅니다. 과연 철저히 안전운영을 할 수 있도록 보강을 했는가 등에 대한 신뢰입니다.

후쿠시마 사고가 난 원전도 설계수명을 다한 뒤 계속운전되고 있었던 것이었습니다. 2011년 4월 기준으로 일본은 51기의 원자로를 가동하고 있었는데 그중 15기는 30년 이상 가동된 것이었습니다. 노후화가 후쿠시마 사고의 원인이라고 말할 수는 없으나, 당시에 문제 제기가 된 사항 중에 계속운전의 허가 조건으로 20여 가지의 보강을 해야 한다는 전제조건이 있었는데, 그것이 제대로 지켜졌는가가 논란이 된 적이 있었거든요.

정성희 계속운전 여부가 당면 과제입니다. 제가 고리는 안 가봤고 월성은 멈춰 있는 것을 가봤습니다. 사실 계속운전에 대해서는 판단이 유보적이었고, 환경단체의 계속운전 반대 의견에 상당히 동의했었습니다. 그런데 현장을 가보고 생각이 많이 바뀌었습니다. 그래서 현장을 보고 듣는 커뮤니케이션의 중요성에 대해 다시 한 번 생각하게 됩니다.

월성의 경우는 재원을 많이 들여 장비나 배관 부분을 많이 교체해서, 가보니 당장 오픈했다고 해도 믿을 만큼 반짝반짝 새것처럼 되어 있었습니다. 그리고 후쿠시마 사고 이후 안전 강화로 또 추가 시설을 짓는 그 공사도 진행 중이었습니다. 다시 말해서, 원래 계속운전에 대해서는 환경단체의 반대 주장에 동의하는 편이었는데, 가서 현장을 보니 상당히 생각이 바뀌더라는 것이지요. 월성 원전이 이렇게 반짝반짝하게 신규 오픈한다고 해도 괜찮은 정도인데 이것을 닫는다는 것은 너무 비경제적, 비효율적이라는 생각이 드는 겁니다.

양이원영 월성의 어디를 보셨어요?

정성희 터빈 있는 데까지…….

양이원영 터빈은 주변 시설이고, 지금 교체한 것은 원자로 압력관입니다. 거기에는 접근할 수가 없지요. 방사능 때문에.

정성희 저희가 접근할 수 있는 데까지는 다 들어갔습니다. 접근이 제한된 곳은 물론 못 들어가지요. 아무튼 계속운전 여부가 확실히 결정되지 않았다면 왜 그렇게 많은 비용을 들여 보수를 하느냐가 쟁점이 될 것 같습니다. 그러나 이는 별도의 문제라고 생각합니다. 저도 원전을 많이 가봐서, 영국과 프랑스에서도 가봤고 한국에서도 많이 가봤습니다.

여러 나라의 원전을 방문한 경험을 바탕으로 다른 원전들과 비교하면서 느낀 점이 있습니다. 이번에 월성 원전 방문을 통해서 새로 교체한 내용에 대해 설명을 듣고 나니, 이만하면 계속운전을 해도 괜찮겠다는 생각이 들었습니다. 제가 비전문가이기 때문에 이 내용에 대해서는 기사를 쓰지도 않았고, 제 의견이 옳다고 주장하는 것은 아닙니다. 다만 커뮤니케이션 관점에서 원전과 관련된 어떤 사실에 대한 정보를 충분히 알게 되고 실상에 대한 접근이 가능하게 되면, 개개인이 스스로 판단하는 데 도움이 된다는 말씀을 드리고 싶습니다.

계속운전이냐 아니냐에 대하여 한정적인 정보를 가지고 논란이 빚어지는 것보다는 직접 원전에 들어가서 눈으로 보고 설명을 듣다 보면 판단이 서게 될 것입니다. 만일 계속운전이 가능한 원전을 포기했을 때 발생하게 될 국가적 예산 낭비, 결국 세금 낭비가 되는 측면도 무시할 수 없는데, 국민이 스스로 직접 판단할 수 있게 도와줄 수 있는 것이 실상을 정확히 아는 일이 될 것입니다.

따라서 전문가가 아니더라도 일반인들에게 이런 정보를 충분히 제공하는 것이 중요하다는 말씀을 드립니다. 제가 반드시 옳다고 주장하는 것은 아니지만, 직접 경험을 통해 생각이 정리되고 느낌으로 변화가 일어나면서 결론을 낼 수 있기 때문에 말씀드린 것입니다. 다시 말해서 이 현안에 대한 커뮤니케이션에서 중요한 것은 계속운전을 포기하는 경우 결과적으로 어떠한 문제들이 생긴다고 일방적으로 홍보를 하는 것보다는 판단의 자료를 충분히 제공하는 것이 가장 좋은 홍보라는 생각입니다.

양이원영 저는 김명자 회장님께서 여론조사 관련해서 토론을 하신다고 해서, 개인적으로 관심이 많고 그동안 자료를 모아놓은 것도 있어서 그 얘기만 한두 시간 하면 되겠구나 생각하고 왔습니다. 그런데 전반적으로 얘기를 할 수 있는 기회를 많이 주셔서 감사합니다. 제가 원자력은 무조 건 위험하므로 나쁘다는 식으로 말씀드리는 것 같아서 불편할 수도 있겠 지만, 이런 내용과 정보에 대해 저희 말고는 말씀하는 분이 별로 없기 때문에 제가 좀 말을 많이 하게 되는 것 같습니다.

좌장 김명자 자유롭게 말씀하십시오. 원자력에 대해서 비슷한 생각을 가 진 사람들끼리만 모여서 토론하는 것은 그리 의미기 없다고 봅니다. 마 찬가지로 반핵 측의 인사들만 모여서 얘기하는 것도 그렇습니다. 원자력 에 대해 다양한 관점을 가진 분들이 모이고, 또한 관심은 있지만 토론의 기회를 가지지 못한 다른 분야의 전문가와 일반인이 두루 모여서 의견을 털어놓는 것이, 서로를 이해하고 견해 차이를 좁힐 수 있는 지름길이라 고 생각합니다.

양이원영 후쿠시마 원전 사고에 대해 다른 원인이 있다는 논의들이 있습 니다. 쓰나미 때문이다, 아니면 지진 때문이다, 아니면 자연재해에 제대 로 대처하지 못한 도쿄전력주식회사 때문이다 등 여러 추론이 있었습니 다. 도쿄전력주식회사가 민간 재산인 원자력 발전소에 바닷물을 쏟아 부 어 원전을 포기할지 여부에 대해 결정을 못 내리고, 총리의 재가를 받아 야 된다며 미적미적했다는 지적도 있습니다. 당연히 주가 폭락에 원전 포기로 인한 손실이 엄청났을 거니까요. 사고 이후 그 원인에 대해서는 국회 보고서, 도쿄전력 보고서, 정부 보고서에 따라 각양각색이었는데, 어쨌든 여러 가지 원인이 지적되고 있었습니다.

후쿠시마 원전 사고에서 얻어야 할 가장 중요한 교훈은, 회장님께서 말씀하신 것처럼 원전의 안전신화가 무너진 것이라고 생각합니다. 무엇보다도 원전 사고는 피해가 그 당대에 그치는 것이 아니고 후대까지 계속 이어집니다. 체르노빌 원전 사고가 난 지 27년이 됐는데 여전히 반경 30킬로미터 안에는 접근을 못 하고 있습니다. 다행히 후쿠시마 원전 사고에서는 그처럼 방사능 오염이 심하지는 않았고, 토양을 오염시킨 것이 아니라 바다를 오염시켜 희석이 되었기 때문에 상대적으로 피해가 적을 수 있었습니다. 그러나 어쨌든 그 피해가 계속 후세에게 이어진다는 것은 다른 어떤 사고와도 비교할 수 없는 재난입니다. 그래서 저 같은 아이 엄마와 여성들이 더 민감하게 반응하는 것이라고 생각합니다.

그래서 사고가 안 나는 것이 제일 중요한데 안 날 수가 없다는 것을 체험한 것입니다. 이것이 무엇보다도 원전 지지에 대한 중요한 판단 기준이 되는 것 같습니다. 원전은 안전하고 사고가 나지 않을 것이라고들 이야기해왔는데, 세계적으로 미국, 프랑스와 어깨를 겨루는 일본에서 사고가 난 것입니다. 원전 안전규제가 강해서 가동률도 70퍼센트밖에 안 되는 일본에서 사고가 발생하고 보니 충격을 받은 것이지요. 우리도 사고가 안 난다는 전제가 아니라 사고가 난다는 전제하에 모든 것을 준비해야겠다는 인식 전환이 중요한 시사점이라고 생각합니다.

좌장 김명자 안전이란 절대적이 아닌 상대적인 개념입니다. 중요한 것은 원전의 기계적 결함보다 주민의 신뢰를 잃어버린 것이 문제입니다. 주민과 충분한 소통을 하고, 주민이 납득하여 그 결정을 수용할 때 재가동을 하는 것이 앞으로의 국민 수용성 확보와 사회적 공감대 형성에 옳습니다.

양이원영 원자력 안전신화가 무너졌다는 뜻은 원전 사고는 100만 년에 한 번, 1,000만 년에 한 번 발생한다는 확률적 통계 수치로는 커뮤니케이션이 안 된다는 것을 의미합니다. 사고가 일어난다는 전제하에 방재계획, 피난계획, 대처계획, 기상계획, 직원들의 대응 매뉴얼 등이 모두 마련되어야 합니다. 후쿠시마 원전에서는 방사능 오염물질을 다 거르고 그 안에 몇 달 동안 먹을 식량이 보관되어 있는 면진동(免震棟)이라는 건물을 사고가 나기 1년 전에 완공을 했다고 합니다. 만약에 그 건물이 없었더라면 사고 후 수습에 더 큰 어려움을 겪었을 테고 더 큰 사고로 번졌을 겁니다. 그나마 그 건물이라도 있어서 사고 수습을 위해 희생된 노동자들이 대피할 수 있었던 겁니다. 우리 월성 원전의 경우 그런 건물도 없는데, 이런 부분도 국제원자력기구로부터 지적을 받고 있습니다.

그래서 원전 안전 문제에 대해서는 원전 전기를 쓰는 사람들이 실제로 사고가 일어난다는 전제하에 사회적 긴장감과 책임을 가지고 준비를 철저하게 해야 합니다. 문화재단이나 한국수력원자력에서도 그런 전제로 일을 하고 얘기하시면 좋겠습니다. 한국수력원자력에서 상당히 억울하시겠지만, 중수 누출 사건에 대해서 우리 단체가 강경하게 말씀을 드린 이유가 있습니다. 이틀이나 지났으면 사실 내용을 다 파악할 만도 한데, 늦게 보고했고 그나마 데이터도 정확하지 않았기 때문입니다. 특히 일부 회수했다고만 보고했으면 괜찮은데 전량 회수했다고 보도자료를 냈기 때문에 모든 언론사가 그렇게 보도를 했습니다.

그런데 주민에게 보고한 데이터에는 공기 배출이 됐다고 했습니다. 이렇게 소통을 하면 신뢰가 떨어진다는 점을 말씀드리는 겁니다. 만약 보고 시점에서 모든 데이터가 정확하지 않았다면 전량 회수했다고 쓰지말고 그냥 일부 회수했고 최대한 다 회수하도록 노력하겠다고 해주시는 것이 오히려 신뢰를 잃지 않을 것입니다. 앞으로는 즉각적인 경계, 정확하지 않은 데이터면 여지를 남겨두고 사실 그대로를 전달하는 노력이 필요하지 않을까 합니다. 그렇지 않으면 저희 같은 운동가들은 계속 뭐라고 할 겁니다. 그러면 계속 신뢰가 떨어지는 것이고요. 이런 부분을 잘 들으셔서 꼭 좀 부탁드립니다.

월성 원전 시찰에 대해 말씀하셨는데, 신월성 1, 2호기 원자로를 앉힐 때 지역주민에게 보여준다고 경주 환경운동연합에서 연락이 왔었습니다. 정말 직접 가서 보고 싶었습니다. 보통 원전 시설을 견학하게 되면, 중앙제어실, 터빈, 사용후핵연료 저장소 모두 깨끗하고 반짝반짝 합니다. 울진에서 방사능 누출 사고가 났을 때, 원자로 인근까지 간 적이 있습니다. 마침 그때가 아기를 낳기 전이라 고민을 하다가 방호장비를 착용하고 들어갔는데 그렇게 들어가는 경우는 매우 드물다고 합니다. 그런데 신월성 1, 2호기 때는 새로 앉히는 거니까 방사능이 없는데다가 원자로 내부까지 들어갈 수 있는 좋은 기회라서 기대하며 신청을 했지만, 결국 안 된다고 해서 못 가봤습니다.

좀 열린 자세였으면 좋겠다는 생각도 들었지만 제가 좀 미운 털이 박혔구나 하는 생각도 들었습니다. 아무튼 저는 안 된다고 했습니다. 원래 지역 환경운동연합에는 보여준다고 했던 것인데, 거기에 제가 낀다고 해서 결국 모두 취소된 것입니다. 결국 지역 운동가들도 못 보게 되었지요.

이번 월성 1호기도 그렇게 안쪽으로는 못 들어가셨을 겁니다. 압력관 교체를 하더라도 그 밖에 있는 부분들이 모두 방사능에 오염이 되어 있기 때문에 접근하기가 힘들어서 대부분 원격조정하고 있는 것으로 알고 있습니다. 원자로를 제외하고는 모두 교체를 했으니 아마도 많이 좋아졌을 거라고는 생각합니다. 그러나 저희가 여전히 의구심을 가지는 이유는 캐나다는 2조 원 내지 4조 원인가를 들여 보수했는데, 우리나라는 7,000억 원을 들여서 일부 설비를 교체했다고 하는 대목입니다. 도대체 그 두 경우의 차이가 무엇일까 하는 것입니다. 캐나다 쪽은 비용이 그렇게 더 많이 들고도 결국은 계속운전을 안 한다고 결정했는데, 우리는 7,000억 원을 들여서 연장해서 계속운전을 한다고 하는 결과가 되니 좀 불안한

감이 드는 겁니다.

정성희 캐나다도 CANDU 모델 4기를 계속운전 하는 것으로 알고 있습니다.

양이원영 하나를 그렇게 결정했고요. 젠틀리(Gentilly) 2호기는 폐쇄하기로 결정했고, 지금 나머지도 논의 중이랍니다. 비용이 가장 많이 들어간 것이 6조 원에서 7조 원 늘어갔고, 싸게 들어가면 한 2조 원 들어가는 것으로 알려져 있습니다. 이 얘기 들으니 한국과 캐나다의 안전규제에 관해 좀 비교할 필요가 있지 않나 하는 생각이 드는 겁니다.

그리고 수명 연장이라는 용어에 대해 말씀드리면, 수명은 영어로도 'life span'이라고 하지 않습니까. 저도 작년에 고리 1호기 문제를 다루면서 배웠습니다. 도쿄대 금속재료공학과의 교수님 설명을 들어보니, 화력발전과는 차원이 다르게 핵분열 반응을 이용하는 것이므로 반응 과정에서 중성자가 나온다는 것입니다. 그래서 비유하자면 골다공증 걸리는 것처럼 금속 중간 중간에 틈새가 텅텅 비게 된다는 겁니다. 그래서 영하 20-30도에서나 성질이 변하는 금속이라도 그 자체가 실온에서 유리처럼 성질이 변한다는 겁니다. 고리 1호기가 지금 그런 상태라는 거지요. 그래서 원전은 설계수명이 정해져 있다는 겁니다.

그 수명이 최근에는 60년까지 늘어났습니다. 핵분열에서 나오는 중성사가 되도록이면 그 원자로 벽에 안 맞게 하기 위해서 중간에 차단벽을 하나 더 설치한다거나 아니면 핵연료를 돌려가면서 핵분열을 시키는 방식으로 바뀌었기 때문이랍니다. 핵분열이 많이 되는 경우 중성자가 많이 나오니까 밖으로 안 나오게 안으로 넣는 것입니다. 그렇게 조정하면서 40년, 50년, 60년으로 가동이 연장되는 것입니다. 그런데 과거에는 그런 방식이 아니었고, 고리 1호기도 그렇기 때문에 30년이면 거의 끝나는 것이므로 연장하지 말아야 한다는 것이 우리 쪽 의견입니다.

나도선 그런데 원자력 과학자들은 왜 된다고 하는 것입니까?

양이원영 그게 입장 차이에서 나오는 것이지요. 근거로 삼는 데이터나 수치는 별로 다르지 않습니다. 숫자는 똑같은데 그것을 해석하고 분석하고 판단하는 것에서는 입장에 따라 결론이 달라지는 것이라고 말할 수 있을 것 같습니다.

나도선 제 생각에는 만일 서로 근거로 삼고 있는 데이터가 같다고 한다면, 그 데이터를 바탕으로 객관적으로 판단해서 결론을 내야 할 것이므로 입장에 따라 달라지는 일은 없어야 하고, 그렇게 되는 건 곤란하다고 생각합니다.

양이원영 보는 시각에 따라 다르지요. 안전규제를 예를 들면, 제가 유리처럼 변한다고 말씀드린 기준 온도를 우리나라는 150도까지 올렸고, 일본은 98도를 기준 온도로 삼고 있습니다. 그래서 일본의 기준으로 보면 우리나라 원자로는 폐쇄되어야 한다는 뜻입니다. 그러나 우리나라는 수명 연장을 더 많이 하고 있는 편인 미국의 경우를 따라가다 보니, 규제를 완화시킨 것입니다. 어떤 사람은 이 정도로 충분히 안전하다고 말하고 어떤 사람은 더 강화해야 한다고 하는 것이 두 가지 입장이고, 그래서 서로 다른 겁니다. 다시 말해 기준치가 나라마다 다른 것입니다.

　우리는 판단을 정확히 해야 되는 것이지요. 우리의 안전문화나 가동 수준을 고려할 때 이 정도 안전여유도가 괜찮은 것이냐 아니면 더 강화해야 하는 것이냐의 판단이 필요합니다. 그 판단은 과학자가 하는 것이 아니라 정책결정자가 합니다. 과학자는 데이터를 보여주는 역할을 하는데, 데이터는 속이지 않습니다. 중요한 것은 데이터를 공개하느냐 안 하느냐의 문제인데, 데이터를 공개 안 하는 것이 문제입니다.

현재 안전성 분석 보고서 데이터가 공개되지 않고 있습니다. 그것을 저희는 문제로 봅니다. 기준치에 대한 판단은 그 다음 단계의 문제입니다. 말씀하신 것처럼, 원전은 한국수력원자력 재산이고 그 수명이 10년 더 늘어나는 것에 무슨 큰 차이가 있는지에 대한 질문이 있을 수 있습니다. 경제성 말씀을 하셨는데, 감가상각 기간이 보통 건물은 30년이고 장비는 15년입니다. 즉 30년이 지나면 감가상각이 다 끝나기 때문에 비용으로 안 잡히는 겁니다. 하지만 생산은 되니까 킬로와트가 올라가는 겁니다. 그러면 단가가 떨어지고 경제성이 올라가는 것입니다. 이런 수치들이 경제성 논란 뒤에 숨어 있는 사실을 지적하고 싶습니다.

나도선 설계수명을 연장해서 계속운전을 할 것인가를 결정하는 문제에서 과학자는 데이터만 보여주고 정책결정자들이 결국 정치적 판단에 의해 결정한다고 하면, 그것이 올바른 결정이 되지 않을 가능성이 있다고 봅니다. 그 중요한 사안에 대해서 분석 결과에 의한 과학적 판단을 해야지 어떻게 정치적 판단으로 한다고 말할 수 있는지, 설명이 좀 필요할 것 같습니다.

좌장 김명자 보충 말씀을 드리자면, 미국이 상업발전으로는 선도국가로서 현재도 2013년 기준 전 세계의 총 435기의 원자로 가운데 4분의 1 수준인 104기를 운전하고 있습니다. 미국은 지난 10년 동안 설계수명이 다한 약 30기의 원전을 20년씩 연장했습니다. 그런데 한국은 40년이 지나면 모두 폐쇄해야 한다는 것도 국제적 규정에는 맞지 않습니다. 물론 걱정할 것 없이 다 폐쇄하는 것도 방법이겠지만 에너지 대안이 있어야 하니까요. 그런 논의를 제대로 할 필요가 있다고 봅니다.

결국 이 문제도 정부 당국과 원자력 산업의 운영에 대한 신뢰로 귀결되는 것이 아닌가 합니다. 미국의 경우 역시 수명 연장 조치에 대한 신뢰가 있기 때문에 연장 조치가 계속되고 있다는 것이죠. 원자력계가 내리는 판단에 대해서 신뢰가 부족하기 때문에 민간 쪽에서 문제 제기를 하고 있는 것이라는 인상을 받습니다. 그런데 저는 같은 과학자 출신으로서, 원자력계의 판단을 전폭 신뢰하는 것은 아니지만, 원전 수명 연장에 문제가 있음에도 그것을 인식하면서 괜찮다고 말할 만큼 비도덕적이라고 보지는 않습니다.

나도선 위험성 문제를 인식하고도 괜찮다고 말하면서까지 원자력계 스스로가 그 큰 위험부담을 지지는 않는다고 봅니다. 본인들이 직접 운전해야 하고, 안전에 이상이 생기는 경우에는 가장 위험한 곳에서 피해를 직접 받게 되는 사람들 아닌가요.

양이원영 정성희 회장님이 말씀하신 전기 사용 책임에 대해서 보충말씀 드리겠습니다. 기후변화는 이미 시작되었습니다. 기후재앙을 막으려면 세계 각국에 온실가스 할당량이 정해져야 합니다. 최악의 기후재앙을 막으려면 산업화 이후에 비해 지구 온도가 섭씨 2도 이상 상승하면 안 된다고 합니다. 지구 전체로는 온도 상승 폭이 섭씨 2도 미만인데, 우리나라는 2도를 넘었습니다. 그런데 상승 폭 2도를 유지하려면 1989년 이후 기준으로 1인당 2.6톤에서 3.3톤 사이의 온실가스를 배출해서는 안 됩니다. 그런데 미국은 22톤을 내뿜고 있습니다.

좌장 김명자 미국의 에너지 소비 행태가 가장 문제가 되고, 그것이 개도 국의 발전 모델처럼 되고 있는 것이 문제이지요.

양이원영 예. 그런데 우리도 만만치 않습니다. 2006년 자료를 기준으로 계산해보니, 우리나라는 12.4톤을 배출합니다. 제가 이렇게 말씀드리는 것은 기자님께서 쓰신 기사에 누군가가 성명서를 냈다고 했는데, 저희는 아닐 것이라고 생각해서입니다. 또 제가 알기로는 녹색연합도 그런 입장 은 아닌 것으로 알고 있습니다. 전체 배출량 12.4톤에서 가정과 상업 부 문은 1.18톤입니다. 우리나라 1인당 전기 소비가 독일, 일본보다 높은데, 우리 GDP는 그렇지 않지요. 그런데 전기 사용량은 그렇게 여전히 높습 니다. 열심히 허리띠 졸라매야 한다고 하는데, 가정용은 다른 나라에 비 해 절반도 안 쓰는 겁니다. 산업용이나 상업용은 독일이나 일본에 비해 2-3배를 더 많이 쓰는 겁니다. 말씀드린 것처럼 전기를 필수적이지 않은 곳에 50퍼센트 이상 낭비하고 있으니 1인당 전기 소비가 크게 늘어나는 겁니다.

그럼에도 불구하고 저희는 가정과 상업 부문에서 쓰는 1.18톤도 더 줄 이자고 합니다. 우리가 먼저 실천을 해야 누군가에게 같이 줄이자고 말 할 수 있기 때문입니다. 저희는 작년에 활동가들과 함께 2톤으로 생활하 기 운동을 했습니다. 자전거를 타는지 뭘 먹는지 등을 포함하여 우리가 쓰는 모든 자원이 다 계산되어 12.4톤이라는 수치가 나왔는데, 온실가스 를 가장 많이 배출하는 것이 소고기 때문입니다. 소고기는 호주산이나 뉴질랜드산이 대부분이고 그곳에서 에너지가 가장 많이 들고 온실가스 가 가장 많이 배출이 되는 겁니다. 따라서 먹는 것부터 달라져야 된다고 생각해서 이런 실천운동을 하고 있습니다.

기자님이 말씀하신 것처럼 산업용의 온실가스 배출이 크기 때문에 책임 전가를 일반 국민이나 가정에게 하지 말자는 뜻에서 성명서가 나오지 않았나 짐작합니다. 우리가 전기를 막 쓰자는 입장이 전혀 아닙니다. 혹시 그 성명서로 충격 받으셨나 해서 제가 대신 설명을 드립니다.

이헌규 이전에 원자력 국장을 할 때 가동 중 안전성 평가제도를 도입했습니다. 당시 상당히 논란이 컸었습니다. 그런데 이번 수명 연장 과정에서 10년 동안 계속 추적한 데이터가 결국은 연장하는 데 큰 도움이 되었습니다. 과학적인 데이터이기 때문입니다. 앞으로도 그런 가동 중 데이터가 계속 축적되어야만 향후 계속운전 여부를 결정할 때 과학적 근거 자료가 될 수 있다고 생각합니다.

좌장 김명자 오랜 시간 열띠고 알찬 토론에 진심으로 감사드립니다. 우리가 논의하는 과정에서 합의를 이룬 것 같은데, 원자력 학교와 탈핵 학교에서 서로 몇 분씩을 교환해서, 이를테면 환경운동연합에서 다섯 분이 원자력 학교에 가시고, 한국수력원자력과 문화재단에서 다섯 분은 이쪽 탈핵 학교에 가셔서 서로 이해할 수 있는 기회를 만들면 좋겠습니다. 서로 소통을 배우고 실제로 하는 소중한 경험이 될 것 같습니다.

양이원영 서울대에 원자력 전문가 과정이 있는데 그곳에 저희 활동가들을 보냅니다. 그리고 다른 단체에도 가서 좀 들어보시라고 합니다. 사실 저희도 공부를 해야 하기 때문에 좋은 일입니다.

나도선 그런데 마지막으로 여쭤보고 싶은 것이 있습니다. 그렇게 공부하는 것이 자신의 입장을 강화하기 위한 것인지, 아니면 정말 소통해서 생각을 조금이라도 바꾸거나 영향을 받을 수 있다는 열린 자세로 참여하는 것인지가 중요하지 않겠습니까? 서로 영향을 받지 않으려는 태도를 가지고 만나면 헛수고가 아닐까요. 우리 여성과학자들도 마찬가지예요. 내 생각이 조금이라도 바뀔 여지를 가지고 있지 않다면 배우러 가는 것이 무슨 의미가 있겠습니까?

양이원영 저는 1995년부터 이 활동을 시작했는데 초기에는 분노와 적대심이 매우 강했습니다. 상대방을 나쁜 사람으로 보고 감정적으로 대응하는 경향도 있었고 반대편을 잘 이해하지 못했습니다. 그런데 시간이 지나면서 입장의 차이가 있고, 삶의 방식도 다르고, 가치관도 다르고, 그래서 진보도 있고 보수도 있고, 원자력 찬성도 있고 반대도 있다는 것을 알게 됐습니다. 그렇다면 서로 다른 것을 인정하는 가운데 함께 소통할 수 있는 접점은 없을까라는 고민을 하게 됐습니다.

저의 입장이나 가치관도 분명히 존재합니다. 그리고 입장과 가치관이 정해진 배경과 이유도 물론 있겠지요. 하지만 이제 상황 인식은 대화를 통해 달라지거나 사건에 의해 변화할 수도 있다는 것을 알고, 그 변화에 대해 방어하지는 말자는 생각을 합니다. 예전에는 좀 방어하는 편이었던 것 같습니다. 이제는 많이 다릅니다. 제가 하는 이야기가 맞는지 틀리는지를 충분히 검증해주시기를 바랍니다. 검증받는 것이 저에게도 유익하고, 사실 그런 과정을 통해 시민들하고도 더 가깝게 신뢰를 가지고 대화할 수 있다고 생각합니다.

나도선 평생 과학을 전공하면서 살아온 사람으로서 제가 말씀드리는 취지는 이렇습니다. 과학자도 과학활동을 통해 환경을 개선하기 위해 노력하고 있음에도 마치 과학자는 그런 것에 전혀 관심 없는 사람처럼 비춰지는 것이 안타까운 것입니다. 제가 양 국장님께만 드리는 말씀이 아니고, 환경단체들도 자신의 목소리만 높일 것이 아니라 과학자의 이야기도 듣고 그들의 입장을 좀 이해해가는 것이 좋을 것 같다는 겁니다.

양이원영 예, 알겠습니다.

좌장 김명자 과학자가 사회적으로 신뢰를 받고 사회적 책임을 다하는 것이 매우 중요한 시대가 되었습니다. 과학기술의 영향력이 유례없이 커진 가운데, 급격한 기술혁신의 변화 속에서 기술위험이 커지고 있고, 그로 인해 과학기술 관련 사회적 쟁점과 갈등이 많아지고 있기 때문입니다. 원전 논란은 그 대표적 사례라고 할 수 있습니다. 결국 우리의 핵심 과제는 신뢰 쌓기가 되는 것 같습니다. 신뢰가 있다면 여론은 염려하지 않아도 자연스레 한편이 되어줄 것입니다. 감사합니다.

(사)한국여성과학기술단체총연합회 사업 목록

2013년

4. 3   2013 여성과학기술인 연차대회, 국민행복의 새 시대를 여는 여성 1부
"여성과학기술인, 봄날은 온다."
좌장 : 백희영 서울대 교수 | 기조발제 : 강성모 카이스트 총장 | 장소 : 한
국 과학기술회관 대회의실 | 주최 : 여성과총, 한국 여성과학기술인지원센
터 | 후원 : 미래창조과학부

4. 3   2013 여성과학기술인 연차대회, 국민행복의 새 시대를 여는 여성 2부
"여성과학기술계가 뛴다, 국민행복 시대를 여는 과학기술과 복지", 여성과
총 단체지원 사업 SHE 행복 프로젝트 발표회
기조발제 : 김명자 여성과총 회장 | 장소 : 한국 과학기술회관 대회의실 |
주최 : 여성과총 | 후원 : 미래창조과학부

3. 15   "여성과총 단체지원 사업 어떻게 할 것인가?, 과학기술과 복지 SHE
행복 프로젝트"
기조발제 : 김명자 여성과총 회장 | 장소 : 한국 과학기술회관 소회의실 I
| 주최 : 여성과총

3. 15   국회 Bio-Industry Forum, "미래 의료와 새로운 성장 엔진"
기조발제 : 이제호 대한유전의학회 회장 | 장소 : 국회의원회관 1003-1호 |
주최 : 국회의원 오제세(민주통합당 충북 청주 흥덕구갑), 국회의원 박인숙
(새누리당 서울 송파갑) | 주관 : 여성과총, 국회 과학기술혁신포럼, 한국
과학기술한림원

2. 27   원자력 커뮤니케이션 포럼, "원자력 발전 관련 국내외 여론조사 비교"
기조발제 : 최정희 여성과총 사무총장 | 장소 : 달개비(서울시 중구 정동) |
주최 : 여성과총

1. 22   여성과총 사업 "2012년을 돌아보고 2013년을 내다본다."
기조발제 : 최정희 여성과총 사무총장 | 장소 : 한국 과학기술회관 국제회
의장 소회의실 II | 주최 : 여성과총

2012년

12. 7   사용후핵연료 공론화 이슈 토론회 "사용후핵연료 공론화 적절한가?"
기조발제 : 김명자 여성과총 회장 | 장소 : 쉐라톤 그랜드 워커힐 호텔 무궁
화홀 | 주최 : 여성과총, 한국과학기자협회 | 후원 : 한국과학창의재단

11. 20   60회 여성 리더스 포럼 "여성과학기술인의 학술단체 참여 활성화 방안"
좌장 : 나도선 울산대학교 서울아산병원 교수 | 기조발제 : 조은희 조선대
학교 교수 | 장소 : 한국 과학기술회관 국제회의장 소회의실 | 주최 : 여성
과총, 한국과학기술단체총연합회

11. 13   여성과총 37개 단체 학술대회
좌장 : 차은희 호서대학교 교수 | 기조발제 : 최금숙 한국여성정책연구원 |
장소 : 한국 과학기술회관 대회의실 | 주최 : 여성과총

11. 13　"생물다양성 보전과 지속 가능 발전 공동 심포지엄"
좌장 : 손영숙 경희대 교수 | 기조발제 : 백규석 환경부 자연보전국장, 강병영 아모레퍼시픽 상무 | 장소 : 한국 과학기술회관 대회의실 | 주최 : 여성과총 | 후원 : 아모레퍼시픽

11. 12　2012 한중일 여성 원자력 안전 포럼
기조발제 : 김명자 여성과총 회장, Duan Hui Deputy General Manager (CNNC), Fujita Reiko Engineer(Toshiba Power Systems Company) | 장소: 서울대학교 호암 교수회관 무궁화홀 | 주최 : 여성과총

11. 12　2012 한중일 여성 과학기술 리더스 포럼 "과학기술 거버넌스와 여성 인력"
기조발제 : 이혜숙 한국여성과학기술인지원센터 소장, Ye Qian President (Shanghai Women Engineer's Association), Miyoko O. Watanabe(Toshiba Co.) | 장소 : 서울대학교 호암 교수회관 무궁화홀 | 주최 : 여성과총, 한국여성과학기술인지원센터

11. 9　환경기술개발사업 20주년 기념식, "환경 R&D 20년, 회고와 전망"
좌장 : 김명자 여성과총 회장 | 기조발제 : 문길주 KIST 원장, 정동일 KEITI 환경기술 본부장, 이재규 카이스트 교수, 이철 포스코 건설 전무 | 장소 : JW 메리어트 호텔 그랜드볼룸 | 주최 : 환경부, 한국환경산업기술원 | 주관: 여성과총

10. 31　원자력의 비전과 국정의 과제, "한국의 원자력, 어떻게 나아갈 것인가?"
좌장 : 김명자 여성과총 회장 | 기조발제 : 김종경 한양대학교 교수 | 장소: 일산 킨텍스 제1전시장 3층 컨퍼런스룸 | 주최 : 여성과총, 한국원자력학회, 과우회, 한국기술경영연구원, 전자신문 | 후원 : 교육과학기술부, 지식경제부

10. 19　"과학기술 행정체제 패널 토론 시리즈 II ─ 과학기술 추진체계"
좌장 : 김명자 여성과총 회장 | 기조발제 : 홍사균 과학기술정책연구원 선임연구원, 홍형득 강원대학교 교수 | 장소 : 팰레스 호텔 1층 로열 볼룸 주최 : 여성과총, 국회입법조사처, 한국행정학회

9. 25　"원자력 발전 찬반 논리를 점검한다", 전문가 원탁 세미나-융합시민강좌
기조발제 : 김명자 여성과총 회장 | 장소 : 서울대학교 신양학술정보관 III (16-1동) 406호 | 주최 : 여성과총, 서울대학교 과학문화 연구센터-지식 융합과 미래 과학기술과 사회(STS) 연구단

9. 24　"청소년 인터넷 건전 문화 정착을 위한 학부모 워크숍"
기조발제 : 배주미 한국청소년상담복지개발원 박사 | 장소 : 한국 과학기술회관 국제회의장 | 주최 : 여성과총, 여성가족부 | 후원 : 조선일보, 한국청소년활동진흥원, 한국교원단체총연합회

9. 24　"청소년 인터넷 건전 문화 정착을 위한 청소년 포럼"
좌장 : 김동일 서울대학교 교수 | 초청강연 : Dr. Mark Griffiths (Nottingham Trent University) | 장소 : 한국 과학기술회관 국제회의장 | 주최 : 여성과총, 여성가족부 | 후원 : 조선일보, 한국청소년 활동진흥원, 한국교원단체총연합회

9. 24　"청소년 인터넷 건전 문화 정착을 위한 국제 포럼"

좌장 : 오경자 연세대 교수 | 초청강연 : Dr. Mark Griffiths (Nottingham Trent University), 김대진 가톨릭대학교 교수 | 장소 : 한국 과학기술회관 국제회의장 | 주최 : 여성과총, 여성가족부 | 후원 : 조선일보, 한국청소년 활동진흥원, 한국교원단체총연합회

8. 29   50회 여성 리더스 포럼 "각계 전문가-언론인이 함께하는 2012 원자력 이슈" 원탁회의
좌장 : 김명자 여성과총 회장 | 기조발제 : 이은철 서울대학교 교수 | 장소 : 한국프레스센터 19층 국화실 | 주최 : 여성과총, 한국원자력학회, 한국과학기자협회, 한국원자력안전아카데미, 과우회, 한국기술경영연구원

8. 16   "원자력 발전 찬반 논리를 점검한다" 토론 세미나
좌장 : 김명자 여성과총 회장 | 기조발제 : 박진희 동국대학교 교수, 조성경 명지대학교 교수 | 장소 : 한국 과학기술회관 3층 회의실 | 주최 : 여성과총

8. 11   한미 과학자 대회(US-Korea Conference on Science and Technology), 여성과총 포럼, "원자력 안전 커뮤니케이션"
기조발제 : 김명자 여성과총 회장, 김석호 박사(Oak Ridge National Laboratory) | 장소 : 미국 캘리포니아 주, 하야트 리젠시 오렌지 카운티 호텔 | 주최 : 여성과총, 한국과학기술단체총연합회, 한미과학협력센터

7. 28   유럽-한국 과학기술 학술대회(EU-Korea conference), 여성과총 포럼, "국제 에너지 환경과 원자력"
기조발제 : 김명자 여성과총 회장, 유정하 박사(Mas-Planck-Institute), 전창훈 박사(ITER International) | 장소 : 독일 베를린, 에스트렐 호텔 | 주최 : 한국과학기술단체총연합회, 재독한국과학기술자협회, 여성과총

7. 9   "원전 반대 논리에 대한 검토", 전문가 원탁회의
좌장 : 김명자 여성과총 회장 | 기조발제 : 박세문 세계여성원자력전문인협회 회장 | 장소 : 한국 과학기술회관 소회의실 | 주최 : 여성과총, 한국사회과학협의회

7. 6   "과학기술과 정치", 과총 2012 대한민국 과학기술 연차대회 심포지엄
좌장 : 김명자 여성과총 회장 | 기조발제 : 홍성욱 서울대학교 교수, 김문조 고려대학교 교수 | 장소 : 서울 코엑스 1층 그랜드볼룸 | 주최 : 한국과학기술단체총연합회 | 주관 : 여성과총

7. 5   과총 2012 대한민국 과학기술 연차대회 심포지엄, "과학기술과 여성"
좌장 : 김명자 여성과총 회장 | 기조발제 : 조은희 조선대학교 교수 | 장소 : 서울 코엑스 | 주최 : 한국과학기술단체총연합회 | 주관 : 여성과총

7. 3   "과학기술, 여성, 리더십을 말하다", 패널 토론 시리즈 II,
좌장 : 김명자 여성과총 회장 | 발표 : 이혜진 연세대학교 시스템 생물학부, 김리나 서울대학교 에너지시스템 공학부 | 장소 : 롯데호텔 사파이어홀 | 주최 : 여성과총, 한국여성과학기술인지원센터, 과학기술정책연구원

6. 28   "과학기술 패러다임의 변화와 행정체제", 패널 토론회,
좌장 : 김명자 여성과총 회장 | 기조발제 : 김성수 한국외국어대학교 교수, Emanuel Yi Pastreich 경희대학교 교수 | 장소 : 국회도서관 소회의실 | 주최 : 여성과총, 국회입법조사처, 박인숙 국회의원(새누리당, 서울 송파갑), 이상민

국회의원(민주통합당, 대전 유성구) | 후원 : 한국여성과학기술지원센터

6. 25 "고령화 사회를 대비하기 위한 지역 CEO 초청 포럼"
초청강연 : 석경호 경북대학교 의학전문대학원 교수, 김광중 대구한의대학교 한의학과 교수 | 장소 : 안동대학교 국제교류관 중회의실 | 주최 : 대구경북여성과학기술인회 | 후원 : 여성과총

6. 15 "원자력 찬반 논리를 점검한다", 전문가 원탁회의
기조발제 : 김명자 여성과총 회장 | 주최 : 여성과총, 카이스트 과학기술정책대학원

5. 5. 2012 AASSA 국제 워크숍, "Regional Workshop on Women in Science"
기조발제 : 조은희 조선대학교 교수, 나도선 울산대 서울아산병원 교수 | 장소 : 아제르바이잔 바쿠 | 주최 : Association of Academies and Societies of Sciences in Asia, Azerbaijan National Academy of Sciences / Global Network of Science Academies(IAP) | 주관 : 여성과총

4. 26 원자력 대국민 토론회, "에너지 확보와 원자력, 바람직한 해법은 무엇인가?"
기조발제 : 김명자 여성과총 회장, 양이원영 환경운동연합 탈핵 에너지 국장 | 장소 : 세종문화회관 세종홀 | 주최 : 여성과총, 한국과학기술단체총연합회, 한국원자력학회, 한국과학기자협회, 과우회, 한국기술경영연구원

4. 24 "과학기술과 정치, 새로운 정치" 원탁회의
기조발제 : 김명자 여성과총 회장 | 장소 : 한국 과학기술회관 지하1층 소회의실 | 주최 : 여성과총

4. 6 "과학기술, 여성, 리더십을 말하다" 패널 토론 시리즈 1
기조발제 : 김명자 여성과총 회장 | 장소 : 플라자 호텔 다이아몬드홀 22층 (서울 중구 태평로 2가) | 주최 : 여성과총, 한국여성과학기술인지원센터

3. 6 "2012년 3월, 원자력을 어떻게 볼 것인가?"
기조발제 : 김명자 여성과총 회장 | 장소 : 대전 카이스트 KI 빌딩 1층 퓨전홀 | 주최 : 여성과총 | 주관 : 카이스트 | 후원 : 한국원자력학회

2. 27 "노인요양시설 서비스, 무엇이 문제인가 : 과학기술 시스템 측면의 개선 방안"
기조발제 : 김용하 한국 보건사회연구원 원장 | 장소 : 국회의원회관 소회의실 | 주최 : 여성과총 | 주관 : 국회의원 정장선(민주통합당), 국회의원 박인숙(새누리당 서울 송파갑) | 후원 : 생명보험협회

2. 6 과학전문기자 대상 원자력 커뮤니케이션 포럼 계획
기조발제 : 김명자 여성과총 회장 | 장소 : 달개비(서울시 중구 정동) | 주최: 여성과총, 한국여기자협회

1. 12 2012 "여성과총 사업/활동, 무엇을 어떻게 할 것인가?"
기조발제 : 이경림 이화여자대학교 교수, 여성과총 부회장 | 장소 : 한국 과학기술회관 지하1층 소회의실 II | 주최 : 여성과총

찾아보기